量子ウォーク

今野 紀雄 著

QUANTUM
WALK

森北出版株式会社

● 本書のサポート情報を当社 Web サイトに掲載する場合があります．
下記の URL にアクセスし，サポートの案内をご覧ください．

http://www.morikita.co.jp/support/

● 本書の内容に関するご質問は，森北出版 出版部「(書名を明記)」係宛
に書面にて，もしくは下記の e-mail アドレスまでお願いします．なお，
電話でのご質問には応じかねますので，あらかじめご了承ください．

editor@morikita.co.jp

● 本書により得られた情報の使用から生じるいかなる損害についても，
当社および本書の著者は責任を負わないものとします．

■ 本書に記載している製品名，商標および登録商標は，各権利者に帰属
します．

■ 本書を無断で複写複製（電子化を含む）することは，著作権法上での
例外を除き，禁じられています．複写される場合は，そのつど事前に
(社)出版者著作権管理機構（電話 03-3513-6969，FAX 03-3513-6979，
e-mail:info@jcopy.or.jp）の許諾を得てください．また本書を代行業者
等の第三者に依頼してスキャンやデジタル化することは，たとえ個人や
家庭内での利用であっても一切認められておりません．

まえがき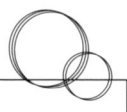

　量子ウォーク（quantum walk）は，ランダムウォークの量子版として新世紀の幕開けとともに本格的に研究が始まった新しい研究分野である．ランダムウォークの量子版といっても，その挙動は本書で解説するように，ある場合には非常に異なる場合があり，また，直感的な説明が難しいところも多い．逆に，そこが量子ウォークの魅力的な部分でもある．

　この量子ウォークのレヴュー，本などとして，Kempe (2003), Kendon (2007), 今野 (2008a), Konno (2008b), Venegas-Andraca (2008, 2012), Manouchehri and Wang (2013), Portugal (2013) がある．実は，量子ウォークには，離散時間と連続時間の2種類があるが，比較的詳しく研究がなされている離散時間のモデルを本書では扱う．離散時間の量子ウォークのプライオリティに関しては諸説があり，論文によっては異なることもある．しかし，Ambainis, Bach, Nayak, Vishwanath and Watrous (2001) や Aharonov, Ambainis, Kempe and Vazirani (2001) の論文などに代表されるように，量子コンピュータ周辺の研究により，2001年前後から活発に研究がされ始めたことは，間違いがないだろう．また，最近では，理論的な側面だけでなく，量子ウォークの実現方法のさまざまな提案なども研究がされている．

　本書の全体の流れは，以下のようになっている．前半の1章から5章は，入門的な部分である．最初の1章でまず，量子ウォークの古典版であるランダムウォークについて簡単にふれる．続く，2章から3章は，量子ウォークの最も単純なモデルである1次元2状態モデルの主要な性質を解説する．4章では，量子ウォークの基本的な解析手法を紹介する．5章では，3状態モデルを扱い，量子ウォーク特有の局在化などについて詳しく説明する．6章以降は，最近着目されている，ほぼ独立な話題について解説を行う．ただし，7章と8章は関連性が強い．

　量子ウォークに関する本を2008年に上梓したが（今野 (2008a)），それ以降約6年間で研究内容は広く深く展開され，状況は急激に変化している．そのような状況に対応するため，あらためて初めて学ぶ人向けの本を書く決心をした．本書の後半6章から10章はまったく新しい内容である．前半の入門的な部分も，新たな内容や問題を随所に盛り込んだ．また，「アドバンスド」は内容が高度であったり，あるいは，煩雑な部分なので，飛ばしていただいて結構である．

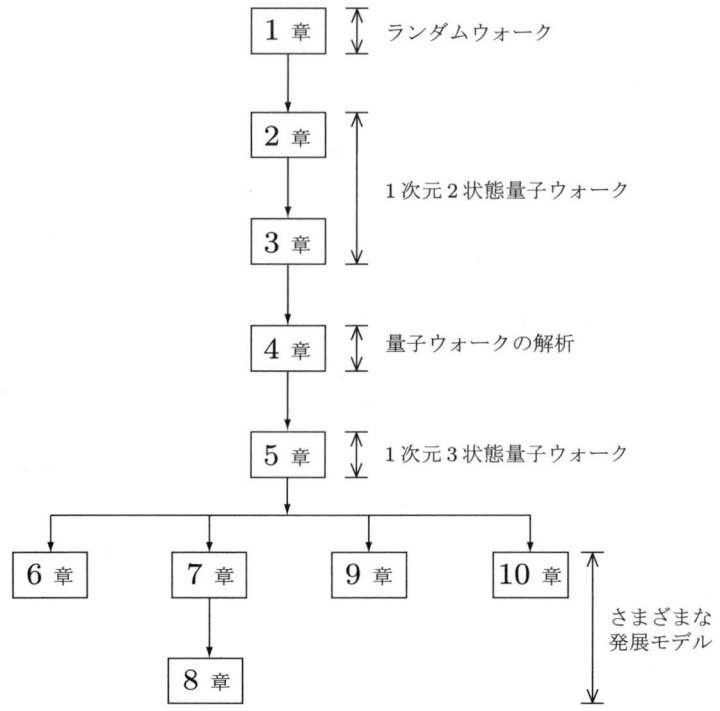

本書全体の構成図

　この本を通じて，量子ウォークだけでなく，量子ウォークを食材とした数理科学の醍醐味も味わっていただければ本望である．

　本書を執筆するにあたり，森北出版の塚田真弓さん，太田陽喬さんには大変お世話になった．また，原稿のチェックなどは，佐藤巖さん，森田英章さん，竹居正登さん，瀬川悦生さん，井手勇介さん，遠藤隆子さんに手伝っていただいた．ここに深く感謝したい．

2014年6月8日

57歳の誕生日に，横浜本牧にて

今野紀雄

目　次

第1章　ランダムウォーク — 1
1.1　定義と確率分布　1
1.2　再帰確率の計算　4
1.2.1　1次元ランダムウォークの場合　4
1.2.2　2次元ランダムウォークの場合　5
1.2.3　再帰確率の収束の速さ　6
1.3　弱収束極限定理　7

第2章　量子ウォークとは — 11
2.1　ランダムウォークから量子ウォークへ　11
2.2　量子ウォークの定義　13
2.2.1　初期状態　15
2.2.2　量子ウォークのダイナミクス　17
2.2.3　アダマールウォーク　24
2.3　確率分布の計算（組合せ論的手法）　29
2.4　量子ウォーク特有の二つの性質　38
2.4.1　線形的な広がり　38
2.4.2　局在化　38
2.5　局在化の例：停留量子ウォーク　39
2.6　線形的な広がりの例：自由量子ウォーク　40
2.7　再帰確率の計算　41
2.7.1　定理2.1の証明（アドバンスド）　42
2.7.2　楕円積分を用いた表現（アドバンスド）　46

第3章　1次元2状態量子ウォーク — 48
3.1　量子ウォークの定義再訪　48
3.2　特性関数の組合せ論的表現　51
3.3　新しいタイプの極限定理の紹介　55
3.4　定理3.3の証明（アドバンスド）　61

3.5	さまざまな測度の集合	64
3.6	停留量子ウォークの場合	69
3.7	自由量子ウォークの場合	74
3.8	アダマールウォークの場合	76

第4章　量子ウォークの解析手法　　79

4.1	フーリエ解析	79
4.2	GJS 法の紹介	82
4.3	出発点が多数の場合のアダマールウォーク	85
	4.3.1　出発点が 2 点の場合　85	
	4.3.2　出発点が $2m+1$ 点の場合　87	
4.4	停留位相法	89
4.5	母関数法	93
4.6	アダマールウォークの場合の母関数法	101
	4.6.1　実部と虚部の計算　102	
	4.6.2　再帰確率の収束の速さ　103	

第5章　1次元3状態量子ウォーク　　107

5.1	簡単な 3 状態モデル	107
5.2	3 状態グローヴァーウォーク	112
5.3	極限測度の計算	115
5.4	局在化の証明	118
5.5	弱収束極限定理の導出	120
5.6	ユニヴァーサリティ・クラスの紹介	124
5.7	多状態モデルの場合	125

第6章　空間依存型量子ウォーク　　133

6.1	モデルの設定	133
6.2	空間依存度と局在化との関係	135
6.3	命題 6.1 の証明	137
6.4	定理 6.1 の証明	141
6.5	関連する話題の紹介	146
	6.5.1　one defect モデル　146	
	6.5.2　アダマールウォークの拡張　146	
	6.5.3　別タイプの空間依存型量子ウォーク　147	
	6.5.4　本章のモデルの一般の場合　147	
	6.5.5　対応するランダムウォーク　147	

	6.5.6　ほかのモデルとの関係　148	
	6.5.7　時間に依存する場合　149	

第7章　直交多項式 ——————————————————— 152
　7.1　基本的性質　152
　7.2　半円則の場合　156
　7.3　逆正弦則の場合　157
　7.4　量子ウォークの場合　158
　7.5　定理 7.4 の証明　161

第8章　区間上の量子ウォーク ——————————————— 165
　8.1　Szegedy ウォーク　165
　　8.1.1　反射壁ランダムウォーク　165
　　8.1.2　Szegedy ウォーク　167
　8.2　極限定理の紹介　169
　8.3　ランダムウォークと量子ウォークとの対応　170
　8.4　定理 8.1 の証明（アドバンスド）　174

第9章　半直線上の量子ウォーク ————————————— 188
　9.1　CGMV 法　188
　9.2　自由量子ウォークの場合　192
　　9.2.1　タイプ I：$\mathcal{C}_{(\alpha_0,\alpha_1,\ldots)}$ の転置との対応　192
　　9.2.2　タイプ II：$\mathcal{C}_{(\alpha_0,\alpha_1,\ldots)}$ そのものとの対応　196
　9.3　Bernstein-Szegő ウォークの場合　198
　9.4　2周期量子ウォークの場合　201
　9.5　一般の量子ウォークの場合　206

第10章　有限グラフ上の量子ウォーク ————————————— 208
　10.1　定義と簡単な性質の紹介　208
　　10.1.1　グラフの定義　208
　　10.1.2　グラフ上の量子ウォーク　210
　10.2　伊原ゼータ関数とは　215
　10.3　特性多項式の表現　219
　10.4　正の台に関する諸結果　222

解　答 ——————————————————————————— 227

参考文献 ————————————————————————— 231

記号一覧

本書で使用される記号を，以下に記しておく．

$\mathbb{Z} = \{0, \pm 1, \pm 2, \pm 3, \ldots\}$：整数全体の集合
$\mathbb{Z}_> = \{1, 2, 3, \ldots\}$, $\mathbb{Z}_\geq = \{0, 1, 2, \ldots\}$, $\mathbb{Z}_< = \{-1, -2, -3, \ldots\}$, $\mathbb{Z}_\leq = \{0, -1, -2, \ldots\}$
$\mathbb{R}$：実数全体の集合， $\mathbb{R}_+ = [0, \infty)$
$\mathbb{C}$：複素数全体の集合
$\Re(z) : z \in \mathbb{C}$ の実部， $\Im(z) : z \in \mathbb{C}$ の虚部
$\mathbb{D} = \{z \in \mathbb{C} : |z| < 1\}$, $\partial \mathbb{D} = \{z \in \mathbb{C} : |z| = 1\}$

$\mathrm{U}(n) : n \times n$ のユニタリ行列全体の集合
$I_n : n \times n$ の単位行列
$O_n : n \times n$ のゼロ行列
A^*：行列 A の共役転置行列

$f(n) \sim g(n) : \lim_{n \to \infty} f(n)/g(n) = 1$
$o(f(n)) : \lim_{n \to \infty} o(f(n))/f(n) = 0$
$O(f(n))$：定数 $0 \leq C < \infty$ が存在して，$\limsup_{n \to \infty} |O(f(n))/f(n)| \leq C$

$X_n \Rightarrow X$：確率変数列 X_n が確率変数 X に弱収束する

定義関数 $I_A : I_A(x) = 1 \quad (x \in A), \ = 0 \quad (x \notin A)$
密度関数 $f_K(x; r)$：
$$f_K(x; r) = \frac{\sqrt{1-r^2}}{\pi(1-x^2)\sqrt{r^2-x^2}} I_{(-r,r)}(x) \quad (x \in \mathbb{R}, \ 0 < r < 1)$$

$a_1, a_2, \ldots, a_n$ を複素数とする．このとき，
ケットベクトル $|a\rangle$，ブラベクトル $\langle a|$：
$$|a\rangle = \begin{bmatrix} a_1 \\ a_2 \\ \vdots \\ a_n \end{bmatrix}, \quad \langle a| = [\bar{a}_1, \bar{a}_2, \ldots, \bar{a}_n]$$

ただし，$a_1, a_2, \ldots, a_n$ は複素数とし，$\bar{a}_i$ は a_i の複素共役である．

第1章
ランダムウォーク

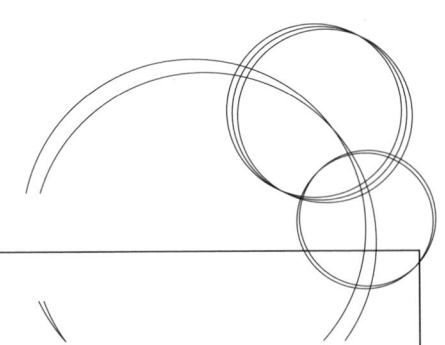

　まずこの章では，本書で扱う量子ウォークの古典版である，ランダムウォークについて簡単に説明する．量子ウォークの方が新しいモデルなので，量子ウォークはランダムウォークの量子版といえる．最初にランダムウォークの定義を与え，その後に確率分布を計算する．次に，ランダムウォークの再帰確率を扱い，最後に，極限定理についてふれる[†]．

1.1　定義と確率分布

　ここで紹介するモデルは，1次元の**ランダムウォーク**（random walk）である．つまり，図1.1のように，ランダムウォーカーとよばれる点が，左へ1単位動く確率がpで，右へ1単位動く確率が$q\,(=1-p)$のランダムウォークである[††]．そして，ランダムウォーカーの軌跡をパスという．

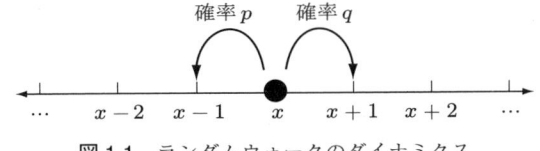

図1.1　ランダムウォークのダイナミクス

　さて，本章では，原点から出発するランダムウォークを考えよう．ランダムウォーカーが時刻nにいる場所をS_nで表す．そして，$S_n = x$となる，ある一つのパスを考える．そのパスで，ランダムウォーカーが左に移動した回数をlとし，右に移動した回数をmとすると，$l+m=n$，$-l+m=x$の関係式が成立する．このようなパスが現れる確率は，左にl回，右にm回なので，$p^l q^m$となる．図1.2では，$S_7=1$となる一つのパスを示した．後はその総数を求めれば，$S_n=x$となる確率が求められる．

[†]　参考文献としては，たとえば，シナジ(2012)，デュレット(2012)，尾畑(2012)をあげておく．
[††]　酔歩，乱歩，また，**ベルヌーイ・ランダムウォーク**（Bernoulli random walk）ともよばれることがある．一般的な設定でのランダムウォークに関する理論は，たとえば，Spitzer (1976)に詳しい．

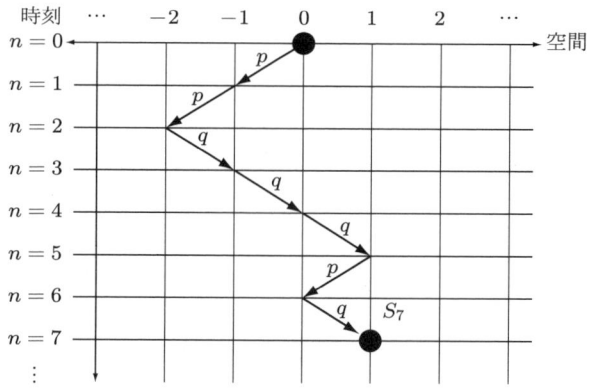

図 1.2 ランダムウォークのパス

その総数は, n 個の中から l 個をとる組合せの数に等しく, 事象 "$S_n = x$" の確率は, 以下で与えられることがわかる.

$$P(S_n = x) = \binom{n}{l} p^l q^m \tag{1.1}$$

たとえば, 時刻 $n = 1$ では, $P(S_1 = -1) = p$, $P(S_1 = 1) = q$ となる. また, $\{-1, 1\}$ 以外の場所には移動しないので, $P(S_1 = x) = 0$ $(x \notin \{-1, 1\})$ である. 同様にして, 時刻 $n = 2$ では, $P(S_2 = -2) = p^2$, $P(S_2 = 0) = 2pq$, $P(S_2 = 2) = q^2$ となる. これは, 図 1.3 のように時空間で見るとわかりやすい.

さらに, 時刻 $n = 3$ では,

$$P(S_3 = -3) = \binom{3}{3} p^3 q^0 = p^3, \quad P(S_3 = -1) = \binom{3}{2} p^2 q^1 = 3p^2 q$$

$$P(S_3 = 1) = \binom{3}{1} p^1 q^2 = 3pq^2, \quad P(S_3 = 3) = \binom{3}{0} p^0 q^3 = q^3$$

となる. また, 時刻 $n = 4$ では,

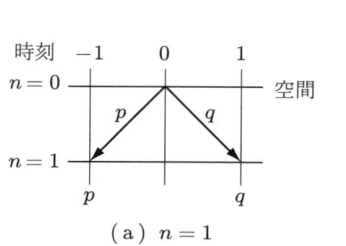

(a) $n = 1$

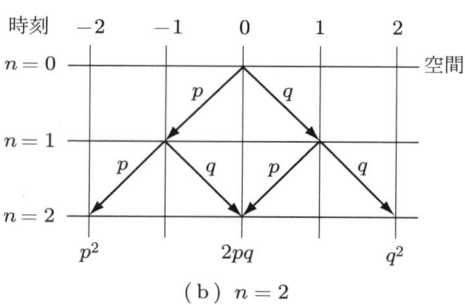

(b) $n = 2$

図 1.3 時刻 $n = 1, 2$ での時空間

$$P(S_4=-4)=\binom{4}{4}p^4q^0=p^4, \quad P(S_4=-2)=\binom{4}{3}p^3q^1=4p^3q$$

$$P(S_4=0)=\binom{4}{2}p^2q^2=6p^2q^2, \quad P(S_4=2)=\binom{4}{1}p^1q^3=4pq^3$$

$$P(S_4=4)=\binom{4}{0}p^0q^4=q^4$$

が得られる．

■問題 1.1

時刻 $n=5$ における，ランダムウォークの確率分布 $P(S_5=x)$ を求めよ．ただし，$x=\pm1, \pm3, \pm5$ とする．

具体的に，$p=q=1/2$ の対称なランダムウォークの確率分布 $P(S_n=x)$ を図示すると，図 1.4 のようになる．ただし，時刻は $n=1, 2, 3, 4$ である．

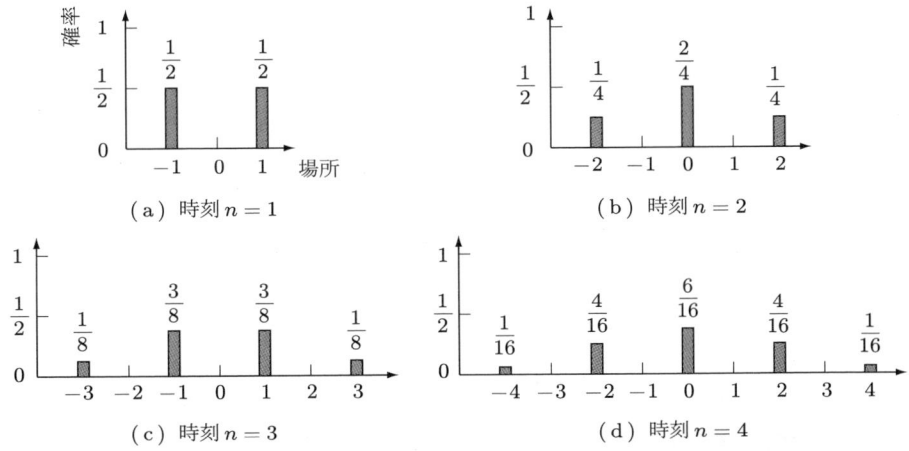

図 1.4 時刻 $n=1, 2, 3, 4$ の対称なランダムウォークの確率分布

注意すべきは，時刻 n が偶数のときは，ランダムウォークの取り得る場所も偶数で，奇数の時刻では，場所も奇数になるという偶奇性が成り立つことである．また，出発点である原点付近にランダムウォーカーがいる確率が最も大きい．正確にいうと，偶数時刻のときは原点の確率が，奇数時刻のときは $x=\pm1$ での確率が最大になる．

さらに，S_n を時刻 n の平方根で割ってスケーリングした $S_n/\sqrt{n}$ の分布は，時刻 n を大きくすると，1.3 節で紹介する中心極限定理（定理 1.3）より，ベル型の正規分布に収束することが導かれる（図 1.5 参照）．

次に，式 (1.1) の右辺を時刻 n，場所 x で表すことを考える．$l+m=n$, $-l+m=x$

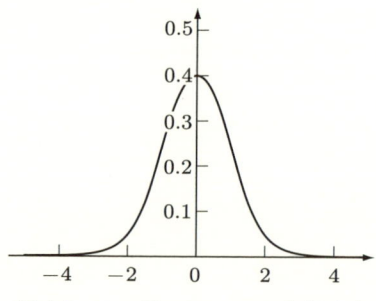

図 1.5 ランダムウォークの極限分布

より，$l=(n-x)/2$, $m=(n+x)/2$ となるので，$(n-x)/2$ が整数のとき（この場合，$(n+x)/2$ も整数になる），

$$P(S_n=x)=\binom{n}{(n-x)/2}p^{(n-x)/2}q^{(n+x)/2} \qquad (1.2)$$

となり，$(n-x)/2$ が整数でないときは，$P(S_n=x)=0$ となる．離散時間の場合には，前述のように，このような偶奇性が生じることに注意する必要がある．これは，対応する量子ウォークの場合でも同様である．

左右に移る確率が対称な場合，つまり $p=q=1/2$ のときには，$(n-x)/2$ が整数のとき，

$$P(S_n=x)=\binom{n}{(n-x)/2}\left(\frac{1}{2}\right)^n \qquad (1.3)$$

になることが，式 (1.2) から導かれる．

次節では，ランダムウォーカーの出発点への戻りやすさを表す再帰確率について考えよう．

1.2 再帰確率の計算

ランダムウォーカーが出発点の原点に戻る確率 R は，**再帰確率**（return probability）とよばれ，ランダムウォークを特徴づける重要な量である．この確率は以下のように表される．

$$R=P\left(\bigcup_{n=1}^{\infty}\{S_n=0\}\right)$$

つまり，ランダムウォーカーがある時刻で原点に戻ってくる確率である．

1.2.1　1次元ランダムウォークの場合

1次元のランダムウォークに関して，証明を省くが，以下が成り立つ．

定理 1.1 1 次元ランダムウォークの再帰確率 R について，次が成り立つ．
$$R = 1 - |p - q| = \min\{2p, 2q\}$$
ただし，p は左へ移動する確率であり，q は右へ移動する確率である．

定理 1.1 より，対称な場合，つまり，$p = q = 1/2$ のときだけ $R = 1$ となり，非対称な場合は，$R < 1$ となる．ランダムウォークは，再帰確率 $R = 1$ のとき**再帰的**（recurrent）であるといい，$R < 1$ のとき**非再帰的**（non-recurrent, transient）であるという．

また，時刻 n で原点に戻る確率 $r_n(0) = P(S_n = 0)$ を，時刻 n での再帰確率とよぶことにする．本書では，さまざまな量子ウォークについて再帰確率を求め，量子ウォークの性質を考察するので，重要な量である．

対称な場合には，式 (1.3) で $x = 0$ とすると，n が偶数のとき，
$$P(S_n = 0) = \binom{n}{n/2} \left(\frac{1}{2}\right)^n$$
となる．実際には，出発点である原点に戻るのは偶数時刻だけなので，n を $2n$ に置き換えて，
$$r_{2n}(0) = P(S_{2n} = 0) = \binom{2n}{n} \left(\frac{1}{2}\right)^{2n} = \frac{(2n)!}{(n!)^2} \left(\frac{1}{4}\right)^n \tag{1.4}$$
と計算できる．

一般の非対称な場合を含むランダムウォークを考えると，以下のようになる．
$$r_{2n}(0) = P(S_{2n} = 0) = \binom{2n}{n} p^n q^n = \frac{(2n)!}{(n!)^2} (pq)^n$$

1.2.2　2 次元ランダムウォークの場合

次に，図 1.6 のように定義される，上下左右，確率 1/4 で移動する対称な 2 次元ランダムウォークの再帰確率を求めてみよう．

原点から出発したランダムウォーカーが原点に戻るのは，1 次元のときと同様に，偶数時刻の場合のみである．そして，時刻 $2n$ で原点に戻るためには，上下に i ステップずつ，左右に j ステップずつ移動し，$2i + 2j = 2n$ の関係が成立しなければならな

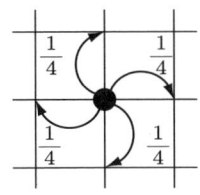

図 1.6　2 次元ランダムウォークのダイナミクス

い．したがって，多項定理†により（この場合は 4 項定理であるが），
$$r_{2n}(0) = P(S_{2n} = 0) = \sum_{i=0}^{n} \frac{(2n)!}{(i!)^2\{(n-i)!\}^2}\left(\frac{1}{4}\right)^{2n}$$
が成り立つ．さらに，
$$r_{2n}(0) = \frac{(2n)!}{(n!)^2}\sum_{i=0}^{n}\frac{(n!)^2}{(i!)^2\{(n-i)!\}^2}\left(\frac{1}{4}\right)^{2n} = \binom{2n}{n}\sum_{i=0}^{n}\binom{n}{i}\binom{n}{n-i}\left(\frac{1}{4}\right)^{2n}$$
と変形する．ここで，
$$\binom{2n}{n} = \sum_{i=0}^{n}\binom{n}{i}\binom{n}{n-i}$$
の関係式を用いると，
$$r_{2n}(0) = \binom{2n}{n}^2\left(\frac{1}{4}\right)^{2n} \tag{1.5}$$
が得られる．この確率は，1 次元の対称なランダムウォークの再帰確率の 2 乗の値にちょうど等しい．

1.2.3 再帰確率の収束の速さ

以下，1 次元ランダムウォークの再帰確率の時刻 n を無限大にしたときの 0 に収束する速さを計算する．そのために，次のスターリングの公式を用いる．
$$\lim_{n\to\infty}\frac{n!}{n^n e^{-n}\sqrt{2\pi n}} = 1$$
この公式より，
$$\lim_{n\to\infty}\frac{(2n)!}{(n!)^2}\frac{n^{2n}e^{-2n}(2\pi n)}{(2n)^{2n}e^{-2n}\sqrt{2\pi(2n)}} = 1$$
が導かれる．これを用いると，対称な場合（$p=1/2$）は，
$$\lim_{n\to\infty}\frac{r_{2n}(0)}{1/\sqrt{\pi n}} = 1 \tag{1.6}$$
が得られる．ゆえに，対称な場合は，べき指数 $-1/2$ のオーダーで 0 に収束することがわかる．

---

† 2 項定理は，$(x+y)^n$ の展開を表す公式で，$(x+y)^n = \sum_{k=0}^{n}\binom{n}{k}x^{n-k}y^k$ である．多項定理とは，$(x_1+x_2+\cdots+x_r)^n$ の展開を表す公式で，$(x_1+x_2+\cdots+x_r)^n = \sum \binom{n}{a_1,a_2,\ldots,a_r}x_1^{a_1}x_2^{a_2}\cdots x_r^{a_r}$ である．ただし，和は $a_1+a_2+\cdots+a_r = n$, $a_1 \geq 0, a_2 \geq 0,\ldots, a_r \geq 0$ でとる．また，$\binom{n}{a_1,a_2,\ldots,a_r} = \frac{n!}{a_1!a_2!\ldots a_r!}$ が成り立つ．$r=2$ の場合が 2 項定理で，$\binom{n}{k} = \binom{n}{k,n-k}$ である．

同様に，$0<p<1$ の一般の 1 次元ランダムウォークの場合も，
$$\lim_{n\to\infty}\frac{r_{2n}(0)}{(4pq)^n/\sqrt{\pi n}}=1$$
が導かれる．したがって，対称な場合以外は，$0<4pq<1$ なので，べきよりも速く指数的に減少することがわかる．

次に，上下左右，確率 $1/4$ で移動する対称な 2 次元ランダムウォークの，時刻 $2n$ での再帰確率 $r_{2n}(0)$ は，式 (1.5) より，1 次元の対称なランダムウォークの再帰確率のちょうど 2 乗の値に等しいので，
$$\lim_{n\to\infty}\frac{r_{2n}(0)}{1/(\pi n)}=1 \tag{1.7}$$
が導かれる．

一般に，$2d$ 個の最近接頂点に等確率 $1/(2d)$ で移動する対称な d 次元ランダムウォークの時刻 $2n$ での再帰確率に対して，次元に依存するある正の定数 C_d が存在し，以下が成り立つことが知られている．
$$\lim_{n\to\infty}\frac{r_{2n}(0)}{C_d/n^{d/2}}=1 \tag{1.8}$$
ただし，先に見たように，$C_1=1/\sqrt{\pi}$（式 (1.6)），$C_2=1/\pi$（式 (1.7)）である．

1.3　弱収束極限定理

この節では，1 次元ランダムウォークに関してよく知られている極限定理を簡単に紹介する．改めて，S_n をランダムウォーカーの時刻 n での場所とし，p を左へ移動する確率，q を右へ移動する確率とする．

一つめは，**大数の法則**（law of large numbers）[†]である．

定理 1.2
$$P\left(\lim_{n\to\infty}\frac{S_n}{n}=q-p\right)=1$$

二つめは，**中心極限定理**（central limit theorem）である．

定理 1.3　任意の a, b（$-\infty<a<b<\infty$）に対して，次が成り立つ．
$$\lim_{n\to\infty}P\left(a\leq\frac{S_n-(q-p)n}{\sqrt{4pqn}}\leq b\right)=\int_a^b\frac{1}{\sqrt{2\pi}}e^{-x^2/2}\,dx$$

[†]　詳しくいうと，大数の強法則である．また，「大数」は「たいすう」と読む．

この結果は，**ド・モアブル-ラプラスの定理**（de Moivre-Laplace theorem）ともよばれ，極限の確率変数は，平均 0，分散 1 の正規分布（ガウス分布ともよばれる）に従うという意味である．ここで，確率変数 S が平均 m，分散 v の正規分布に従うとは，

$$P(a \leq S \leq b) = \int_a^b \frac{1}{\sqrt{2\pi v}} e^{-(x-m)^2/2v} \, dx \quad (a < b)$$

を満たすときをいう．ただし，m は実数，v は正の実数である．正規分布のグラフは，図 1.7 のように，平均 $x = m$ のところで最大値をとり，$x = m \pm \sqrt{v}$ で変曲点になる．

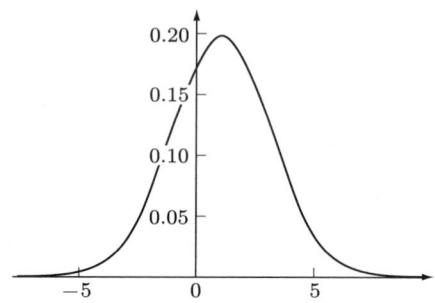

図 1.7　平均 $m = 1$，分散 $v = 4$ の正規分布

一般に，確率変数列 $\{T_1, T_2, T_3, \ldots\}$ と確率変数 T があり，T_n が T に弱収束することを以下で定義する．そのために，まず，確率変数 T の分布関数 $F_T(x)$ を次で定める．

$$F_T(x) = P(T \leq x)$$

このとき，$F_T(x)$ のすべての連続点 x に対して[†]，

$$\lim_{n \to \infty} F_{T_n}(x) = F_T(x)$$

が成り立つとき，T_n は T に**弱収束**（weak convergence）するといい，$T_n \Rightarrow T$ で表す．そして，このような極限定理を**弱収束極限定理**という．なお，定理 1.3 の場合は，$T_n = \{S_n - (q-p)\}/\sqrt{4pqn}$ で，T が平均 0，分散 1 の正規分布に従う場合である．

とくに，確率変数 T が上記の定理 1.3 のように，非負で

$$\int_{-\infty}^{\infty} f(x) \, dx = 1$$

を満たす関数 $f(x)$ が存在し[††]，任意の x に対して，

$$F_T(x) = \int_{-\infty}^{x} f(y) \, dy$$

の表現をもつ場合は，すべての実数 x が，$F_T(x)$ の連続点となる．したがって，任意の x に対し，$\lim_{n \to \infty} F_{T_n}(x) = F_T(x)$ を満たすとき，つまり，

[†]　点 x が関数 $f(x)$ の連続点とは，$\lim_{y \to x} f(y) = f(x)$ が成り立つときをいう．
[††]　このような関数は**密度関数**（density function）とよばれる．

$$\lim_{n\to\infty} P(T_n \leq x) = P(T \leq x)$$

が成り立つとき，弱収束極限定理が成立する．あるいは，同値な表現であるが，任意の $a < b$ に対し，

$$\lim_{n\to\infty} P(a \leq T_n \leq b) = P(a \leq T \leq b)$$

が成立するとき，弱収束極限定理がいえる．後の章で見るように，量子ウォークの場合でも，この弱収束極限定理は重要な役割を果たす．

また，定理 1.3 で，対称な $p = q = 1/2$ の場合は，以下の系が成り立つ．

系 1.1

$$\lim_{n\to\infty} P\left(a \leq \frac{S_n}{\sqrt{n}} \leq b\right) = \int_a^b \frac{1}{\sqrt{2\pi}} e^{-x^2/2} dx$$

ランダムウォークの場合には，スケーリングは，$S_n/\sqrt{n}$ のように，$\sqrt{n}$ で割っているが，次章で解説するランダムウォークに対応する量子ウォーク X_n の場合には，X_n/n のように，時刻 n で割る．これは，量子ウォークの方が遠くに広がる傾向があることを意味している．

コラム 1． 研究テーマは運しだい

著者が量子ウォークについて知ったのは，2002 年の正月休みである．ほぼ半年前に母が急逝し，そろそろ気分を変えたい時期でもあった．当時興味をもっていたのは，「方向性のあるパーコレーション (directed percolation, oriented percolation)」で，その量子版はあるのかと単語の頭に「quantum」を付け「quantum directed percolation」，「quantum oriented percolation」と検索してみたがヒットしなかった．そこで，ほんの遊び心で，今度は「ランダムウォーク」の前に「quantum」を付けて「quantum random walk」と入力したら，私にとっては無縁の分野の未知の論文が数編ヒットした．論文を眺め，すぐにはモデルの定義の詳細は理解できなかったが，量子系としては最も単純かつ基本的なモデルであろうくらいのことは推測がついた．そして，ことによったらすごい鉱脈を見つけたかもしれないと，驚きと共に異常な程の好奇心をもってダウンロードを開始したのを，いまでも鮮やかに覚えている．

ネット上の論文でヒットしたのは数編しかないということは，検索の仕方によってはヒットしなかった論文があるにしろ，あるいは，ネットとは無関係の場所に知らない論文があるにしろ，そう多くはないだろうと判断できる．これは，ネット時代の研究スタイルの一つの象徴だと思う．

それはさておき，あのときの気の迷いが無ければ，ちょうど始まったばかりの量子ウォークの研究に触れ，その時期以降，その分野の最先端を走り続けることはなかっ

たであろう．研究テーマの決まる要素として，いかに気まぐれな偶然が大きな要素になり得るかということを示す，私にとっては数少ない貴重な体験である．

　現在，さまざまな分野の研究者により量子ウォーク関連の論文が多数生まれ続け，2011年から国際会議も毎年開催されるようになってきていることを思うと，なお更に不可思議な気持ちは強くなる．

第2章
量子ウォークとは

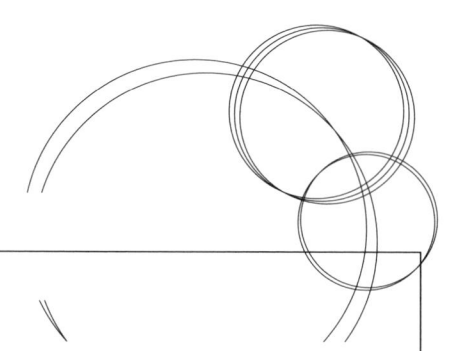

　本章では，量子ウォークの基本的な性質について学ぶ．最初の節で，ランダムウォークと量子ウォークとの違いについて簡単に説明する．次の節で，量子ウォークの定義について解説し，組合せ論的手法によりその確率分布を計算する．その後，量子ウォーク特有の二つの性質である，「局在化」と「線形的な広がり」を，「停留量子ウォーク」と「自由量子ウォーク」という簡単なモデルを用いて，それぞれ説明する．最後に，量子ウォークの再帰確率の話題にふれ，古典系のランダムウォークの結果と比較する．

2.1 ランダムウォークから量子ウォークへ

　前章で，ランダムウォークの定義といくつかの性質について説明したが，本節では，ランダムウォークと量子ウォークとの違いについて触れつつ，量子ウォークのイメージを説明したい．その前に，量子性やそれに対応した量子ウォークのアイデアについて簡単に述べる．

　まず，量子的な振る舞いの特徴として，観測しないと一つの場所に存在することはなく，観測してはじめて，**存在確率**をもって分布していることが挙げられる．また，**カイラリティ**（chirality）という性質があり，これはスピン（回転）と考えてもよい．さらに，一方向のカイラリティだけではなく，複数のカイラリティを同時にもつという，**重ね合わせ**の状態にもなり得る．

　量子ウォークは，上記のような量子的な振る舞いをするという，ランダムウォークの量子版として生まれた†．ランダムウォークのように各時刻どこかの点に存在しているのではなく，各時刻で観測するごとに，量子ウォーカー（ランダムウォークの量子ウォーク版）は，複数の点に「存在確率として分布」している．また，量子ウォーカーはカイラリティをもっており，左向きの量子ウォーカーと右向きの量子ウォーカーが，

---

† ここで注意が必要なのだが，2.2節で図2.9～2.16を用いて説明する量子ウォークの素過程そのものと，それに直接対応する物理系の時間発展する素過程はまだ見つかっていない．しかし，たとえば，Oka et al. (2005)にみられるように，強相関電子系など複雑な量子系を量子ウォークを用いて説明する試みのいくつかは成功しているし，どこまでそれが可能なのかを明確にすることは非常に重要な今後の研究テーマである．

重ね合わさって存在している．そして，その状態によって左右に移る確率が影響を受ける．

前の章で紹介した1次元のランダムウォークは，粒子が各時刻ごとに左右どちらかに移動するモデルであった．具体的には，図 2.1 のように，粒子が左へ1単位動く確率が p で，右へ1単位動く確率が $q\,(=1-p)$ のモデルを考えた．

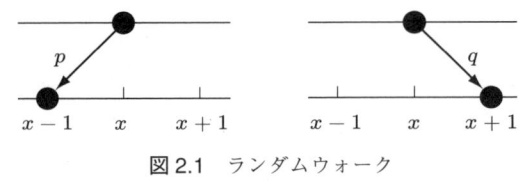

図 2.1 ランダムウォーク

それに対して，量子ウォークも各時刻ごとに左右どちらかに移動するモデルであるが，その量子ウォーカーには「カイラリティ」という方向をもった複数の状態が存在する．本章で解説する 2 状態のモデルでは，図 2.2 のように「左向きの」カイラリティと「右向きの」カイラリティの二つの状態が存在する．

図 2.2 量子ウォークの二つのカイラリティ

たとえば，磁性体のイジングモデルの場合には，内部自由度が 2 である（すなわち，各場所で「上向き」と「下向き」の二つのスピン状態をもつ）が，量子ウォークの二つのカイラリティは，そのようなものに対応すると考えてもよい．量子ウォークの場合には，その内部自由度が 2 の空間に対応するものは「コイン空間」ともよばれる[†]．また，本書では詳細には触れないが，連続時間の量子ウォークはランダムウォークと同様に内部自由度が 1（すなわち，粒子が存在するかしないかだけ）なので，離散時間量子ウォークは**コイン付き量子ウォーク**（coined quantum walk）とよばれることもある[††]．また，注意すべきは，モデルによっては，「左向き」のカイラリティをもつからといって必ずしも「左向き」には移動しないことである[†††]．

量子ウォークの場合には，ランダムウォークの推移確率 p と q にそれぞれ対応して，

[†] 3.1 節で説明する．
[††] 2000 年代中頃までは，quantum random walk とよばれることも少なくなかったが，最近では quantum walk に定着しつつある．
[†††] 2.2 節で紹介する図 2.9〜2.16 でもわかるように，2 番目のダイナミクスは，時刻 n での量子ウォーカーの状態の「向き」と移動する「向き」は一致しているが，1, 3, 4 番目のダイナミクスは必ずしも一致してはいない．

図 2.3 量子ウォーク

2×2 の複素数を成分にもつ二つの行列 P と Q によって左右に移るが,図 2.3 のように,左右両方に二つのカイラリティ状態が同時に存在し得る.

このようにして時間発展をしていくと,量子ウォークの存在確率の分布が広がっていく.ランダムウォークの場合,ある時刻にある場所に到達する事象は,一本一本のパスを根元事象として考えられたが,量子ウォークでは重ね合わせが起こり,そのようには考えられない.そのことにより,ランダムウォークよりも遠くに広がる場合も,逆に,出発点付近に留まり続ける場合もあり,直感では予測できないところが量子ウォークの面白いところである.このようなランダムウォークと量子ウォークとの違いを,時刻 $n=2$,場所 $x=0$ の存在確率を計算する場合について,おおまかに図 2.4 で示す.次節の最後では,時刻 $n=4$,場所 $x=0$ の具体例を考える.

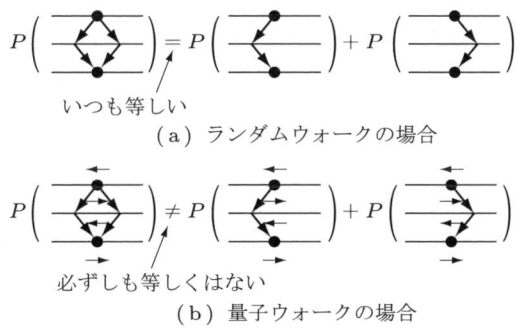

(a) ランダムウォークの場合

(b) 量子ウォークの場合

図 2.4 重ね合わせの効果

2.2 量子ウォークの定義

さて,前節では数式を使わずに,量子ウォークのイメージを説明した.この節では,離散時間の $\mathbb{Z} = \{\ldots, -1, 0, 1, \ldots\}$ 上の最近接に移動する量子ウォークの定義について,数式を用いて解説しよう.さらに詳しい説明は,次章で行う.

天下り的ではあるが,量子ウォークのダイナミクスを定義するために,まず以下の 2×2 のユニタリ行列を与える.

$$U = \begin{bmatrix} a & b \\ c & d \end{bmatrix} \in \mathrm{U}(2) \tag{2.1}$$

ただし，$a, b, c, d \in \mathbb{C}$ である．ここで，$\mathbb{C}$ は複素数全体の集合で，$\mathrm{U}(n)$ は $n \times n$ のユニタリ行列全体の集合である．U が $n \times n$ のユニタリ行列とは，$UU^* = U^*U = I_n$ を満たす行列をいう．ただし，U^* は U の共役転置行列で，I_n は $n \times n$ の単位行列である．

この U の複素数成分 a, b, c, d が，ランダムウォークの「左向き」に移動する確率 p および，「右向き」に移動する確率 q ($= 1-p$) と密接に関係する．そのために，U のことを量子コインとよぶこともある．後に，図 2.9～2.16 を用いて詳しく説明するので，それらの図を見るとイメージが湧きやすいかもしれない．また，U の複素数成分 a, b, c, d は，それぞれ絶対値の2乗をとるとランダムウォークの確率 p や q に対応するので，**確率振幅**（probability amplitude）とよばれる．図 2.9 のところで，具体的な場合での確率振幅の説明をしよう．

さて，U のユニタリ性から

$$|a|^2 + |c|^2 = |b|^2 + |d|^2 = 1, \quad a\overline{b} + c\overline{d} = 0, \quad c = -\triangle \overline{b}, \quad d = \triangle \overline{a} \tag{2.2}$$

が成立する．ただし，$\overline{z}$ は $z \in \mathbb{C}$ の複素共役で，$\triangle = \det U = ad - bc$ である．また，式 (2.2) 以外にも下記の関係も得られる．

$$|a|^2 + |b|^2 = |c|^2 + |d|^2 = 1, \quad a\overline{c} + b\overline{d} = 0 \tag{2.3}$$

さらに，U のユニタリ性より，$|\triangle| = 1$ が導かれる．

■**問題 2.1**

式 (2.2)，式 (2.3)，$|\triangle| = 1$ をそれぞれ導け．

この量子ウォーカーは，「左向き」$|L\rangle$ と「右向き」$|R\rangle$ の二つの**カイラリティ**をもち，本書で扱うモデルでは，それぞれ，量子ウォーカーの動く向きに対応している[†]．本書では，図 2.5 のように，各カイラリティに以下のベクトルを対応させる．

$$|L\rangle = \begin{bmatrix} 1 \\ 0 \end{bmatrix}, \quad |R\rangle = \begin{bmatrix} 0 \\ 1 \end{bmatrix}$$

論文などによっては，以下のように逆に定めることもあるので注意が必要である．

$$|L\rangle = \begin{bmatrix} 0 \\ 1 \end{bmatrix}, \quad |R\rangle = \begin{bmatrix} 1 \\ 0 \end{bmatrix}$$

上記の $|L\rangle$，$|R\rangle$ のような記法は，ブラ－ケット記法ともよばれ，計算が見やすく便利

[†] なぜ二つのカイラリティ $|L\rangle$，$|R\rangle$ を導入する必要があるかというと，このモデルのように，「量子コインが場所に依存しない，空間的に一様な場合」には，カイラリティが一つだと，一直線にしか動かないような自明な量子ウォークしか存在しないからである．

$$|L\rangle = \begin{bmatrix} 1 \\ 0 \end{bmatrix} \qquad |R\rangle = \begin{bmatrix} 0 \\ 1 \end{bmatrix}$$

図 2.5 カイラリティのベクトル表現

なこともあり，物理学ではよく用いられるので，本書でも適宜使用する．具体的には，

$$|a\rangle = \begin{bmatrix} a_1 \\ a_2 \\ \vdots \\ a_n \end{bmatrix}$$

のとき，

$$\langle a| = [\overline{a_1}, \overline{a_2}, \ldots, \overline{a_n}]$$

で表される．$\langle a|$ はブラベクトル，$|a\rangle$ はケットベクトルとよばれる．内積は，

$$|b\rangle = \begin{bmatrix} b_1 \\ b_2 \\ \vdots \\ b_n \end{bmatrix}$$

のとき，

$$\langle a|b\rangle = \langle a| \, |b\rangle = \sum_{k=1}^{n} \overline{a_k} b_k$$

で表される．

■問題 2.2

$$|a\rangle = \begin{bmatrix} 1 \\ 0 \\ 0 \end{bmatrix}$$

とする．このとき，以下を示せ．

$$\langle a|a\rangle = 1, \quad |a\rangle\langle a| = \begin{bmatrix} 1 & 0 & 0 \\ 0 & 0 & 0 \\ 0 & 0 & 0 \end{bmatrix}$$

2.2.1 初期状態

量子ウォークのダイナミクスの説明をする前に，まず量子ウォークの初期状態について説明する．後に説明されるように，初期状態は特性関数，k 次モーメント，極限定理などに依存してくる．したがって，どのように依存するかを明らかにすることは，

量子ウォークの研究では極めて重要である．そのために，とくに，時刻 $n=0$ の出発点での量子ウォーカーの状態を量子ビット（qubit[†]）で表す．以下の集合を導入すると，都合のよいことが多い．

$$\Phi = \left\{ \varphi = \begin{bmatrix} \alpha \\ \beta \end{bmatrix} \in \mathbb{C}^2 : \|\varphi\|^2 = |\alpha|^2 + |\beta|^2 = 1 \right\}$$

つまり，φ は，

$$\varphi = \begin{bmatrix} \alpha \\ \beta \end{bmatrix} = \alpha \begin{bmatrix} 1 \\ 0 \end{bmatrix} + \beta \begin{bmatrix} 0 \\ 1 \end{bmatrix} = \alpha|L\rangle + \beta|R\rangle$$

と書きかえられるため，左向きの状態 $|L\rangle$ と右向きの状態 $|R\rangle$ の重ね合わせの状態を表している．そして，図 2.6 のように，原点にいる量子ウォーカーの状態は，「左向き」の確率振幅が α なので，確率 $|\alpha|^2$ で観測され，「右向き」の確率振幅が β なので，確率 $|\beta|^2$ で観測される．ここで，確率振幅は，絶対値の 2 乗をとると確率になる値のことである．α と β はそれぞれ，左向きおよび右向きカイラリティの重みを表している．

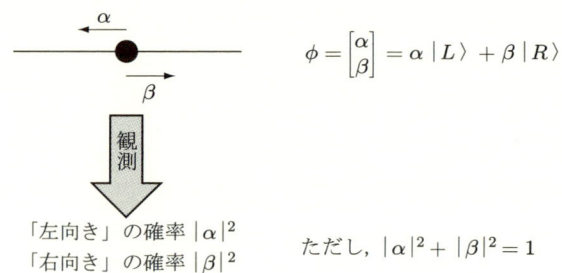

図 2.6 原点での量子ウォークの状態

以下の説明では，量子ウォークのシステム全体の初期状態は，原点での初期量子ビット状態が $\varphi = {}^T[\alpha, \beta] \in \Phi$ で，それ以外の場所では

$$\begin{bmatrix} 0 \\ 0 \end{bmatrix}$$

とする．ここで，T は転置を表す．なお，原点以外では，

$$\begin{bmatrix} 0 \\ 0 \end{bmatrix} = 0|L\rangle + 0|R\rangle$$

なので，量子ウォーカーは存在しない（図 2.7 参照）．すなわち，図 2.8 のように，初期状態では原点にだけ量子ウォーカーが存在し，それ以外の場所には存在しない．もちろん，原点だけでなく，ほかの場所にも存在する場合も考えられるが，通常は原点にだけ量子ウォーカーがいる場合を考え，そうでないときは，そのことを明記するこ

[†] quantum bit の短縮形である．

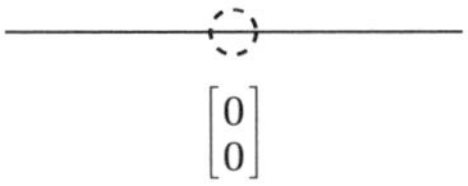

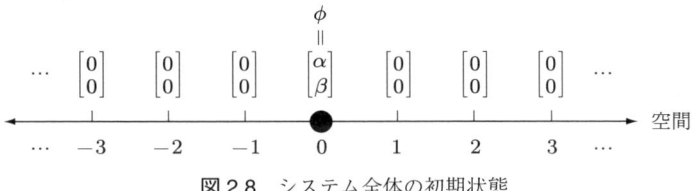

図 2.7 量子ウォーカーが存在しない状態

図 2.8 システム全体の初期状態

とにしよう．

2.2.2 量子ウオークのダイナミクス

以上で，初期状態についての説明が終わったので，次に量子ウォークのダイナミクスについて説明しよう．古典のランダムウォークでは，左に移動する確率が p，右に移動する確率が q で与えられていた．そして，$p+q=1$ の関係が成立している．一方，量子ウォークの場合には，ランダムウォークの確率 p, q にそれぞれ対応し，

$$U = P + Q$$

の関係を満たす，複素数を成分にもつ 2×2 の行列 P, Q が次のように与えられる[†]．

$$P = \begin{bmatrix} a & b \\ 0 & 0 \end{bmatrix}, \quad Q = \begin{bmatrix} 0 & 0 \\ c & d \end{bmatrix}$$

実際，

$$P \begin{bmatrix} \alpha \\ \beta \end{bmatrix} = \begin{bmatrix} a & b \\ 0 & 0 \end{bmatrix} \begin{bmatrix} \alpha \\ \beta \end{bmatrix} = \begin{bmatrix} a\alpha + b\beta \\ 0 \end{bmatrix} = (a\alpha + b\beta)|L\rangle$$

$$Q \begin{bmatrix} \alpha \\ \beta \end{bmatrix} = \begin{bmatrix} 0 & 0 \\ c & d \end{bmatrix} \begin{bmatrix} \alpha \\ \beta \end{bmatrix} = \begin{bmatrix} 0 \\ c\alpha + d\beta \end{bmatrix} = (c\alpha + d\beta)|R\rangle$$

となる．つまり，いま考えている量子ウォークの場合には，古典の場合の重み p, q $(=1-p)$ の代わりに，左下へ向かうボンドの上には行列 P の重みが，また右下へ向かうボンドの上には行列 Q $(=U-P)$ の重みがおかれていると考えられる．そう解釈すると，量子ウォークは，ランダムウォークの可換から非可換への最も単純（で自

[†] U は本節の冒頭で与えた 2×2 のユニタリ行列であった．

然) なモデル化の一つともいえよう[†].

ここで，上記の場合も含め，四つの場合について量子ウォークの定義を考える．ただし，本章で学ぶのは最初の場合 (a) である．

(a) 1番目の定義（Ambainis 型）

繰り返しになるが，
$$P = \begin{bmatrix} a & b \\ 0 & 0 \end{bmatrix}, \quad Q = \begin{bmatrix} 0 & 0 \\ c & d \end{bmatrix}$$
と，U を $U = P + Q$ となるように分解し，
$$P \begin{bmatrix} \alpha \\ \beta \end{bmatrix} = \begin{bmatrix} a & b \\ 0 & 0 \end{bmatrix} \begin{bmatrix} \alpha \\ \beta \end{bmatrix} = \begin{bmatrix} a\alpha + b\beta \\ 0 \end{bmatrix} = (a\alpha + b\beta)|L\rangle$$
$$Q \begin{bmatrix} \alpha \\ \beta \end{bmatrix} = \begin{bmatrix} 0 & 0 \\ c & d \end{bmatrix} \begin{bmatrix} \alpha \\ \beta \end{bmatrix} = \begin{bmatrix} 0 \\ c\alpha + d\beta \end{bmatrix} = (c\alpha + d\beta)|R\rangle$$
であった．

ゆえに，時刻 n で場所 x に存在する「左向き」の量子ウォーカーは，時刻 $n+1$ で，場所 $x-1$ に確率振幅 a で「左向き」となり，確率 $|a|^2$ で観測され，また，場所 $x+1$ に確率振幅 c で「右向き」となり，確率 $|c|^2$ で観測される．式 (2.2) より，$|a|^2 + |c|^2 = 1$ に注意してほしい．また，ここで，確率振幅は絶対値の 2 乗をとると確率になる値のことであった．

一方，時刻 n で場所 x に存在する「右向き」の量子ウォーカーは，時刻 $n+1$ で，場所 $x-1$ に確率振幅 b で「左向き」となり，確率 $|b|^2$ で観測され，また，場所 $x+1$ に確率振幅 d で「右向き」となり，確率 $|d|^2$ で観測される．同様に，式 (2.2) から，$|b|^2 + |d|^2 = 1$ に注意してほしい．

このモデルは，Ambainis et al. (2001)で詳しく研究された量子ウォークであることもあり，Ambainis 型とよばれることもある．そのダイナミクスは図 2.9 のようになる．

また，1 番目のダイナミクスの重み P, Q と対応させた関係を図 2.10 に示す．

(b) 2 番目の定義（Gudder 型）

(a) と同様に，2 番目の場合は，

[†] 量子ウォークは，どの方向から移動してきたかに依存して次の移動する確率が決まる古典系の**相関付きランダムウォーク**（correlated random walk）と，構造が非常に類似している．それに関しては，今野(2008a)の第 12 章を参照のこと．

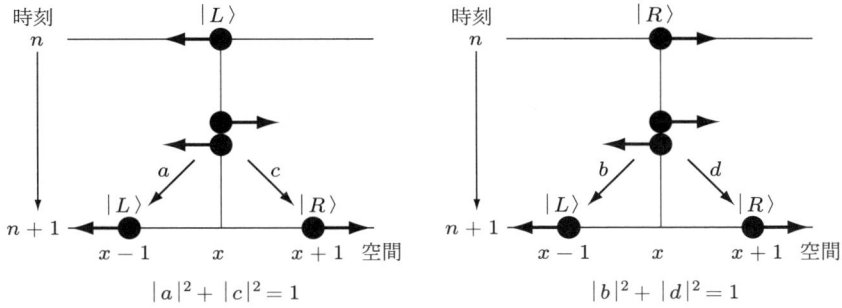

図 2.9　1 番目のダイナミクス

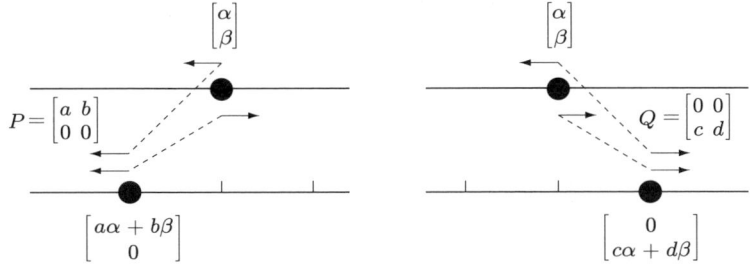

図 2.10　1 番目のダイナミクスの P, Q 対応

$$P = \begin{bmatrix} a & 0 \\ c & 0 \end{bmatrix}, \quad Q = \begin{bmatrix} 0 & b \\ 0 & d \end{bmatrix}$$

と，U を $U = P + Q$ となるように分解し，

$$P \begin{bmatrix} \alpha \\ \beta \end{bmatrix} = \begin{bmatrix} a & 0 \\ c & 0 \end{bmatrix} \begin{bmatrix} \alpha \\ \beta \end{bmatrix} = \begin{bmatrix} a\alpha \\ c\alpha \end{bmatrix} = a\alpha |L\rangle + c\alpha |R\rangle$$

$$Q \begin{bmatrix} \alpha \\ \beta \end{bmatrix} = \begin{bmatrix} 0 & b \\ 0 & d \end{bmatrix} \begin{bmatrix} \alpha \\ \beta \end{bmatrix} = \begin{bmatrix} b\beta \\ d\beta \end{bmatrix} = b\beta |L\rangle + d\beta |R\rangle$$

が成り立つ．

したがって，時刻 n で場所 x に存在する「左向き」の量子ウォーカーは，時刻 $n+1$ で，場所 $x-1$ に確率振幅 a で「左向き」となり，確率 $|a|^2$ で観測され，また，場所 $x-1$ に確率振幅 c で「右向き」となり，確率 $|c|^2$ で観測される．式 (2.2) より，$|a|^2 + |c|^2 = 1$ が成立する．

一方，時刻 n で場所 x に存在する「右向き」の量子ウォーカーは，時刻 $n+1$ で，場所 $x+1$ に確率振幅 b で「左向き」となり，確率 $|b|^2$ で観測され，また，場所 $x+1$ に確率振幅 d で「右向き」となり，確率 $|d|^2$ で観測される．同様に，式 (2.2) から，

20   第2章 量子ウォークとは

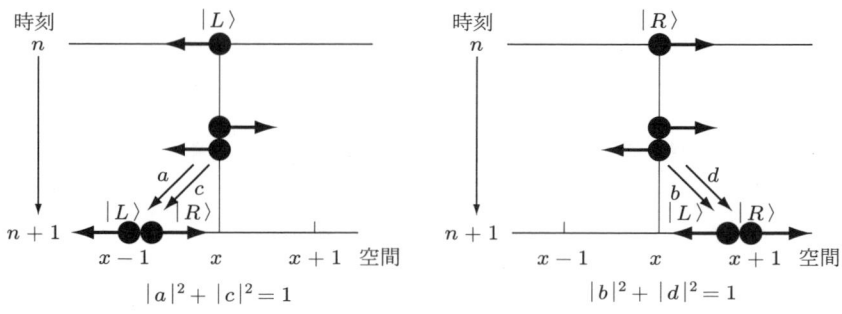

図 2.11　2番目のダイナミクス

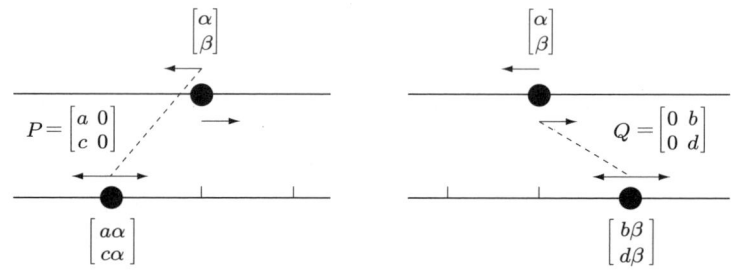

図 2.12　2番目のダイナミクスの P, Q 対応

$|b|^2 + |d|^2 = 1$ が成り立つ.

　これは，Gudder (1988) が導入した量子ウォークなので，Gudder 型とよばれることもある．そのダイナミクスは図 2.11 のようになる．

　そして，2番目のダイナミクスの重み P, Q と対応させた関係を図 2.12 に示す．

(c) 3番目の定義（フリップ-フロップ型）

　3番目の場合は，

$$P = \begin{bmatrix} 0 & 0 \\ c & d \end{bmatrix}, \quad Q = \begin{bmatrix} a & b \\ 0 & 0 \end{bmatrix}$$

と，U を $U = P + Q$ となるように分解し，

$$P \begin{bmatrix} \alpha \\ \beta \end{bmatrix} = \begin{bmatrix} 0 & 0 \\ c & d \end{bmatrix} \begin{bmatrix} \alpha \\ \beta \end{bmatrix} = \begin{bmatrix} 0 \\ c\alpha + d\beta \end{bmatrix} = (c\alpha + d\beta)|R\rangle$$

$$Q \begin{bmatrix} \alpha \\ \beta \end{bmatrix} = \begin{bmatrix} a & b \\ 0 & 0 \end{bmatrix} \begin{bmatrix} \alpha \\ \beta \end{bmatrix} = \begin{bmatrix} a\alpha + b\beta \\ 0 \end{bmatrix} = (a\alpha + b\beta)|L\rangle$$

が成立する．

　ゆえに，時刻 n で場所 x に存在する「左向き」の量子ウォーカーは，時刻 $n+1$ で，

場所 $x+1$ に確率振幅 a で「左向き」となり, 確率 $|a|^2$ で観測され, また, 場所 $x-1$ に確率振幅 c で「右向き」となり, 確率 $|c|^2$ で観測される. 式 (2.2) より, $|a|^2+|c|^2=1$.

一方, 時刻 n で場所 x に存在する「右向き」の量子ウォーカーは, 時刻 $n+1$ で, 場所 $x+1$ に確率振幅 b で「左向き」となり, 確率 $|b|^2$ で観測され, また, 場所 $x-1$ に確率振幅 d で「右向き」となり, 確率 $|d|^2$ で観測される. 同様に, 式 (2.2) から, $|b|^2+|d|^2=1$.

このモデルは, 移動方向と移動後の向きが逆なので, フリップ–フロップ型ともよばれる. 後の 8 章で学ぶ「区間上の量子ウォーク」は, この型で定義されている. この型のモデルは解析が容易な場合もあり, 量子ウォークを定義するときには注意する必要がある. そのダイナミクスは図 2.13 のようになる.

また, 3 番目のダイナミクスの重み P, Q と対応させた関係を図 2.14 に示す.

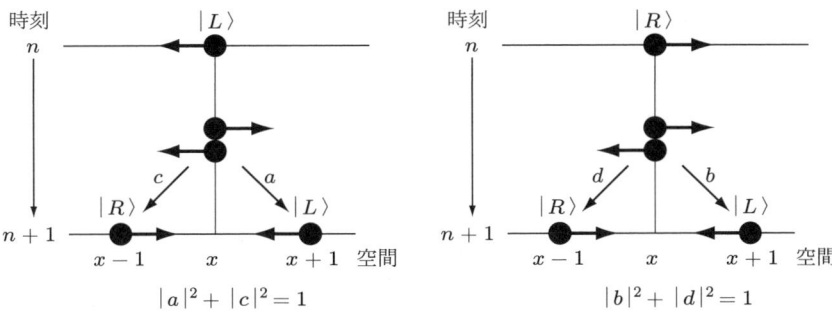

図 2.13　3 番目のダイナミクス

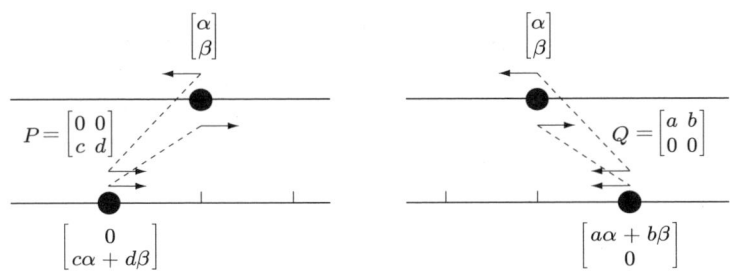

図 2.14　3 番目のダイナミクスの P, Q 対応

(d)　4 番目の定義

最後の 4 番目の場合は,
$$P = \begin{bmatrix} 0 & b \\ 0 & d \end{bmatrix}, \quad Q = \begin{bmatrix} a & 0 \\ c & 0 \end{bmatrix}$$

と，U を $U = P + Q$ となるように分解し，

$$P \begin{bmatrix} \alpha \\ \beta \end{bmatrix} = \begin{bmatrix} 0 & b \\ 0 & d \end{bmatrix} \begin{bmatrix} \alpha \\ \beta \end{bmatrix} = \begin{bmatrix} b\beta \\ d\beta \end{bmatrix} = b\beta|L\rangle + d\beta|R\rangle$$

$$Q \begin{bmatrix} \alpha \\ \beta \end{bmatrix} = \begin{bmatrix} a & 0 \\ c & 0 \end{bmatrix} \begin{bmatrix} \alpha \\ \beta \end{bmatrix} = \begin{bmatrix} a\alpha \\ c\alpha \end{bmatrix} = a\alpha|L\rangle + c\alpha|R\rangle$$

が確かめられる．

したがって，時刻 n で場所 x に存在する「左向き」の量子ウォーカーは，時刻 $n+1$ で，場所 $x+1$ に確率振幅 a で「左向き」となり，確率 $|a|^2$ で観測され，また，場所 $x+1$ に確率振幅 c で「右向き」となり，確率 $|c|^2$ で観測される．式 (2.2) より，$|a|^2 + |c|^2 = 1$ が得られる．

一方，時刻 n で場所 x に存在する「右向き」の量子ウォーカーは，時刻 $n+1$ で，場所 $x-1$ に確率振幅 b で「左向き」となり，確率 $|b|^2$ で観測され，また，場所 $x-1$ に確率振幅 d で「右向き」となり，確率 $|d|^2$ で観測される．同様に，式 (2.2) から，$|b|^2 + |d|^2 = 1$ が得られる．そのダイナミクスは図 2.15 のようになる．

そして，4 番目のダイナミクスの重み P，Q と対応させた関係を図 2.16 に示す．

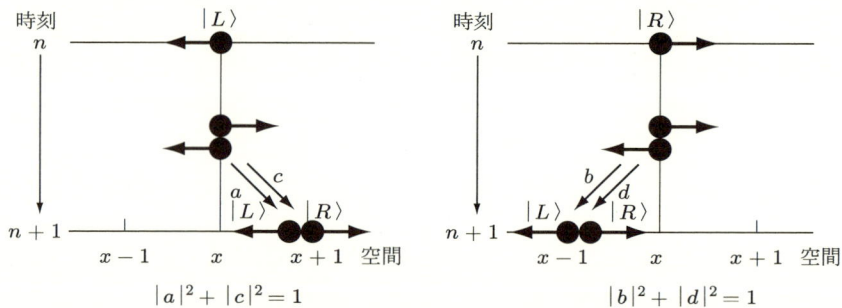

図 2.15　4 番目のダイナミクス

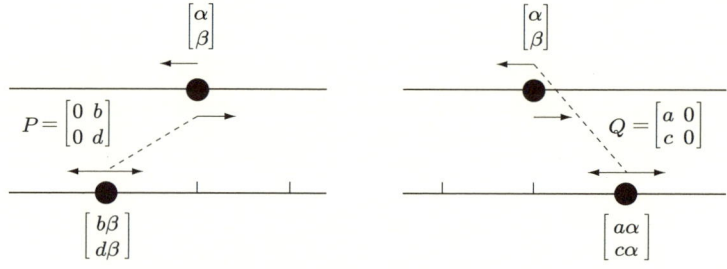

図 2.16　4 番目のダイナミクスの P，Q 対応

さて，これ以降は (a) の定義で話を進めていく．時刻 n での量子ウォーカーの位置を X_n とおき，場所 x での確率 $P(X_n = x)$ がどのように定義されるのか以下で説明する．

時刻 n，場所 x としたとき，l, m を $l + m = n$, $-l + m = x$ を満たすように固定し，次の量を考える．

$$\Xi_n(l, m) = \sum_{l_j, m_j} P^{l_n} Q^{m_n} P^{l_{n-1}} Q^{m_{n-1}} \cdots P^{l_2} Q^{m_2} P^{l_1} Q^{m_1}$$

ただし，上式の和は，$l_1 + \cdots + l_n = l$, $m_1 + \cdots + m_n = m$, $l_j + m_j = 1$ ($j = 1, 2, \ldots, n$) を満たす，すべての $l_j, m_j \in \{0, 1\}$ に関する和とする．つまり，$\Xi_n(l, m)$ は，時刻 n までの間に，左向きに l 回，右向きに m 回動いたパスの重みすべての和である．

たとえば，$n = 2$ の場合は，図 2.17 のように，

$$\Xi_2(2, 0) = P^2, \quad \Xi_2(1, 1) = QP + PQ, \quad \Xi_2(0, 2) = Q^2$$

となる．

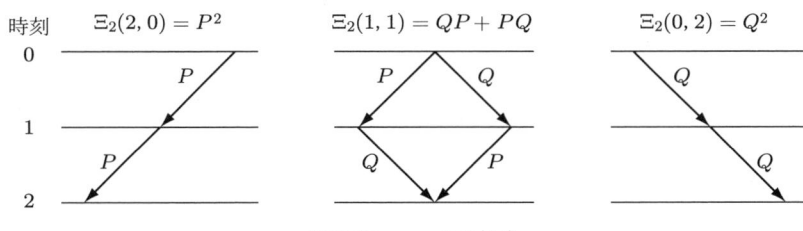

図 2.17　$n = 2$ の場合

同様に，$n = 3$ の場合は，以下のようになる．

$$\Xi_3(3, 0) = P^3, \quad \Xi_3(2, 1) = QP^2 + PQP + P^2Q$$
$$\Xi_3(1, 2) = Q^2P + QPQ + PQ^2, \quad \Xi_3(0, 3) = Q^3$$

また，量子ウォークの定義より，図 2.18 のように，以下の漸化式が一般に成り立つ．

$$\Xi_{n+1}(l, m) = P\,\Xi_n(l-1, m) + Q\,\Xi_n(l, m-1) \tag{2.4}$$

ここで，原点での量子ビットが $\varphi \in \Phi$ である初期状態から出発したとき，時刻 n での量子ウォークの確率振幅を Ψ_n と表し，さらに，場所 x での確率振幅を

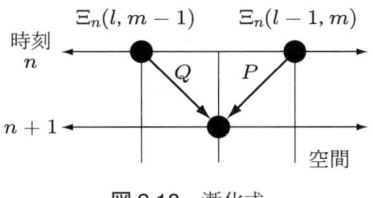

図 2.18　漸化式

$$\Psi_n(x) = \begin{bmatrix} \Psi_n^L(x) \\ \Psi_n^R(x) \end{bmatrix}$$

と表す．ただし，$\Psi_n^L(x)$ が確率振幅の左向きのカイラリティ成分で，$\Psi_n^R(x)$ が確率振幅の右向きのカイラリティ成分である．このとき，それぞれの記号の定義より，

$$\Psi_n(x) = \Xi_n(l,m)\varphi$$

が成立している．ただし，$n = l + m$, $x = -l + m$ である．

さらに，時刻 n で，量子ウォーク X_n が場所 x に存在する確率 $P(X_n = x)$ を，以下で定める．

$$P(X_n = x) = \|\Psi_n(x)\|^2 = |\Psi_n^L(x)|^2 + |\Psi_n^R(x)|^2 = \|\Xi_n(l,m)\varphi\|^2$$

ただし，$P(X_0 = 0) = \|\varphi\|^2 = 1$ である．また，$U = P + Q$ が 2×2 のユニタリ行列になるという条件を課しているので，任意の時刻 n に対して，$P(X_n = \cdot)$ は確率分布となる．つまり，以下が成り立つ．

$$\sum_{x \in \mathbb{Z}} P(X_n = x) = \sum_{x=-n}^{n} P(X_n = x) = 1$$

ここで，古典のランダムウォークの場合のように，X_n は独立同分布（independent and identically distributed[†]）の確率変数 $Y_1, Y_2, \ldots$ を用いて，$X_n = Y_1 + \cdots + Y_n$ のように表すことができないことに注意．

2.2.3 アダマールウォーク

ここで，具体的な確率振幅で量子ウォークがどのように振る舞うかを見てみよう．**アダマールウォーク**（Hadamard walk）は，量子ウォークの中で最も研究が多くなされているモデルで，そのユニタリ行列 U は，以下の**アダマールゲート**（Hadamard gate）で決まる．

$$U = \frac{1}{\sqrt{2}} \begin{bmatrix} 1 & 1 \\ 1 & -1 \end{bmatrix} \tag{2.5}$$

とくに，原点での初期量子ビットが $^T[1/\sqrt{2}, i/\sqrt{2}] \in \Phi$ のときには，任意の時刻で確率分布が原点に関して対称になる．以下，$^T[1/\sqrt{2}, i/\sqrt{2}] \in \Phi$ から出発したとき，時刻 $n = 1, 2, 3, 4$ でのアダマールウォークの確率分布を具体的に計算してみよう．

まず，$n = 1$ の場合は，

$$\Xi_1(1,0)\varphi = P\varphi = \frac{1}{2}\begin{bmatrix} 1+i \\ 0 \end{bmatrix}, \quad \Xi_1(0,1)\varphi = Q\varphi = \frac{1}{2}\begin{bmatrix} 0 \\ 1-i \end{bmatrix}$$

なので，

[†] 略して，i.i.d. と書かれることもある．

$$P(X_1 = -1) = \|\Xi_1(1,0)\varphi\|^2 = \left|\frac{1+i}{2}\right|^2 = \frac{1}{4} + \frac{1}{4} = \frac{1}{2}$$

$$P(X_1 = 1) = \|\Xi_1(0,1)\varphi\|^2 = \left|\frac{1-i}{2}\right|^2 = \frac{1}{4} + \frac{1}{4} = \frac{1}{2}$$

となる（図 2.19 参照）．

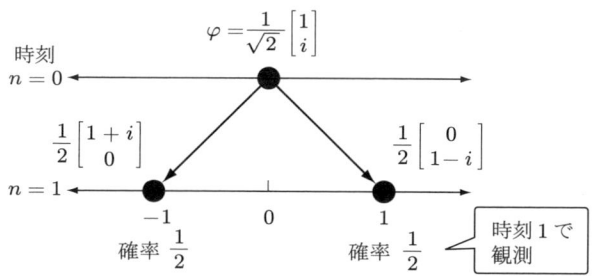

図 2.19　時刻 $n=1$ のアダマールウォーク

次に，$n=2$ の場合は，

$$\Xi_2(2,0)\varphi = P^2\varphi = \frac{1}{2\sqrt{2}}\begin{bmatrix} 1+i \\ 0 \end{bmatrix}, \quad \Xi_2(1,1)\varphi = (PQ+QP)\varphi = \frac{1}{2\sqrt{2}}\begin{bmatrix} 1-i \\ 1+i \end{bmatrix}$$

$$\Xi_2(0,2)\varphi = Q^2\varphi = \frac{1}{2\sqrt{2}}\begin{bmatrix} 0 \\ -1+i \end{bmatrix}$$

となる．ゆえに，$P(X_2=-2) = P(X_2=2) = 1/4$, $P(X_2=0) = 1/2$ が得られる（図 2.20 参照）．

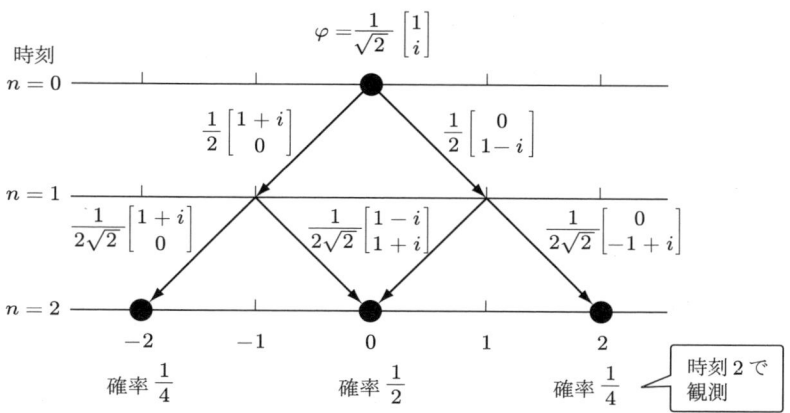

図 2.20　時刻 $n=2$ のアダマールウォーク

$n = 3$ の場合も同様にして,

$$\Xi_3(3,0)\varphi = \frac{1}{4}\begin{bmatrix} 1+i \\ 0 \end{bmatrix}, \quad \Xi_3(2,1)\varphi = \frac{1}{4}\begin{bmatrix} 2 \\ 1+i \end{bmatrix}$$

$$\Xi_3(1,2)\varphi = \frac{1}{4}\begin{bmatrix} -1+i \\ -2i \end{bmatrix}, \quad \Xi_3(0,3)\varphi = \frac{1}{4}\begin{bmatrix} 0 \\ 1-i \end{bmatrix}$$

がわかる.したがって,$P(X_3 = -3) = P(X_3 = 3) = 1/8$, $P(X_3 = -1) = P(X_3 = 1) = 3/8$ となる.

最後に,$n = 4$ の場合も同様にして,

$$\Xi_4(4,0)\varphi = \frac{1}{4\sqrt{2}}\begin{bmatrix} 1+i \\ 0 \end{bmatrix}, \quad \Xi_4(3,1)\varphi = \frac{1}{4\sqrt{2}}\begin{bmatrix} 3+i \\ 1+i \end{bmatrix}$$

$$\Xi_4(2,2)\varphi = \frac{1}{4\sqrt{2}}\begin{bmatrix} -1-i \\ 1-i \end{bmatrix}, \quad \Xi_4(1,3)\varphi = \frac{1}{4\sqrt{2}}\begin{bmatrix} 1-i \\ -1+3i \end{bmatrix}$$

$$\Xi_4(0,4)\varphi = \frac{1}{4\sqrt{2}}\begin{bmatrix} 0 \\ -1+i \end{bmatrix}$$

となる.よって,$P(X_4 = -4) = P(X_4 = 4) = 1/16$, $P(X_4 = -2) = P(X_4 = 2) = 6/16$, $P(X_4 = 0) = 2/16$ が得られる.

時刻 $n = 1, 2, 3, 4$ のアダマールウォークの確率分布を図 2.21 に示した.時刻 $n = 3$ までは対称なランダムウォークと同じ確率分布であるが,時刻 $n = 4$ ではじめて異なる.しかも,ランダムウォークとは違い,原点での確率が最大ではなくなる.この傾

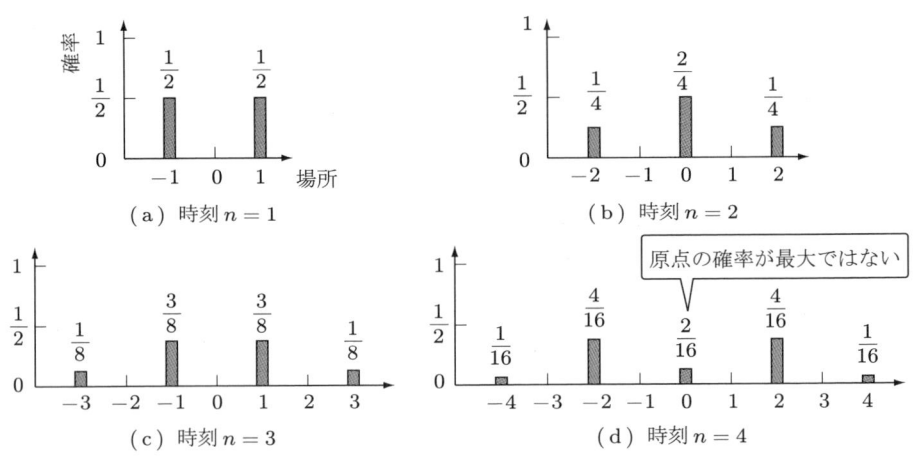

図 2.21 時刻 $n = 1, 2, 3, 4$ のアダマールウォークの確率分布

向は，時刻が経っても同様に続く，量子ウォークの特徴的な性質の一つである．その原因の一つは，本節の最後で説明するが，確率振幅の重ね合わせの効果が現れたためである．

また，上の計算で，
$$\Xi_{n+1}(l,m)\varphi = P\Xi_n(l-1,m)\varphi + Q\Xi_n(l,m-1)$$
を順次用いると，計算が楽である．次節で一般の l, m に対する $\Xi_n(l,m)$ を求める．

■問題 2.3
アダマールウォークを考える．
(1) 原点での初期量子ビットが $\varphi = {}^T[1,0]$ のとき，時刻 $n=1,2,3,4$ での確率分布を求めよ．
(2) 原点での初期量子ビットが $\varphi = {}^T[0,1]$ のとき，時刻 $n=1,2,3,4$ での確率分布を求めよ．
(3) 原点での初期量子ビットが $\varphi = {}^T[\alpha,\beta]$ のとき，任意の時刻 n に対して，$P(X_n=-n)$, $P(X_n=n)$ を求めよ．

アダマールウォークのダイナミクスは，U の各成分の絶対値の 2 乗が 1/2 となるので，対称な古典のランダムウォークに対応する量子ウォークとも考えられる．しかし，その分布の対称性は，初期量子ビットの状態に強く依存する．たとえば，初期量子ビットが $\varphi = {}^T[1/\sqrt{2}, i/\sqrt{2}]$ の場合には分布が対称となるが，ランダムウォークと挙動がまったく異なる（図 2.22 を参照）．ランダムウォークの分布は 2 項分布タイプであるが，量子ウォークの分布は出発点である原点の存在確率が低く，複雑に振動している．

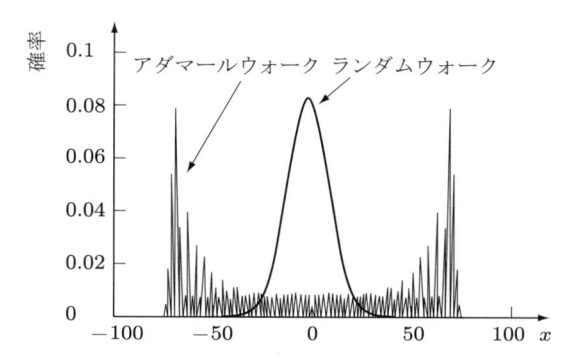

図 2.22 時刻 100 でのアダマールウォークとランダムウォークの分布の違い

ここで，前節の最後に触れたが，ランダムウォークの事象は一本一本のパスとして考えられたが，量子ウォークは重ね合わせが起こり，そのようにはならないことを，簡単な具体例で説明しよう．

まず，原点から出発した対称なランダムウォークの時刻 $n=4$，場所 $x=0$ での存在確率 $P(S_4=0)$ は，図 2.23 のように，六つのパス $w_1,\ldots,w_6$ の事象がそれぞれ独

$$P\left(\diamondsuit\right) = P\left(w_1\right) + P\left(w_2\right) + P\left(w_3\right)$$

$$\parallel \quad \boxed{\frac{6}{16}} \quad + P\left(w_4\right) + P\left(w_5\right) + P\left(w_6\right)$$

$$= 6 \times \left(\frac{1}{2}\right)^4 = \boxed{\frac{6}{16}}$$

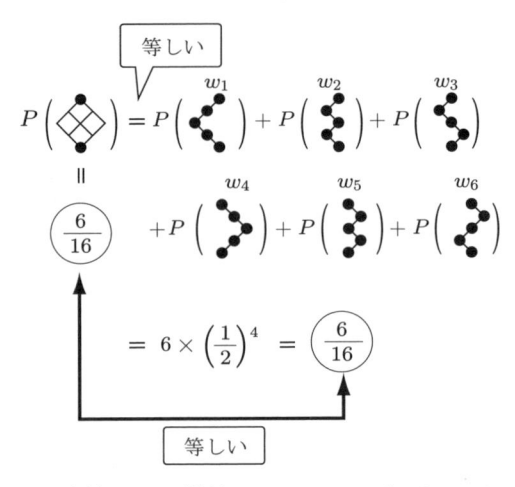

図 2.23 時刻 $n=4$，場所 $x=0$ でのランダムウォークの確率

立で，その各確率が $(1/2)^4$ なので，求める確率は $6 \times (1/2)^4$ となる．

一方，アダマールウォークの場合を考える．原点での初期量子ビットが $\varphi = {}^T[1/\sqrt{2},\ i/\sqrt{2}]$ とすると，六つの各パスの確率はランダムウォークと同様に $(1/2)^4$ となる．実際，

$$\|Q^2P^2\varphi\|^2 = \|QPQP\varphi\|^2 = \cdots = \|QP^2Q\varphi\|^2 = \left(\frac{1}{2}\right)^4 \tag{2.6}$$

が成り立つ．

したがって，六つの各パスに対応する確率を足すと $6 \times (1/2)^4$ になり，ランダム

$$P\left(\diamondsuit\right) \neq P\left(w_1\right) + P\left(w_2\right) + P\left(w_3\right)$$

$$\parallel \quad \boxed{\frac{2}{16}} \quad + P\left(w_4\right) + P\left(w_5\right) + P\left(w_6\right)$$

$$= 6 \times \left(\frac{1}{2}\right)^4 = \boxed{\frac{6}{16}}$$

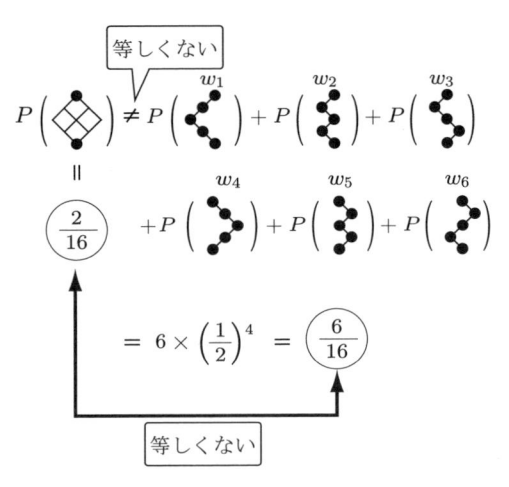

図 2.24 時刻 $n=4$，場所 $x=0$ でのアダマールウォークの確率

ウォークの場合と一致する．しかし，時刻 $n=4$, 場所 $x=0$ での存在確率 $P(X_4=0)$ は，先に計算したように $P(X_4=0)=2/16$ で，$P(S_4=0)=6\times(1/2)^4=6/16$ と異なる（図 2.24 参照）．

これは，確率振幅の重ね合わせの効果が現れたためである．アダマールウォークの場合は，

$$\begin{aligned}P(X_4=0) &= \|Q^2P^2\varphi + QPQP\varphi + PQ^2P\varphi \\ &\quad + P^2Q^2\varphi + PQPQ\varphi + QP^2Q\varphi\|^2 \\ &= \|\Xi_4(2,2)\varphi\|^2 \\ &= \left\|\frac{1}{4\sqrt{2}}\begin{bmatrix}-1-i \\ 1-i\end{bmatrix}\right\|^2 \\ &= \frac{2}{16}\end{aligned}$$

である．一方，$\|Q^2P^2\varphi + QPQP\varphi + PQ^2P\varphi + P^2Q^2\varphi + PQPQ\varphi + QP^2Q\varphi\|^2$ に対して，各項ごとにノルムの 2 乗をとると，一般には等しくなくなって，

$$\begin{aligned}&\|Q^2P^2\varphi\|^2 + \|QPQP\varphi\|^2 + \|PQ^2P\varphi\|^2 \\ &\quad + \|P^2Q^2\varphi\|^2 + \|PQPQ\varphi\|^2 + \|QP^2Q\varphi\|^2 \\ &= 6\times\left(\frac{1}{2}\right)^4 = \frac{6}{16} = P(S_4=0)\end{aligned}$$

と計算され，ランダムウォークの $P(S_4=0)$ と一致する．つまり，アダマールウォークの重ね合わせの効果は，"$Q^2P^2\varphi + QPQP\varphi + PQ^2P\varphi + P^2Q^2\varphi + PQPQ\varphi + QP^2Q\varphi$" のように，六つのパスの確率振幅の和を先にとっているところで現われることがわかる．

■問題 2.4

式 (2.6) を確かめよ．

2.3 確率分布の計算（組合せ論的手法）

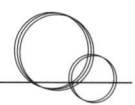

この節では，ランダムウォークと同様に組合せ論的手法を用いて，量子ウォークの確率分布を求めよう．しかし，前章のランダムウォークの場合に比べると，計算はかなり煩雑になる．

まず，そのために一般の $\Xi_n(l,m)$ を組合せ論的な手法で計算する．ただし，量子ウォークを定める 2×2 のユニタリ行列 U は，

$$U = \begin{bmatrix} a & b \\ c & d \end{bmatrix}$$

で，

$$P = \begin{bmatrix} a & b \\ 0 & 0 \end{bmatrix}, \quad Q = \begin{bmatrix} 0 & 0 \\ c & d \end{bmatrix}$$

であった．

また，前節でも述べたように，$\Psi_n(x) = {}^T[\Psi_n^L(x), \Psi_n^R(x)]\, (\in \mathbb{C}^2)$ は，原点での初期量子ビット $\varphi \in \Phi$ に対する，場所 x で時刻 n の量子ウォーカーの確率振幅である．一方 $\Xi_n(l,m)$ は，$l = (n-x)/2$ かつ $m = (n+x)/2$ を満たす l と m に対して，l 回左に，m 回右に移動するパスの重みのすべての和であるので，

$$\Psi_n(x) = \Xi_n(l,m)\varphi$$

が成り立つことに注意してほしい．

一般の $\Xi_n(l,m)$ を計算する前に，たとえば，$\Xi_4(3,1)$ を計算すると，定義により，

$$\Xi_4(3,1) = QP^3 + PQP^2 + P^2QP + P^3Q$$

となる（図 2.25 を参照のこと）．

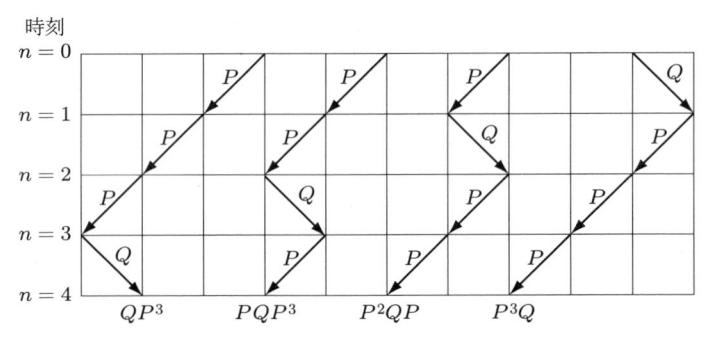

図 2.25 $\Xi_4(3,1)$ の 4 本のパス

次に，下記の性質に着目する．

$$P^2 = aP$$

これを用いると，

$$\Xi_4(3,1) = a^2 QP + aPQP + aPQP + a^2 PQ$$

が得られる．さらに，以下の 2×2 の行列 R と S を導入する．

$$R = \begin{bmatrix} c & d \\ 0 & 0 \end{bmatrix}, \quad S = \begin{bmatrix} 0 & 0 \\ a & b \end{bmatrix}$$

このとき，行列 P, Q, R, S の積の間に表 2.1 のような関係式が成立している．こ

表 2.1

	P	Q	R	S
P	aP	bR	aR	bP
Q	cS	dQ	cQ	dS
R	cP	dR	cR	dP
S	aS	bQ	aQ	bS

れは，2 状態量子ウォークを計算するための九九に対応する掛算表ともいえる．
ただし，掛算表の見方は，たとえば $PQ = bR$ というように，タテ × ヨコという順序の積に対応している．

また，$a \neq 0$ のとき（$d \neq 0$ にもなる），

$$e_1 = \frac{1}{a}P, \quad e_2 = \frac{1}{d}Q$$

とおくと，以下の関係式が成立する．

$$e_1^2 = e_1, \quad e_2^2 = e_2, \quad e_1 e_2 e_1 = \lambda e_1, \quad e_2 e_1 e_2 = \lambda e_2$$

ただし，$\lambda = bc/ad = -|b|^2/|a|^2$ である[†]．

掛算表 2.1 の関係より，

$$\Xi_4(3,1) = 2abcP + a^2 bR + a^2 cS$$

が最終的に得られる．実は，P, Q, R, S は，トレース内積 $\langle A|B \rangle = \mathrm{tr}(A^* B)$ に関する，複素数成分をもつ 2×2 行列全体の空間 $\mathrm{M}(2)$ の正規直交基底になっている．ここで，トレース tr は，

$$\mathrm{tr}\left(\begin{bmatrix} x & y \\ z & w \end{bmatrix}\right) = x + w$$

である．実際，以下が成り立つ．

$$\langle P|P \rangle = \langle Q|Q \rangle = \langle R|R \rangle = \langle S|S \rangle = 1$$

$$\langle P|Q \rangle = \langle P|R \rangle = \langle P|S \rangle = \langle Q|P \rangle = \langle Q|R \rangle = \cdots = 0$$

したがって，ここが重要な点だが，$\Xi_n(l,m)$ は次の形に一意的に表されることがわかる．

$$\Xi_n(l,m) = p_n(l,m)P + q_n(l,m)Q + r_n(l,m)R + s_n(l,m)S$$

この事実は，組合せ論的手法の肝要な点の一つであり，本書でもいくつかの場所で用いられる．よって，次の問題は $p_n(l,m)$, $q_n(l,m)$, $r_n(l,m)$, $s_n(l,m)$ の具体的な形を求めることである．

たとえば，$n = l + m = 4$ のときには，

[†] これは，Leroux (2005) で指摘されている．

$$\left.\begin{array}{l}\Xi_4(4,0)=a^3P, \quad \Xi_4(3,1)=2abcP+a^2bR+a^2cS\\ \Xi_4(2,2)=bcdP+abcQ+b(ad+bc)R+c(ad+bc)S\\ \Xi_4(1,3)=2bcdQ+bd^2R+cd^2S, \quad \Xi_4(0,4)=d^3Q\end{array}\right\} \quad (2.7)$$

のように計算できるので，$l=3$, $m=1$ のときは，
$$p_4(3,1)=2abc, \quad q_4(3,1)=0, \quad r_4(3,1)=a^2b, \quad s_4(3,1)=a^2c$$
が得られる．

実は，$p_n(l,m)$, $q_n(l,m)$, $r_n(l,m)$, $s_n(l,m)$ を求めるには，それぞれ対応する次の4種類のパスを考えればよいことがわかる．

$$\left.\begin{array}{l}p_n(l,m): \overbrace{PP\cdots P}^{w_1}\overbrace{QQ\cdots Q}^{w_2}\overbrace{PP\cdots P}^{w_3}\cdots\overbrace{QQ\cdots Q}^{w_{2\gamma}}\overbrace{PP\cdots P}^{w_{2\gamma+1}}\\ q_n(l,m): \overbrace{QQ\cdots Q}^{w_1}\overbrace{PP\cdots P}^{w_2}\overbrace{QQ\cdots Q}^{w_3}\cdots\overbrace{PP\cdots P}^{w_{2\gamma}}\overbrace{QQ\cdots Q}^{w_{2\gamma+1}}\\ r_n(l,m): \overbrace{PP\cdots P}^{w_1}\overbrace{QQ\cdots Q}^{w_2}\overbrace{PP\cdots P}^{w_3}\cdots\overbrace{QQ\cdots Q}^{w_{2\gamma}}\\ s_n(l,m): \overbrace{QQ\cdots Q}^{w_1}\overbrace{PP\cdots P}^{w_2}\overbrace{QQ\cdots Q}^{w_3}\cdots\overbrace{PP\cdots P}^{w_{2\gamma}}\end{array}\right\} \quad (2.8)$$

ただし，$w_1, w_2, \ldots, w_{2\gamma+1} \geq 1$ かつ $\gamma \geq 1$ である．

上記の事実を，$\Xi_4(3,1)$ のときに確かめてみよう．たとえば，$p_4(3,1)$ に対応するパスは，P からはじまり P で終わる．実際，PQP^2 と P^2QP の二つのパスがあるので，$PQP^2+P^2QP=2abcP$ と計算され，$p_4(3,1)=2abc$ を得る．

一般の場合には，次の補題が鍵となる．

補題 2.1 $abcd \neq 0$ を満たす式 (2.1) のユニタリ行列 U によって定義される量子ウォークを考える．ここで，
$$P=\begin{bmatrix}a & b\\ 0 & 0\end{bmatrix}, \quad Q=\begin{bmatrix}0 & 0\\ c & d\end{bmatrix}, \quad R=\begin{bmatrix}c & d\\ 0 & 0\end{bmatrix}, \quad S=\begin{bmatrix}0 & 0\\ a & b\end{bmatrix}$$

かつ，$\triangle = \det U$，ただし，$U=P+Q$．$l, m \geq 0$ が $l+m=n$ を満たすとき，次が成立する．

(i) $l \wedge m \, (= \min\{l,m\}) \geq 1$ に対して，
$$\Xi_n(l,m)=a^l\overline{a}^m\triangle^m\sum_{\gamma=1}^{l\wedge m}\left(-\frac{|b|^2}{|a|^2}\right)^\gamma\binom{l-1}{\gamma-1}\binom{m-1}{\gamma-1}$$
$$\times\left(\frac{l-\gamma}{a\gamma}P+\frac{m-\gamma}{\triangle\overline{a}\gamma}Q-\frac{1}{\triangle\overline{b}}R+\frac{1}{b}S\right)$$

(ii) $l\,(=n) \geq 1$, $m = 0$ に対して,
$$\Xi_n(l,0) = a^{n-1}P$$
(iii) $l = 0$, $m\,(=n) \geq 1$ に対して,
$$\Xi_n(0,m) = \triangle^{n-1}\bar{a}^{n-1}Q$$

証明 (a) $p_n(l,m)$ の場合

最初に，$l \geq 2$, $m \geq 1$ を仮定する．表 2.1 より，$p_n(l,m)$ を計算するには次のようなパスだけを考えればよいことがわかる．

$$C(P,w)_n^{(2\gamma+1)}(l,m) = \overbrace{PP\cdots P}^{w_1}\overbrace{QQ\cdots Q}^{w_2}\overbrace{PP\cdots P}^{w_3}\cdots\overbrace{QQ\cdots Q}^{w_{2\gamma}}\overbrace{PP\cdots P}^{w_{2\gamma+1}}$$

ここで，$w = (w_1, w_2, \ldots, w_{2\gamma+1}) \in \mathbb{Z}_>^{2\gamma+1}$ である．ただし，$w_1, w_2, \ldots, w_{2\gamma+1}, \gamma \geq 1$ とする．たとえば，PQP の場合には，$w_1 = w_2 = w_3 = 1$ かつ $\gamma = 1$ となる．このとき，l は P の数を，m は Q の数を表していることに注意すると,
$$l = w_1 + w_3 + \cdots + w_{2\gamma+1}, \quad m = w_2 + w_4 + \cdots + w_{2\gamma}$$
が得られる．さらに，$2\gamma + 1$ が P と Q のクラスターの数を表している．

次に，$l \geq 2$, $m \geq 1$ を満たす l, m が固定されているときに，γ の範囲について考える．明らかに $\gamma = 1$ が最小で，このときは三つのクラスターより成っている．実際に，以下のような場合である．
$$P\cdots PQ\cdots QP\cdots P$$
一方，最大値は $\gamma = (l-1) \wedge m$ で，この場合は，たとえば,
$$PQPQPQ\cdots PQPQPP\cdots PP \quad (l-1 \geq m \text{ の場合})$$
$$PQPQPQ\cdots PQPQQ\cdots QQP \quad (l-1 \leq m \text{ の場合})$$
である．ここで，$\gamma \in \{1, 2, \ldots, (l-1) \wedge m\}$ に対して，$2\gamma + 1$ のクラスターをもつパス全体の集合を考える．

$$W(P, 2\gamma+1) = \{w = (w_1, w_2, \cdots, w_{2\gamma+1}) \in \mathbb{Z}_>^{2\gamma+1} : w_1 + w_3 + \cdots + w_{2\gamma+1} = l$$
$$w_2 + w_4 + \cdots + w_{2\gamma} = m,\ w_1, w_2, \ldots, w_{2\gamma}, w_{2\gamma+1} \geq 1\} \quad (2.9)$$

表 2.1 より，$w \in W(P, 2\gamma+1)$ に対して，
$$C(P,w)_n^{(2\gamma+1)}(l,m) = a^{w_1-1}Pd^{w_2-1}Qa^{w_3-1}P\cdots d^{w_{2\gamma}-1}Qa^{w_{2\gamma+1}-1}P$$
$$= a^{l-(\gamma+1)}d^{m-\gamma}(PQ)^\gamma P = a^{l-(\gamma+1)}d^{m-\gamma}b^\gamma R^\gamma P$$
$$= a^{l-(\gamma+1)}d^{m-\gamma}b^\gamma c^{\gamma-1}RP = a^{l-(\gamma+1)}d^{m-\gamma}b^\gamma c^\gamma P$$

が成り立つ．したがって，$l \geq 2$, $m \geq 1$ のとき，すなわち，$\gamma \geq 1$ の場合，以下が成

立する．
$$C(P,w)_n^{(2\gamma+1)}(l,m) = a^{l-(\gamma+1)}b^\gamma c^\gamma d^{m-\gamma}P$$
上式の右辺は $w \in W(P, 2\gamma+1)$ に依存していないので，
$$C(P)_n^{(2\gamma+1)}(l,m) = C(P,w)_n^{(2\gamma+1)}(l,m)$$
と書くことができる．最後に，$w \in W(P, 2\gamma+1)$ を満たす $w = (w_1, w_2, \ldots, w_{2\gamma}, w_{2\gamma+1})$ の数を計算する．標準的な組合せ論的議論より，下記が得られる．
$$|W(P, 2\gamma+1)| = \binom{l-1}{\gamma}\binom{m-1}{\gamma-1} \tag{2.10}$$
したがって，
$$\begin{aligned}
p_n(l,m)P &= \sum_{\gamma=1}^{(l-1)\wedge m} \sum_{w \in W(P, 2\gamma+1)} C(P,w)_n^{(2\gamma+1)}(l,m) \\
&= \sum_{\gamma=1}^{(l-1)\wedge m} |W(P, 2\gamma+1)| C(P)_n^{(2\gamma+1)}(l,m) \\
&= \sum_{\gamma=1}^{(l-1)\wedge m} \binom{l-1}{\gamma}\binom{m-1}{\gamma-1} a^{l-(\gamma+1)}b^\gamma c^\gamma d^{m-\gamma} P
\end{aligned}$$
ゆえに，以下の結論を得る．
$$p_n(l,m) = \sum_{\gamma=1}^{(l-1)\wedge m} \binom{l-1}{\gamma}\binom{m-1}{\gamma-1} a^{l-(\gamma+1)}b^\gamma c^\gamma d^{m-\gamma}$$
また，$l \geq 1$, $m = 0$ の場合には，量子ウォーカーは左にしか移動しないので，以下がすぐにわかる．
$$p_n(l,0)P = P^l = a^{l-1}P \tag{2.11}$$
さらに，$l = 1$, $m \geq 1$，または，$l = 0$, $m \geq 0$ の場合には，明らかに $p_n(l,m) = 0$ である．

(b) $q_n(l,m)$ の場合

(a) の場合と同様に，$l \geq 1$, $m \geq 2$ の場合についてまず考える．このときは，以下のパスを考えれば十分である．
$$\underbrace{QQ\cdots Q}_{w_1}\underbrace{PP\cdots P}_{w_2}\underbrace{QQ\cdots Q}_{w_3}\cdots \underbrace{PP\cdots P}_{w_{2\gamma}}\underbrace{QQ\cdots Q}_{w_{2\gamma+1}}$$
ここで，$w = (w_1, w_2, \ldots, w_{2\gamma+1}) \in \mathbb{Z}_>^{2\gamma+1}$ である．ただし，$w_1, w_2, \ldots, w_{2\gamma+1} \geq 1$, $\gamma \geq 1$ とする．また，以下の関係に注意してほしい．
$$l = w_2 + w_4 + \cdots + w_{2\gamma}, \quad m = w_1 + w_3 + \cdots + w_{2\gamma+1}$$
このとき，$2\gamma+1$ は P と Q のクラスターの数である．(a) と同様に，下記が成り立つ．

$$q_n(l,m) = \sum_{\gamma=1}^{l\wedge(m-1)} \binom{l-1}{\gamma-1}\binom{m-1}{\gamma} a^{l-\gamma} b^\gamma c^\gamma d^{m-(\gamma+1)}$$

一方，$l=0$ かつ $m \geq 1$ の場合は，量子ウォーカーは右にしか移動しないので，
$$q_n(0,m)Q = Q^m = d^{m-1}Q \tag{2.12}$$
となる．さらに，$m=1$, $l \geq 1$, または $m=0$, $l \geq 0$ の場合は，$q_n(l,m) = 0$ となる．

(c) $r_n(l,m)$ の場合

$l \geq 1$ かつ $m \geq 1$ のときは，次のパスを考えれば十分である．

$$\underbrace{PP\cdots P}_{w_1}\underbrace{QQ\cdots Q}_{w_2}\underbrace{PP\cdots P}_{w_3}\cdots\underbrace{QQ\cdots Q}_{w_{2\gamma}}$$

ここで，$w=(w_1, w_2, \ldots, w_{2\gamma}) \in \mathbb{Z}_{>}^{2\gamma}$ である．ただし，$w_1, w_2, \ldots, w_{2\gamma} \geq 1$, $\gamma \geq 1$ とする．たとえば，$PQPQ$ の場合は，$w_1 = w_2 = w_3 = w_4 = 1$ かつ $\gamma = 2$ となる．このとき，以下の関係に注意してほしい．
$$l = w_1 + w_3 + \cdots + w_{2\gamma-1}, \quad m = w_2 + w_4 + \cdots + w_{2\gamma}$$
そして，2γ は，P と Q のクラスターの数である．γ の範囲は，最小値が $\gamma = 1$ で，以下の場合に対応する．
$$P\cdots PQ\cdots Q$$
最大値は $\gamma = l \wedge m$ で，たとえば，
$$PQPQPQ\cdots PQPP\cdots PPQ \quad (l \geq m \text{ の場合})$$
$$PQPQPQ\cdots PQPQQ\cdots QQ \quad (m \geq l \text{ の場合})$$
である．先の (a) と同様に，次の結果を得る．
$$r_n(l,m) = \sum_{\gamma=1}^{l\wedge m} \binom{l-1}{\gamma-1}\binom{m-1}{\gamma-1} a^{l-\gamma} b^\gamma c^{\gamma-1} d^{m-\gamma}$$
もし $l \wedge m = 0$ ならば，$r_n(l,m) = 0$ である．

(d) $s_n(l,m)$ の場合

まず，$l \geq 1$ かつ $m \geq 1$ を仮定する．このとき，以下のパスを考えれば十分である．

$$\underbrace{QQ\cdots Q}_{w_1}\underbrace{PP\cdots P}_{w_2}\underbrace{QQ\cdots Q}_{w_3}\cdots\underbrace{PP\cdots P}_{w_{2\gamma}}$$

ここで，$w=(w_1, w_2, \ldots, w_{2\gamma}) \in \mathbb{Z}_{>}^{2\gamma}$ である．ただし，$w_1, w_2, \ldots, w_{2\gamma} \geq 1$, $\gamma \geq 1$ とする．また，以下が成立する．
$$l = w_2 + w_4 + \cdots + w_{2\gamma}, \quad m = w_1 + w_3 + \cdots + w_{2\gamma-1}$$
上記の (c) の場合と同様に，

$$s_n(l,m) = \sum_{\gamma=1}^{l\wedge m} \binom{l-1}{\gamma-1}\binom{m-1}{\gamma-1} a^{l-\gamma} b^{\gamma-1} c^\gamma d^{m-\gamma}$$

が得られる．また，$l \wedge m = 0$ の場合は，$s_n(l,m) = 0$ が導かれる．

以上より，$abcd \neq 0$ かつ $l \wedge m \geq 1$ の場合，上記の (a)〜(d) の場合すべてをまとめると，

$$\Xi_n(l,m) = a^l d^m \sum_{\gamma=1}^{l\wedge m} \left(\frac{bc}{ad}\right)^\gamma \binom{l-1}{\gamma-1}\binom{m-1}{\gamma-1} \left(\frac{l-\gamma}{a\gamma}P + \frac{m-\gamma}{d\gamma}Q + \frac{1}{c}R + \frac{1}{b}S\right) \tag{2.13}$$

となる．関係式 $c = -\triangle \bar{b}$, $d = \triangle \bar{a}$ に注意すると，補題 2.1 (i) の証明が終わる．また，(ii) と (iii) は，上記の証明の中，それぞれ式 (2.11) と式 (2.12) で既に示されている． □

次の補題のように，$abcd \neq 0$ を満たす式 (2.1) のユニタリ行列 U によって定義される量子ウォーク X_n の分布は，補題 2.1 を用いて直接計算することにより得られる．

補題 2.2 $k = 1, 2, \ldots, [n/2]$ に対して，以下が成り立つ．

$$P(X_n = n - 2k)$$
$$= |a|^{2(n-1)} \sum_{\gamma=1}^{k}\sum_{\delta=1}^{k} \left(-\frac{|b|^2}{|a|^2}\right)^{\gamma+\delta} \binom{k-1}{\gamma-1}\binom{k-1}{\delta-1}\binom{n-k-1}{\gamma-1}\binom{n-k-1}{\delta-1}$$
$$\times \left(\frac{1}{\gamma\delta}\right)\Bigl[\{k^2|a|^2 + (n-k)^2|b|^2 - (\gamma+\delta)(n-k)\}|\alpha|^2$$
$$+ \{k^2|b|^2 + (n-k)^2|a|^2 - (\gamma+\delta)k\}|\beta|^2$$
$$+ \frac{1}{|b|^2}\Bigl[\{(n-k)\gamma - k\delta + n(2k-n)|b|^2\}a\alpha\overline{b\beta}$$
$$+ \{-k\gamma + (n-k)\delta + n(2k-n)|b|^2\}\overline{a\alpha}b\beta + \gamma\delta\Bigr]\Bigr]$$

$$P(X_n = -(n-2k))$$
$$= |a|^{2(n-1)} \sum_{\gamma=1}^{k}\sum_{\delta=1}^{k} \left(-\frac{|b|^2}{|a|^2}\right)^{\gamma+\delta} \binom{k-1}{\gamma-1}\binom{k-1}{\delta-1}\binom{n-k-1}{\gamma-1}\binom{n-k-1}{\delta-1}$$
$$\times \left(\frac{1}{\gamma\delta}\right)\Bigl[\{k^2|b|^2 + (n-k)^2|a|^2 - (\gamma+\delta)k\}|\alpha|^2$$
$$+ \{k^2|a|^2 + (n-k)^2|b|^2 - (\gamma+\delta)(n-k)\}|\beta|^2$$
$$+ \frac{1}{|b|^2}\Bigl[\{k\gamma - (n-k)\delta - n(2k-n)|b|^2\}a\alpha\overline{b\beta}$$

$$+ \{-(n-k)\gamma + k\delta - n(2k-n)|b|^2\}\overline{a\alpha}b\beta + \gamma\delta\Big]$$
$$P(X_n = n) = |a|^{2(n-1)}\{|b|^2|\alpha|^2 + |a|^2|\beta|^2 - (a\alpha\overline{b\beta} + \overline{a\alpha}b\beta)\}$$
$$P(X_n = -n) = |a|^{2(n-1)}\{|a|^2|\alpha|^2 + |b|^2|\beta|^2 + (a\alpha\overline{b\beta} + \overline{a\alpha}b\beta)\}$$

ただし，$[x]$ は x の整数部分である．

■問題 2.5

$$P_1 = \begin{bmatrix} 1 & 0 \\ 0 & 0 \end{bmatrix}, \quad P_2 = \begin{bmatrix} 0 & 1 \\ 0 & 0 \end{bmatrix}, \quad P_3 = \begin{bmatrix} 0 & 0 \\ 0 & 1 \end{bmatrix}, \quad P_4 = \begin{bmatrix} 0 & 0 \\ 1 & 0 \end{bmatrix}$$

とおく．

$$U = \begin{bmatrix} a & b \\ c & d \end{bmatrix}$$

のとき，$P = P_1 U$, $R = P_2 U$, $Q = P_3 U$, $S = P_4 U$ であることを確かめよ．

■問題 2.6

$\langle B|A\rangle = \overline{\langle A|B\rangle}$ を示せ．

■問題 2.7

$\langle P|P\rangle = 1$, $\langle P|Q\rangle = \langle P|R\rangle = 0$ を確かめよ．

■問題 2.8

式 (2.7) を確かめ，$p_4(2,2)$, $q_4(2,2)$, $r_4(2,2)$, $s_4(2,2)$ を求めよ．

■問題 2.9

式 (2.8) を $\Xi_4(2,2)$ の場合に確かめよ．

■問題 2.10

式 (2.9) において，$l=3$, $m=2$ の場合を考える．このとき，$\gamma=1$, $\gamma=2$, つまり，$W(P,3)$ と $W(P,5)$ をそれぞれ求めよ．

■問題 2.11

式 (2.10) を確かめよ．

■問題 2.12

式 (2.13) を用いて，$\Xi_2(1,1)$ を求めよ．

2.4 量子ウォーク特有の二つの性質

本節では，簡単ではあるが，対応するランダムウォークには見られない，量子ウォーク特有の二つの性質である，「線形的な広がり」と「局在化」について説明する．

2.4.1 線形的な広がり

前章で紹介したように，1次元の対称なランダムウォーク S_n の場合には，中心極限定理1.3で，$p=q=1/2$ とすることにより，$-\infty < a < b < \infty$ に対して，

$$\lim_{n\to\infty} P\left(a \leq \frac{S_n}{\sqrt{n}} \leq b\right) = \int_a^b \frac{e^{-x^2/2}}{\sqrt{2\pi}}\,dx \tag{2.14}$$

が成り立つ．

それに対して，次章で学ぶように，初期量子ビットとして $\varphi = {}^T[1/\sqrt{2}, i/\sqrt{2}]$（分布が原点に対称な場合）をとると，この古典の場合に対応するアダマールウォーク X_n について，前節で求めた確率分布を用いることにより，以下の極限定理が得られる．すなわち，$-1/\sqrt{2} < a < b < 1/\sqrt{2}$ に対して，

$$\lim_{n\to\infty} P\left(a \leq \frac{X_n}{n} \leq b\right) = \int_a^b \frac{1}{\pi(1-x^2)\sqrt{1-2x^2}}\,dx \tag{2.15}$$

が成り立つ．この結果から，古典の場合にはスケーリングが $S_n/\sqrt{n}$ であり，$\sqrt{n}$ のオーダーで（拡散方程式に対応したその意味で）「拡散的に広がっている」のに対し，量子ウォークの場合はスケーリングが X_n/n であり，n のオーダーで「線形的に広がっている」ことがわかる．

2.4.2 局在化

次に，「局在化」について説明しよう．アダマールウォーク X_n については，後で見るように，系2.1より，時刻 $2n$ で原点に戻る再帰確率 $r_{2n}(0)$ に対し，$\lim_{n\to\infty} r_{2n}(0) = 0$ が成り立つ．また，奇数時刻 $2n+1$ では，$r_{2n+1}(0) = 0$ なので，$\limsup_{n\to\infty} r_n(0) = 0$ とも書ける．もちろん，$\liminf_{n\to\infty} r_n(0) = 0$ なので，$\lim_{n\to\infty} r_n(0) = 0$ である．

2状態でも次節の停留量子ウォークでは，$r_{2n}(0) = 1$, $r_{2n+1}(0) = 0$ $(n \geq 0)$ が成り立ち，出発点である原点にいる確率が時刻 n を無限大にしても0にはならず，$\limsup_{n\to\infty} r_n(0) > 0$ となる．本書ではこのように，$\limsup_{n\to\infty} r_n(0) > 0$ が成立するとき，このモデルは**局在化**（localization）が起きるということにする．

2状態ではなく3状態の量子ウォークの場合（第5章で学ぶ）には，一般に局在化が起こり，しかも，線形的に広がるという，古典のランダムウォークとはまったく異

なる挙動を示す．

では，2.5, 2.6 節で，それぞれ量子ウォークの特別な場合のモデルを用いて，局在化と線形的な広がりについて解説する．

2.5 局在化の例：停留量子ウォーク

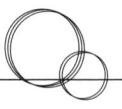

この節では，まず「局在化」を説明するために，次の U で定まる簡単なモデルについて考えよう．

$$U = \begin{bmatrix} 0 & 1 \\ 1 & 0 \end{bmatrix}, \quad \text{ただし，} \quad P = \begin{bmatrix} 0 & 1 \\ 0 & 0 \end{bmatrix}, \quad Q = \begin{bmatrix} 0 & 0 \\ 1 & 0 \end{bmatrix}$$

本書では，このモデルを停留量子ウォークとよぶ．その理由は，後で説明するように，原点から出発した場合に $\{-1, 0, 1\}$ に留まり，外へ出ないからである．

そして，初期状態は以下で与える．

$$\Psi_0 = {}^T\left[\ldots, \begin{bmatrix} \Psi^L(-1) \\ \Psi^R(-1) \end{bmatrix}, \begin{bmatrix} \Psi^L(0) \\ \Psi^R(0) \end{bmatrix}, \begin{bmatrix} \Psi^L(1) \\ \Psi^R(1) \end{bmatrix}, \ldots\right]$$

$$= {}^T\left[\ldots, \begin{bmatrix} 0 \\ 0 \end{bmatrix}, \begin{bmatrix} \alpha \\ \beta \end{bmatrix}, \begin{bmatrix} 0 \\ 0 \end{bmatrix}, \ldots\right]$$

すると，時刻 1 では，

$$\Psi_1 = {}^T\left[\ldots, \begin{bmatrix} \beta \\ 0 \end{bmatrix}, \begin{bmatrix} 0 \\ 0 \end{bmatrix}, \begin{bmatrix} 0 \\ \alpha \end{bmatrix}, \ldots\right]$$

となる．一般に，$n = 0, 1, 2, \ldots$ に対して，

$$\Psi_{2n} = {}^T\left[\ldots, \begin{bmatrix} 0 \\ 0 \end{bmatrix}, \begin{bmatrix} \alpha \\ \beta \end{bmatrix}, \begin{bmatrix} 0 \\ 0 \end{bmatrix}, \ldots\right]$$

$$\Psi_{2n+1} = {}^T\left[\ldots, \begin{bmatrix} \beta \\ 0 \end{bmatrix}, \begin{bmatrix} 0 \\ 0 \end{bmatrix}, \begin{bmatrix} 0 \\ \alpha \end{bmatrix}, \ldots\right]$$

が成立していることを，定義によりすぐに確かめられる．つまり，2 周期で系全体の確率振幅が変化している．時刻 n での確率分布 μ_n を

$$\mu_n = {}^T[\ldots, \mu_n(-2), \mu_n(-1), \mu_n(0), \mu_n(1), \mu_n(2), \ldots]$$

とおくと，

$$\mu_{2n} = {}^T[\ldots, 0, 0, |\alpha|^2 + |\beta|^2 (= 1), 0, 0, \ldots]$$

$$\mu_{2n+1} = {}^T[\ldots, 0, |\beta|^2, 0, |\alpha|^2, 0, \ldots]$$

が成立する．したがって，時刻 n で原点に戻る再帰確率 $r_n(0)$ は，$r_{2n}(0) = 1$, $r_{2n+1}(0) = 0$ なので，$\limsup_{n\to\infty} r_n(0) = 1$ が成り立ち，局在化を示す．一方，任意の時刻 n に対して，$P(X_n \in \{-1, 0, 1\}) = 1$ が成立するので，線形的な広がりは示さない．

2.6 線形的な広がりの例：自由量子ウォーク

この節では，「局在化」ではなく，逆に「線形的な広がり」を説明するために，以下で定まる簡単な量子ウォークについて考えよう．

$$U = \begin{bmatrix} 1 & 0 \\ 0 & 1 \end{bmatrix}, \quad \text{ただし，} \quad P = \begin{bmatrix} 1 & 0 \\ 0 & 0 \end{bmatrix}, \quad Q = \begin{bmatrix} 0 & 0 \\ 0 & 1 \end{bmatrix}$$

本書では，このモデルを自由量子ウォークとよぼう．後の 7.2 節で学ぶ自由ヤコビ行列との対応で，そう名付けることにする．そして，次のような，原点だけから出発する初期状態を考える．

$$\Psi_0 = {}^T\left[\ldots, \begin{bmatrix} \Psi^L(-1) \\ \Psi^R(-1) \end{bmatrix}, \begin{bmatrix} \Psi^L(0) \\ \Psi^R(0) \end{bmatrix}, \begin{bmatrix} \Psi^L(1) \\ \Psi^R(1) \end{bmatrix}, \ldots\right]$$

$$= {}^T\left[\ldots, \begin{bmatrix} 0 \\ 0 \end{bmatrix}, \begin{bmatrix} \alpha \\ \beta \end{bmatrix}, \begin{bmatrix} 0 \\ 0 \end{bmatrix}, \ldots\right]$$

このとき，時間発展は以下のようになることが確かめられる．

$$\Psi_1 = {}^T\left[\ldots, \begin{bmatrix} 0 \\ 0 \end{bmatrix}, \begin{bmatrix} \alpha \\ 0 \end{bmatrix}, \begin{bmatrix} 0 \\ 0 \end{bmatrix}, \begin{bmatrix} 0 \\ \beta \end{bmatrix}, \begin{bmatrix} 0 \\ 0 \end{bmatrix}, \ldots\right]$$

$$\Psi_2 = {}^T\left[\ldots, \begin{bmatrix} \alpha \\ 0 \end{bmatrix}, \begin{bmatrix} 0 \\ 0 \end{bmatrix}, \begin{bmatrix} 0 \\ 0 \end{bmatrix}, \begin{bmatrix} 0 \\ 0 \end{bmatrix}, \begin{bmatrix} 0 \\ \beta \end{bmatrix}, \ldots\right]$$

ゆえに，時刻 n での確率振幅は，

$$\Psi_n = \begin{bmatrix} \alpha \\ 0 \end{bmatrix} \delta_{-n} + \begin{bmatrix} 0 \\ \beta \end{bmatrix} \delta_n + \sum_{y \neq -n, n} \begin{bmatrix} 0 \\ 0 \end{bmatrix} \delta_y$$

と表せる．ここで，$\delta_m(x) = 1$ $(x = m)$, $= 0$ $(x \neq m)$ である．しばしば，上式右辺の第 3 項に対応する項は省略することがあるので注意してほしい．よって，時刻 n での確率分布は，

$$\mu_n = |\alpha|^2 \delta_{-n} + |\beta|^2 \delta_n$$

であることがわかる．したがって，時刻 n で原点に戻る再帰確率 $r_n(0)$ は，時刻 $n \geq 1$ に対して $r_n(0) = 0$ なので，$\lim_{n\to\infty} r_n(0) = 0$ が成り立ち，局在化は示さない．一方，任意の時刻 n に対して，$P(X_n/n \in \{-1, 1\}) = 1$ が成立するので，線形的な広がりは

示す．つまり，前節の停留量子ウォークは，局在化を示し，線形的な広がりは示さなかったので，この自由量子ウォークとは真逆になっている．

2.7 再帰確率の計算

この節では，アダマールウォークの時刻 n での再帰確率について考える[†]．

まず，X_n を時刻 n でのアダマールウォークの存在する場所とする．初期状態は，原点の量子ビットを $\varphi_* = {}^T[1/\sqrt{2}, i/\sqrt{2}]$ とし，それ以外の点は，${}^T[0,0]$ とする．この初期量子ビットを考えるのは，任意の時刻で，アダマールウォークの確率分布が原点対称になるからである．原点から出発し，時刻 n で原点に戻る再帰確率を，

$$r_n(0) = P(X_n = 0)$$

とおく．奇数時刻では戻れないので，$r_{2n+1}(0) = 0$ $(n \geq 0)$ となり，偶数時刻のみ考えれば十分である．

アダマールウォークの定義から，この再帰確率を時刻の小さい順に計算すると，以下のようになる．

$$\left.\begin{array}{l} r_0(0) = 1, \quad r_2(0) = \dfrac{1}{2} = 0.5, \quad r_4(0) = r_6(0) = \dfrac{1}{8} = 0.125 \\[4pt] r_8(0) = r_{10}(0) = \dfrac{9}{128} = 0.07031\ldots, \\[4pt] r_{12}(0) = r_{14}(0) = \dfrac{25}{512} = 0.04882\ldots \\[4pt] r_{16}(0) = r_{18}(0) = \dfrac{1225}{32768} = 0.03738\ldots \\[4pt] r_{20}(0) = r_{22}(0) = \dfrac{3969}{131072} = 0.03028\ldots \end{array}\right\} \quad (2.16)$$

実際に，2.7.1 項で証明するように，以下の結果が得られる．

定理 2.1 アダマールウォークの再帰確率 $r_n(0)$ について，次が成り立つ．

$$r_{4m}(0) = r_{4m+2}(0) = \frac{1}{2^{4m+1}} \binom{2m}{m}^2 \quad (m \geq 1) \tag{2.17}$$

ゆえに，式 (2.16) の結果は，上記定理の式 (2.17) からも導かれる．これより，スターリングの公式を用いると，次の系が導かれる．

[†] 本節の結果は，Konno (2010b) で得られている．

系 2.1 アダマールウォークの再帰確率 $r_n(0)$ について，次が成り立つ．
$$\lim_{n \to \infty} \frac{r_{2n}(0)}{1/(\pi n)} = 1 \tag{2.18}$$

実はこの結果は，前章で計算したように（式 (1.7) を参照），2 次元の対称なランダムウォークの原点への再帰確率 $r_n^{(\mathrm{RW},2)}(0)$ の結果と一致する．すなわち，
$$\lim_{n \to \infty} \frac{r_{2n}^{(\mathrm{RW},2)}(0)}{1/(\pi n)} = 1$$
である．ただし，d 次元の対称なランダムウォークの時刻 n での出発点である原点への再帰確率を $r_n^{(\mathrm{RW},d)}(0)$ とおく．

また，1 次元の対称なランダムウォークの原点への再帰確率は，前章で説明したように（式 (1.4) を参照），
$$r_{2n}^{(\mathrm{RW},1)}(0) = \frac{1}{2^{2n}} \binom{2n}{n}, \quad r_{2n+1}^{(\mathrm{RW},1)}(0) = 0 \quad (n \geq 0)$$
であった．したがって，
$$r_{4m}(0) = r_{4m+2}(0) = \frac{\{r_{2m}^{(\mathrm{RW},1)}(0)\}^2}{2} \quad (m \geq 1) \tag{2.19}$$
が成り立っている．このときは，
$$\lim_{n \to \infty} \frac{r_{2n}^{(\mathrm{RW},1)}(0)}{1/\sqrt{\pi n}} = 1$$
が成立していた．

2.7.1 定理 2.1 の証明（アドバンスド）

実は，$r_{2n}(0)$ は下記の命題 2.1 のように，**ルジャンドル多項式**（Legendre polynomial），$P_n(x)$，を用いて表すことができる．ルジャンドル多項式は，$(-1, 1)$ 上の測度 dx に関する直交多項式である[†]．

命題 2.1 アダマールウォークの再帰確率 $r_n(0)$ について，次が成り立つ．
$$r_{2n}(0) = \frac{1}{2}\left[\{P_{n-1}(0)\}^2 + \{P_n(0)\}^2\right] \quad (n \geq 1)$$
ただし，$r_0(0) = 1$．

証明 先に説明したように，$\Xi_n(l, m)$ は，

[†] 特殊関数，直交多項式に関しては，本書の第 7 章のほか，たとえば，時弘 (2006)，Andrews et al. (1999)，青本 (2013)，Watson (1944) などを参照してほしい．

$$\Xi_n(l,m) = p_n(l,m)P + q_n(l,m)Q + r_n(l,m)R + s_n(l,m)S$$

と一意的に表される．補題 2.1 の証明で明らかなように，$p_n(l,m)$, $q_n(l,m)$, $r_n(l,m)$ と $s_n(l,m)$ は以下のように具体的に書ける．

補題 2.3 アダマールウォークを考える．$\Xi_n(l,m) = p_n(l,m)P + q_n(l,m)Q + r_n(l,m)R + s_n(l,m)S$ は，$l \wedge m \, (:= \min\{l,m\}) \geq 1$ のとき，

$$p_n(l,m) = \left(\frac{1}{\sqrt{2}}\right)^{n-1} \sum_{\gamma=1}^{(l-1)\wedge m} (-1)^{m-\gamma} \binom{l-1}{\gamma} \binom{m-1}{\gamma-1}$$

$$q_n(l,m) = \left(\frac{1}{\sqrt{2}}\right)^{n-1} \sum_{\gamma=1}^{l\wedge(m-1)} (-1)^{m-\gamma-1} \binom{l-1}{\gamma-1} \binom{m-1}{\gamma}$$

$$r_n(l,m) = s_n(l,m) = \left(\frac{1}{\sqrt{2}}\right)^{n-1} \sum_{\gamma=1}^{l\wedge m} (-1)^{m-\gamma} \binom{l-1}{\gamma-1} \binom{m-1}{\gamma-1}$$

と表され，$l \wedge m = 0$ のとき，

$$p_n(0,n) = r_n(0,n) = s_n(0,n) = 0, \quad q_n(0,n) = \left(-\frac{1}{\sqrt{2}}\right)^{n-1}$$

$$p_n(n,0) = \left(\frac{1}{\sqrt{2}}\right)^{n-1}, \quad q_n(n,0) = r_n(n,0) = s_n(n,0) = 0$$

となる．

この補題 2.3 を用いると，以下が得られる．

系 2.2

$$\Xi_{2n}(n,n) = \left(\frac{1}{\sqrt{2}}\right)^{2n} (-1)^n \sum_{\gamma=1}^{n} (-1)^\gamma \binom{n-1}{\gamma-1}^2 \begin{bmatrix} \dfrac{n}{\gamma} & \dfrac{n}{\gamma}-2 \\ -\dfrac{n}{\gamma}+2 & \dfrac{n}{\gamma} \end{bmatrix}$$

したがって，

$$\Xi_{2n}(n,n)\varphi_* = \left(\frac{1}{\sqrt{2}}\right)^{2n} (-1)^n \sum_{\gamma=1}^{n} (-1)^\gamma \binom{n-1}{\gamma-1}^2 \begin{bmatrix} \dfrac{n}{\gamma} & \dfrac{n}{\gamma}-2 \\ -\dfrac{n}{\gamma}+2 & \dfrac{n}{\gamma} \end{bmatrix} \frac{1}{\sqrt{2}} \begin{bmatrix} 1 \\ i \end{bmatrix}$$

$$= \left(\frac{1}{\sqrt{2}}\right)^{2n+1} (-1)^n \sum_{\gamma=1}^{n} \frac{(-1)^\gamma}{\gamma} \binom{n-1}{\gamma-1}^2 \begin{bmatrix} n + (n-2\gamma)i \\ -(n-2\gamma) + ni \end{bmatrix}$$

が導かれる．時刻 $2n$ での再帰確率の定義から，$r_{2n}(0) = \|\Xi_{2n}(n,n)\varphi_*\|^2$ に注意すると，

$$r_{2n}(0) = \left(\frac{1}{2}\right)^{2n} \left[\left\{\sum_{\gamma=1}^{n} \frac{(-1)^\gamma}{\gamma} \binom{n-1}{\gamma-1}^2 n\right\}^2 \right.$$

$$+ \left.\left\{\sum_{\gamma=1}^{n} \frac{(-1)^\gamma}{\gamma} \binom{n-1}{\gamma-1}^2 (n-2\gamma)\right\}^2\right]$$

$$= \left(\frac{1}{2}\right)^{2n} \left[2n^2 \left\{\sum_{\gamma=1}^{n} \frac{(-1)^\gamma}{\gamma} \binom{n-1}{\gamma-1}^2\right\}^2 \right.$$

$$- 4n \sum_{\gamma=1}^{n} \sum_{\delta=1}^{n} \frac{(-1)^{\gamma+\delta}}{\gamma} \binom{n-1}{\gamma-1}^2 \binom{n-1}{\delta-1}^2$$

$$+ \left. 4\sum_{\gamma=1}^{n} \sum_{\delta=1}^{n} (-1)^{\gamma+\delta} \binom{n-1}{\gamma-1}^2 \binom{n-1}{\delta-1}^2\right]$$

となる．

さらに，時刻 $2n$ での再帰確率 $r_{2n}(0)$ は，**ヤコビ多項式**（Jacobi polynomial）$P_n^{(\nu,\mu)}(x)$ を用いて書き表せる．ヤコビ多項式は，$(-1,1)$ 上の測度 $(1-x)^\nu(1+x)^\mu dx$ に関する直交多項式である．ただし，$\nu, \mu > -1$．とくに，$\nu = \mu = 0$ のときは，ルジャンドル多項式に一致する．すなわち，$P_n(x) = P_n^{(0,0)}(x)$．このとき，以下の関係式が成立することに注意してほしい．

$$P_n^{(\nu,\mu)}(x) = \frac{\Gamma(n+\nu+1)}{\Gamma(n+1)\Gamma(\nu+1)} {}_2F_1\left(-n, n+\nu+\mu+1; \nu+1; \frac{1-x}{2}\right) \quad (2.20)$$

ただし，$\Gamma(z)$ は**ガンマ関数**（gamma function），${}_2F_1(\alpha,\beta;\gamma;z)$ は**超幾何関数**（hypergeometric function）である．ゆえに，

$$\sum_{\gamma=1}^{n} \frac{(-1)^{\gamma-1}}{\gamma} \binom{n-1}{\gamma-1}^2 = {}_2F_1(-(n-1), -(n-1); 2; -1)$$

$$= 2^{n-1} {}_2F_1\left(-(n-1), n+1; 2; \frac{1}{2}\right)$$

$$= \frac{2^{n-1}}{n} P_{n-1}^{(1,0)}(0) \quad (2.21)$$

となる．最初の等式は，超幾何関数の定義から導かれる．2番目の等式は，次の関係式から得られる．

$$_2F_1(a,b;c;z) = (1-z)^{-a} {}_2F_1\left(a, c-b; c; \frac{z}{z-1}\right)$$

最後の等式は，式 (2.20) より導かれる．同様にして，

$$\sum_{\gamma=1}^{n}(-1)^{\gamma-1}\binom{n-1}{\gamma-1}^2 = 2^{n-1}P_{n-1}^{(0,0)}(0) \tag{2.22}$$

が得られる．式 (2.21) と式 (2.22) を用いると，

$$r_{2n}(0) = \left(\frac{1}{2}\right)^{2n}\left[2n^2 \times \frac{2^{2(n-1)}}{n^2}\left\{P_{n-1}^{(1,0)}(0)\right\}^2\right.$$
$$\left. - 4n \times \frac{2^{2(n-1)}}{n}P_{n-1}^{(1,0)}(0)\,P_{n-1}^{(0,0)}(0) + 4 \times 2^{2(n-1)}\left\{P_{n-1}^{(0,0)}(0)\right\}^2\right]$$
$$= \frac{\left\{P_{n-1}^{(1,0)}(0)\right\}^2}{2} - P_{n-1}^{(1,0)}(0)\,P_{n-1}^{(0,0)}(0) + \left\{P_{n-1}^{(0,0)}(0)\right\}^2$$
$$= \frac{1}{2}\left[\left\{P_{n-1}^{(1,0)}(0) - P_{n-1}^{(0,0)}(0)\right\}^2 + \left\{P_{n-1}^{(0,0)}(0)\right\}^2\right] \tag{2.23}$$

となる．Andrews et al. (1999) の式 (6.4.20)，すなわち，

$$(n+\alpha+1)P_n^{(\alpha,\beta)}(x) - (n+1)P_{n+1}^{(\alpha,\beta)}(x)$$
$$= \frac{(2n+\alpha+\beta+2)(1-x)}{2}P_n^{(\alpha+1,\beta)}(x)$$

を用いると，

$$P_n^{(0,0)}(0) - P_{n+1}^{(0,0)}(0) = P_n^{(1,0)}(0) \tag{2.24}$$

となる．式 (2.23) と式 (2.24) より，

$$r_{2n}(0) = \frac{1}{2}\left[\left\{P_n^{(0,0)}(0)\right\}^2 + \left\{P_{n-1}^{(0,0)}(0)\right\}^2\right]$$

が得られる．ここで，$P_n(0) = P_n^{(0,0)}(0)$ に注意すると，命題 2.1 が導かれる． □

さて，命題 2.1，$P_{2n+1}(0) = 0$ と

$$P_{2n}(0) = \frac{1}{2^{2n}}\binom{2n}{n} \tag{2.25}$$

から，

$$r_{4m}(0) = r_{4m+2}(0) = \frac{1}{2}\left\{P_{2m}(0)\right\}^2 = \frac{1}{2^{4m+1}}\binom{2m}{m}^2 \quad (m \geq 1)$$

が導かれ，最終的に，示したかった定理 2.1 の証明を得る． □

2.7.2 楕円積分を用いた表現（アドバンスド）

この項では，命題 2.1 を用いて，アダマールウォークの時刻 n での再帰確率 $r_n(0)$ の母関数を求めよう．具体的には，以下の定理 2.2 で示されるように，楕円積分を用いて表される[†]．

▌定理 2.2　アダマールウォークの再帰確率 $r_n(0)$ について，次が成り立つ．

$$\sum_{n=0}^{\infty} r_n(0) z^n = \frac{1+z^2}{\pi} K(z^2) + \frac{1}{2}$$

ただし，$K(k)$ は以下で定義される**完全楕円積分**（complete elliptic integral）である．

$$K(k) = \int_0^{\pi/2} \frac{d\theta}{\sqrt{1-k^2\sin^2\theta}} = \int_0^1 \frac{dx}{\sqrt{(1-x^2)(1-k^2x^2)}} \quad (0 \le k < 1)$$

証明　まず，命題 2.1 より，以下が得られる．

$$\sum_{n=0}^{\infty} r_n(0) z^n = \sum_{n=0}^{\infty} r_{2n}(0) z^{2n} = \frac{1}{2}\left[(1+z^2)\sum_{n=0}^{\infty}\{P_n(0)\}^2 z^{2n} + 1\right]$$

ゆえに，式 (2.25) から，

$$\sum_{n=0}^{\infty} \{P_n(0)\}^2 z^{2n} = \sum_{n=0}^{\infty} \{P_{2n}(0)\}^2 z^{4n} = \sum_{n=0}^{\infty} \binom{2n}{n}^2 \left(\frac{z^2}{4}\right)^{2n} = \frac{2}{\pi} K(z^2)$$

となり，証明が終わる．　□

この定理から，初期状態が，原点の量子ビットを $\varphi_* = {}^T[1/\sqrt{2}, i/\sqrt{2}]$ とし，それ以外の点は，${}^T[0,0]$ とした，アダマールウォークの時刻 n での再帰確率の母関数が完全楕円積分 $K(k)$ を用いて表すことができることがわかった．

以下，古典のランダムウォークの場合について考える．d 次元の対称なランダムウォークの場合の時刻 n での再帰確率 $r_n^{(\mathrm{RW},d)}(0)$ について考える．1 次元の場合には，前の章で説明したように（式 (1.4) 参照），

$$r_{2n}^{(\mathrm{RW},1)}(0) = \frac{1}{2^{2n}}\binom{2n}{n}, \quad r_{2n+1}^{(\mathrm{RW},1)}(0) = 0 \quad (n \ge 0)$$

となる．ゆえに，

$$\sum_{n=0}^{\infty} r_n^{(\mathrm{RW},1)}(0) z^n = \frac{1}{\sqrt{1-z^2}}$$

が導かれる．同様に，2 次元の場合は，これも前章で学んだように（式 (1.5) 参照），

[†] 楕円積分，楕円関数に関しては，たとえば，四ツ谷・村井(2013)，Andrews et al. (1999)を参照してほしい．

$$r_{2n}^{(\text{RW},2)}(0) = \left\{r_{2n}^{(\text{RW},1)}(0)\right\}^2 = \frac{1}{4^{2n}}\binom{2n}{n}^2, \quad p_{2n+1}^{(\text{RW},2)}(0) = 0 \quad (n \geq 0)$$

となる．したがって，以下が得られる．

$$\sum_{n=0}^{\infty} r_n^{(\text{RW},2)}(0) z^n = \frac{2}{\pi} K(z)$$

この結果は Pólya (1921) による．

3次元の場合には，最終的に出発点に戻る確率 $F = 1 - G^{-1} = 0.34053\ldots$ が，$K(k)$ を用いて以下のように表される（たとえば，Spitzer (1976) の p.103 を参照のこと）．

$$G = \frac{1}{\pi^2} \int_{-\pi}^{\pi} K\left(\frac{2}{3 - \cos\theta}\right) d\theta$$

ここで，Spitzer (1976) の完全楕円積分の定義は，我々の定義の $2/\pi$ 倍なので注意を要する．この積分は，Watson (1939) によって最初に，以下のように計算されている．

$$G = 3(18 + 12\sqrt{2} - 10\sqrt{3} - 7\sqrt{6})\{K(2\sqrt{3} + \sqrt{6} - 2\sqrt{2} - 3)\}^2 \times \left(\frac{2}{\pi}\right)^2$$
$$= 1.51638\ldots$$

コラム 2. 古典系と量子系

著者が量子ウォークについて知った経緯を前章のコラムで述べた．そのコラムでも紹介した「方向性のあるパーコレーション」という「古典系」のモデルの連続時間版を「量子系」の言葉で記述すると，ある種の時間反転の関係を示す「双対性」の方程式が綺麗に導ける．

実は，この研究をしていたモナシュ大学（オーストラリア）のサドバリー教授達の，双対性の方程式などに関する一連の論文をその数年前に知り，解読に頭を悩ましていた．結局，よく理解できない部分があったので，サドバリー教授のところに行き，直接議論したところ，疑問点は氷解した．そのときに量子系の言葉を理解した下地が，量子ウォークを知った後にすぐに本格的な研究に移行できた要因であった．さらに一方で，サドバリー教授も量子ウォークに大変興味をもたれ，我々との共著の論文もある．

「古典系」を「量子系」のごとく扱った研究が，本来の「量子系」である「量子ウォーク」の研究へと流れていくのであるから，研究は，どこでどうつながるかわからない．アップル社の共同設立者の一人，スティーブ・ジョブズ氏も，スタンフォード大学の卒業式でのスピーチで「点と点が自分の歩んでいく道の途上のどこかで必ず一つに繋がっていく」という同様の趣旨のことを話していた．

第3章
1次元2状態量子ウォーク

前の章で学んだ $\mathbb{Z}$ 上の量子ウォークについて，本章で詳しく解説する．量子ウォークの同値な定義がいくつかあるので，まずそれらを紹介する．その後，量子ウォークの特性関数，モーメントを計算し，分布の対称性について考察する[†]．そのような準備を経て，量子ウォークの研究で一つの基礎となる弱収束極限定理を紹介する．後半では，量子ウォークの性質を説明するのに必要な確率振幅と測度の空間を導入し，前章でも紹介した量子ウォークの簡単な二つのモデル，停留量子ウォークと自由量子ウォーク，そして，アダマールウォークの例を通して理解を深める．

3.1 量子ウォークの定義再訪

この章では，3.1節から3.5節までは，式(2.1)のユニタリ行列 U で定義された一般の1次元2状態量子ウォーク X_n について解説する．3.6節以降は，特別なユニタリ行列の場合で具体的な計算を見る．

前章で説明したように，1次元2状態の量子ウォークの定義で重要な点は，任意の2次のユニタリ行列 U から $U = P + Q$ と分解された，2次正方行列 P が量子ウォーカーの左への移動に対応し，同様に，2次正方行列 Q が量子ウォーカーの右への移動に対応することであった．

まず，この P と Q を用いて，1次元の「有限系」における量子ウォークのダイナミクスを定義しよう．具体的には，$\{-N, -(N-1), \ldots, -1, 0, 1, \ldots, N-1, N\}$ の $2N+1$ 個の頂点上の周期境界条件をもつ量子ウォークを考える[††]．そのために，次の $2(2N+1) \times 2(2N+1)$ 行列 $U_N^{(s)} \colon (\mathbb{C}^2)^{2N+1} \to (\mathbb{C}^2)^{2N+1}$ を定める．

[†] 本章3.4節までの前半の結果などは，Konno (2002a, 2002b, 2005a)を参照のこと．
[††] ここでの議論では，周期境界条件は量子ウォークの時間発展に影響を与えない．

3.1 量子ウォークの定義再訪

$$U_N^{(s)} = \begin{bmatrix} O & P & O & \cdots & \cdots & O & Q \\ Q & O & P & O & \cdots & \cdots & O \\ O & Q & O & P & O & \cdots & O \\ \vdots & \ddots & \ddots & \ddots & \ddots & \ddots & \vdots \\ O & \cdots & O & Q & O & P & O \\ O & \cdots & \cdots & O & Q & O & P \\ P & O & \cdots & \cdots & O & Q & O \end{bmatrix}, \quad \text{ただし,} \quad O = \begin{bmatrix} 0 & 0 \\ 0 & 0 \end{bmatrix}$$

以下の議論は,最初にいきなり無限系を扱うのではなく,まず有限系を考え,その後で無限系を扱うという流れである.

最初に,場所 x で時刻 n の量子ウォーカーの確率振幅を定めるベクトルを定義する.

$$\Psi_n(x) = \begin{bmatrix} \Psi_n^L(x) \\ \Psi_n^R(x) \end{bmatrix} = \Psi_n^L(x)|L\rangle + \Psi_n^R(x)|R\rangle \in \mathbb{C}^2$$

ただし,上の成分が左向きのカイラリティを表し,下の成分が右向きのカイラリティを表す.さらに,以下で時刻 n の系全体での量子状態を表す.

$$\Psi_n = {}^T[\Psi_n(-N), \Psi_n(-(N-1)), \ldots, \Psi_n(N)] \in (\mathbb{C}^2)^{2N+1}$$

具体的に,ここで考える初期の量子状態は

$$\Psi_0 = {}^T[\overbrace{\mathbf{0}, \ldots, \mathbf{0}}^{N}, \varphi, \overbrace{\mathbf{0}, \ldots, \mathbf{0}}^{N}] \in \mathbb{C}^{2(2N+1)}$$

である.ただし,

$$\mathbf{0} = \begin{bmatrix} 0 \\ 0 \end{bmatrix}, \quad \varphi = \begin{bmatrix} \alpha \\ \beta \end{bmatrix}$$

とする.

次の関係式が量子ウォークの時間発展を定義する.

$$\Psi_{n+1}(x) = (U_N^{(s)} \Psi_n)_x = P\Psi_n(x+1) + Q\Psi_n(x-1)$$

ただし,$(\Psi_n)_x = \Psi_n(x)$ $(-N \leq x \leq N, 0 \leq n < N)$ である.ここで,P, Q は以下を満たすことに注意してほしい.

$$PP^* + QQ^* = P^*P + Q^*Q = \begin{bmatrix} 1 & 0 \\ 0 & 1 \end{bmatrix}$$

$$PQ^* = QP^* = Q^*P = P^*Q = \begin{bmatrix} 0 & 0 \\ 0 & 0 \end{bmatrix} \tag{3.1}$$

上記の関係式より,$U_N^{(s)}$ もユニタリ行列であることがわかる.

問題 3.1

$U_N^{(s)}$ のユニタリ性を確かめよ．

初期量子状態 $\Psi_0 = {}^T[\overbrace{\mathbf{0},\ldots,\mathbf{0}}^{N},\varphi,\overbrace{\mathbf{0},\ldots,\mathbf{0}}^{N}]$ に対して，$U_N^{(s)}$ を順次作用させると，以下が得られる．

$$U_N^{(s)}\Psi_0 = {}^T[\overbrace{\mathbf{0},\ldots,\mathbf{0}}^{N-1}, P\varphi, \mathbf{0}, Q\varphi, \overbrace{\mathbf{0},\ldots,\mathbf{0}}^{N-1}]$$

$$(U_N^{(s)})^2\Psi_0 = {}^T[\overbrace{\mathbf{0},\ldots,\mathbf{0}}^{N-2}, P^2\varphi, \mathbf{0}, (PQ+QP)\varphi, \mathbf{0}, Q^2\varphi, \overbrace{\mathbf{0},\ldots,\mathbf{0}}^{N-2}]$$

$$(U_N^{(s)})^3\Psi_0 = {}^T[\overbrace{\mathbf{0},\ldots,\mathbf{0}}^{N-3}, P^3\varphi, \mathbf{0}, (P^2Q+PQP+QP^2)\varphi, \mathbf{0},$$
$$(Q^2P+QPQ+PQ^2)\varphi, \mathbf{0}, Q^3\varphi, \overbrace{\mathbf{0},\ldots,\mathbf{0}}^{N-3}]$$

このことは，ランダムウォークに対する $1^n = (p+q)^n$ の展開が，量子ウォークの場合には，$U^n = (P+Q)^n$ の展開に対応していることを示している．

次に，確率振幅 $\Psi_n(x)$ を用いて，$X_n = x$ の確率を以下で定義する．

$$P(X_n = x) = \|\Psi_n(x)\|^2 = |\Psi_n^L(x)|^2 + |\Psi_n^R(x)|^2$$

ここで，$U_N^{(s)}$ のユニタリ性より，任意の $1 \leq n \leq N$ に対して，

$$\sum_{x=-n}^{n} P(X_n = x) = \|(U_N^{(s)})^n \Psi_0\|^2 = \|\Psi_0\|^2 = \|\varphi\|^2 = |\alpha|^2 + |\beta|^2 = 1$$

が成り立つ．すなわち，量子ウォークの確率振幅は，空間に関する確率測度を常に定める．

以下，無限系（$N = \infty$）の同様な別の表現の定義を与える．なお，多くの物理系や情報系の論文では，ここでの定義が採用されている．量子ウォークのシステムは，ヒルベルト空間[†] $H_p \otimes H_c$ に属する．ただし，$H_p = l^2(\mathbb{Z})$ は場所に対応する空間で，H_c は「左向き」，「右向き」の内部自由度に対応する空間である．後者は，**コイン空間**（coin space）ともよばれる．このとき，$|x\rangle \in H_p$ ($x \in \mathbb{Z}$) は量子ウォークの場所を表す．**移動作用素**（shift operator）を以下で定義する．

$$\hat{S} = \sum_{x \in \mathbb{Z}} |x+1\rangle\langle x|, \quad \hat{S}^{-1} = \hat{S}^* = \sum_{x \in \mathbb{Z}} |x-1\rangle\langle x|$$

ただし，$|x\rangle = {}^T[\ldots, 0, 1, 0, \ldots]$ で，場所 x だけが成分 1 である無限列ベクトルである．このとき，

[†] ヒルベルト空間とは，内積 $\langle , \rangle$ が与えられている複素線形空間で，その内積から定まるノルム $\|x\| = \sqrt{\langle x, x\rangle}$ に関して完備である．

$$\hat{S}|x\rangle = |x+1\rangle, \quad \hat{S}^{-1}|x\rangle = |x-1\rangle$$

が成立している．具体的な行列表示は，

$$\hat{S} = \begin{bmatrix} \ddots & \vdots & \vdots & \vdots & \vdots & \vdots & \\ \cdots & 0 & 0 & 0 & 0 & 0 & \cdots \\ \cdots & 1 & 0 & 0 & 0 & 0 & \cdots \\ \cdots & 0 & 1 & 0 & 0 & 0 & \cdots \\ \cdots & 0 & 0 & 1 & 0 & 0 & \cdots \\ \cdots & 0 & 0 & 0 & 1 & 0 & \cdots \\ & \vdots & \vdots & \vdots & \vdots & \vdots & \ddots \end{bmatrix}, \quad \hat{S}^{-1} = \begin{bmatrix} \ddots & \vdots & \vdots & \vdots & \vdots & \vdots & \\ \cdots & 0 & 1 & 0 & 0 & 0 & \cdots \\ \cdots & 0 & 0 & 1 & 0 & 0 & \cdots \\ \cdots & 0 & 0 & 0 & 1 & 0 & \cdots \\ \cdots & 0 & 0 & 0 & 0 & 1 & \cdots \\ \cdots & 0 & 0 & 0 & 0 & 0 & \cdots \\ & \vdots & \vdots & \vdots & \vdots & \vdots & \ddots \end{bmatrix}$$

で与えられる．もし，$\hat{P} = |L\rangle\langle L|$ かつ $\hat{Q} = |R\rangle\langle R|$ がコインの 2 状態への作用素だとすると，量子ウォークの 1 ステップのダイナミクスは以下で定められる．

$$U^{(s)} = (\hat{S} \otimes \hat{Q} + \hat{S}^{-1} \otimes \hat{P})(I_\infty \otimes U)$$

ただし，I_∞ は $\infty \times \infty$ の単位行列である．

ここで，次の量子ウォークの系全体のダイナミクスを与える行列表示が得られる．$\hat{P}U = P$ かつ $\hat{Q}U = Q$ に注意すると，$U^{(s)} = \hat{S} \otimes Q + \hat{S}^{-1} \otimes P$ なので，

$$U^{(s)} = \begin{bmatrix} \ddots & \vdots & \vdots & \vdots & \vdots & \vdots & \cdots \\ \cdots & O & P & O & O & O & \cdots \\ \cdots & Q & O & P & O & O & \cdots \\ \cdots & O & Q & O & P & O & \cdots \\ \cdots & O & O & Q & O & P & \cdots \\ \cdots & O & O & O & Q & O & \cdots \\ & \vdots & \vdots & \vdots & \vdots & \vdots & \ddots \end{bmatrix}, \quad ただし，\quad O = \begin{bmatrix} 0 & 0 \\ 0 & 0 \end{bmatrix}$$

となる．したがって，n ステップ後の状態は，

$$\Psi_n = (U^{(s)})^n \Psi_0$$

と表せる．

▌問題 3.2

A, B, C, D を 2×2 行列とする．このとき，以下を示せ．

$$(A \otimes B)(C \otimes D) = (AC) \otimes (BD)$$

3.2 特性関数の組合せ論的表現

前章で示した補題 2.2 を用いて，以下の量子ウォーク X_n の特性関数 $E(e^{i\xi X_n})$ の組合せ論的表現を得ることが可能となる．ここで，$\xi \in \mathbb{R}$ である．この結果より，定理 3.3

で X_n/n の弱収束極限定理が導かれる.

定理 3.1 (i) $abcd \neq 0$ のとき，以下が成り立つ．

$E(e^{i\xi X_n})$
$= |a|^{2(n-1)}\Bigg[\bigg[\cos(n\xi) - \{(|a|^2 - |b|^2)(|\alpha|^2 - |\beta|^2) + 2(a\alpha\overline{b\beta} + \overline{a\alpha}b\beta)\}i\sin(n\xi)\bigg]$

$+ \sum_{k=1}^{[(n-1)/2]} \sum_{\gamma=1}^{k} \sum_{\delta=1}^{k} \left(-\frac{|b|^2}{|a|^2}\right)^{\gamma+\delta} \binom{k-1}{\gamma-1}\binom{k-1}{\delta-1}\binom{n-k-1}{\gamma-1}\binom{n-k-1}{\delta-1}$

$\times \left(\frac{1}{\gamma\delta}\right)\bigg[\bigg\{(n-k)^2 + k^2 - n(\gamma+\delta) + \frac{2\gamma\delta}{|b|^2}\bigg\}\cos((n-2k)\xi)$

$+ (n-2k)\bigg\{-\{n(|a|^2 - |b|^2) + \gamma + \delta\}(|\alpha|^2 - |\beta|^2)$

$+ \left(\frac{\gamma+\delta}{|b|^2} - 2n\right)(a\alpha\overline{b\beta} + \overline{a\alpha}b\beta)\bigg\}i\sin((n-2k)\xi)\bigg]$

$+ \delta_0\left(\frac{n}{2} - \left[\frac{n}{2}\right]\right) \times \sum_{\gamma=1}^{n/2}\sum_{\delta=1}^{n/2}\left(-\frac{|b|^2}{|a|^2}\right)^{\gamma+\delta}\binom{\frac{n}{2}-1}{\gamma-1}^2\binom{\frac{n}{2}-1}{\delta-1}^2$

$\times \left(\frac{1}{4\gamma\delta}\right)\left[n^2 - 2n(\gamma+\delta) + \frac{4\gamma\delta}{|b|^2}\right]\Bigg]$

ただし，$\delta_0(x) = 1 \ (x=0), \ = 0 \ (x \neq 0)$ である．

(ii) $b=0$ のとき，すなわち，

$$U = \begin{bmatrix} e^{i\theta} & 0 \\ 0 & \triangle e^{-i\theta} \end{bmatrix}$$

のときを考える．ただし，$\theta \in \mathbb{R}$ かつ $\triangle \ (= \det U) \in \mathbb{C}$ で $|\triangle| = 1$. このとき，以下が成り立つ．

$$E(e^{i\xi X_n}) = \cos(n\xi) + i(|\beta|^2 - |\alpha|^2)\sin(n\xi)$$

(iii) $a=0$ のとき，すなわち，

$$U = \begin{bmatrix} 0 & e^{i\theta} \\ -\triangle e^{-i\theta} & 0 \end{bmatrix}$$

のときを考える．ただし，$\theta \in \mathbb{R}$ かつ $\triangle \ (= \det U) \in \mathbb{C}$ で $|\triangle| = 1$. このとき，以下が成り立つ．

$$E(e^{i\xi X_n}) = \begin{cases} \cos\xi + i(|\alpha|^2 - |\beta|^2)\sin\xi & (n \text{ は奇数}) \\ 1 & (n \text{ は偶数}) \end{cases}$$

上記の特性関数の表現 (i) は，もちろん一意的ではない．この定理から，特性関数を ξ で m 回微分することにより，X_n の m 次モーメントを求めることができる．

■問題 3.3

確率変数 X の特性関数を $f(\xi) = E(e^{i\xi X})$ ($\xi \in \mathbb{R}$) とするとき，以下を示せ．

$$iE(X) = \frac{df(\xi)}{d\xi}\bigg|_{\xi=0}$$

一般に，以下を示せ．

$$i^m E(X^m) = \frac{d^m f(\xi)}{d\xi^m}\bigg|_{\xi=0}$$

次の結果は，X_n の分布の対称性を調べるのにも用いられる．

■系 3.1 (i) $abcd \neq 0$ で，m が奇数のとき，以下が成り立つ．

$$E((X_n)^m) = |a|^{2(n-1)} \bigg[\bigg[-n^m \{(|a|^2-|b|^2)(|\alpha|^2-|\beta|^2) + 2(a\alpha\overline{b\beta}+\overline{a\alpha}b\beta)\} \bigg]$$
$$+ \sum_{k=1}^{[(n-1)/2]} \sum_{\gamma=1}^{k} \sum_{\delta=1}^{k} \left(-\frac{|b|^2}{|a|^2}\right)^{\gamma+\delta} \binom{k-1}{\gamma-1}\binom{k-1}{\delta-1}\binom{n-k-1}{\gamma-1}\binom{n-k-1}{\delta-1}$$
$$\times \frac{(n-2k)^{m+1}}{\gamma\delta} \bigg[-\{n(|a|^2-|b|^2)+\gamma+\delta\}(|\alpha|^2-|\beta|^2)$$
$$+ \left(\frac{\gamma+\delta}{|b|^2}-2n\right)(a\alpha\overline{b\beta}+\overline{a\alpha}b\beta) \bigg] \bigg]$$

次に，$abcd \neq 0$ で，m が偶数のとき，以下が成り立つ．
$E((X_n)^m)$
$$= |a|^{2(n-1)} \bigg[n^m + \sum_{k=1}^{[(n-1)/2]} \sum_{\gamma=1}^{k} \sum_{\delta=1}^{k} \left(-\frac{|b|^2}{|a|^2}\right)^{\gamma+\delta} \binom{k-1}{\gamma-1}\binom{k-1}{\delta-1}\binom{n-k-1}{\gamma-1}\binom{n-k-1}{\delta-1}$$
$$\times \frac{(n-2k)^m}{\gamma\delta} \left\{(n-k)^2 + k^2 - n(\gamma+\delta) + \frac{2\gamma\delta}{|b|^2}\right\} \bigg]$$

(ii) $b = 0$ のとき，すなわち，

$$U = \begin{bmatrix} e^{i\theta} & 0 \\ 0 & \triangle e^{-i\theta} \end{bmatrix}$$

のときを考える．ここで，$\theta \in [0, 2\pi)$ かつ $\triangle\ (= \det U) \in \mathbb{C}$ である．ただし，$|\triangle| = 1$ とする．このとき，以下が成り立つ．

$$E((X_n)^m) = \begin{cases} n^m(|\beta|^2 - |\alpha|^2) & (m \text{ は奇数}) \\ n^m & (m \text{ は偶数}) \end{cases}$$

(iii) $a = 0$ のとき，すなわち，

$$U = \begin{bmatrix} 0 & e^{i\theta} \\ -\triangle e^{-i\theta} & 0 \end{bmatrix}$$

のときを考える．ここで，$\theta \in [0, 2\pi)$ かつ $\triangle \, (= \det U) \in \mathbb{C}$ である．ただし，$|\triangle| = 1$ とする．このとき，以下が成り立つ．

$$E((X_n)^m) = \begin{cases} |\alpha|^2 - |\beta|^2 & (n \text{ かつ } m \text{ は共に奇数}) \\ 1 & (n \text{ が奇数で，} m \text{ は偶数}) \\ 0 & (n \text{ は偶数}) \end{cases}$$

いずれの場合も，m が偶数なら，m 次モーメント $E((X_n)^m)$ は初期量子ビット φ に依存しないことに注意してほしい．

上記のモーメントの結果などを用いて，X_n の分布の対称性に関する必要十分条件を次の定理で与える．一方，非対称な分布の初期状態依存性に関する詳しい結果は知られていない．

定理 3.2 $abcd \neq 0$ を仮定する．このとき，以下が成り立つ．

$$\Phi_s = \Phi_0 = \Phi_\perp$$

ただし，

$\Phi_s = \{\varphi \in \Phi : \text{任意の } n \in \mathbb{Z}_> \text{ と } x \in \mathbb{Z} \text{ に対して，} P(X_n = x) = P(X_n = -x)\}$

$\Phi_0 = \{\varphi \in \Phi : \text{任意の } n \in \mathbb{Z}_> \text{ に対して，} E(X_n) = 0\}$

$\Phi_\perp = \left\{\varphi = {}^T[\alpha, \beta] \in \Phi : |\alpha| = |\beta| = 1/\sqrt{2},\ a\alpha\overline{b\beta} + \overline{a\alpha}b\beta = 0\right\}$

である．

証明 (a) $\Phi_s \subset \Phi_0$ は，Φ_s と Φ_0 の定義からただちに導かれる．
(b) 次に，$\Phi_0 \subset \Phi_\perp$ を示す．系 3.1 (i)（$m = 1$ の場合）より，

$$E(X_1) = E(X_2) = 0$$

は，次と同値であることがわかる．

$$(|a|^2 - |b|^2)(|\alpha|^2 - |\beta|^2) + 2(a\alpha\overline{b\beta} + \overline{a\alpha}b\beta) = 0 \tag{3.2}$$

このとき，式 (3.2) より，$n \geq 3$ に対して，系 3.1 (i)（$m = 1$ の場合）は以下のように書き直せる．

$$E(X_n) = -(|\alpha|^2 - |\beta|^2)\frac{|a|^{2(n-1)}}{2|b|^2}$$

$$\times \sum_{k=1}^{[(n-1)/2]} \sum_{\gamma=1}^{k} \sum_{\delta=1}^{k} \left(-\frac{|b|^2}{|a|^2}\right)^{\gamma+\delta} \binom{k-1}{\gamma-1}\binom{k-1}{\delta-1}\binom{n-k-1}{\gamma-1}\binom{n-k-1}{\delta-1}$$

$$\times \frac{(n-2k)^2(\gamma+\delta)}{\gamma\delta}$$

ゆえに，$E(X_n) = 0$ $(n \geq 3)$ から，$|\alpha| = |\beta|$ が得られる．よって，$|\alpha| = |\beta|$ と式 (3.2) を用いると，$\Phi_0 \subset \Phi_\perp$ が導かれる．

(c) 以下，$\Phi_\perp \subset \Phi_s$ を示す．まず，次を仮定する．

$$|\alpha| = |\beta|, \quad a\alpha\overline{b\beta} + \overline{a\alpha}b\beta = 0 \tag{3.3}$$

補題 2.2 と式 (3.3) を用いると，$k = 1, 2, \ldots, [n/2]$ に対して，以下が成り立つ．

$$P(X_n = n - 2k) = P(X_n = -(n-2k))$$

$$= |a|^{2(n-1)} \sum_{\gamma=1}^{k} \sum_{\delta=1}^{k} \left(-\frac{|b|^2}{|a|^2}\right)^{\gamma+\delta} \binom{k-1}{\gamma-1}\binom{k-1}{\delta-1}\binom{n-k-1}{\gamma-1}\binom{n-k-1}{\delta-1}$$

$$\times \left[\frac{|\alpha|^2}{\gamma\delta}\{(n-k)^2 + k^2 - n(\gamma+\delta)\} + \frac{1}{|b|^2}\right]$$

かつ

$$P(X_n = n) = P(X_n = -n) = |a|^{2(n-1)}|\alpha|^2$$

ゆえに，定理 3.2 が導かれる． □

3.3 新しいタイプの極限定理の紹介

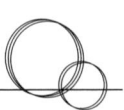

この節では，定理 3.1 を用いて，$abcd \neq 0$ を満たす X_n に対する新しいタイプの弱収束の極限定理を紹介する．この定理は，1 次元量子ウォークの中心極限定理ともいうべき位置づけにある．

その前に，$abcd = 0$ の場合には，挙動が複雑ではないので，まずその場合について，肩慣らしとして考えてみよう．

まず，$b = 0$ のときは，

$$U = \begin{bmatrix} e^{i\theta} & 0 \\ 0 & \triangle e^{-i\theta} \end{bmatrix}$$

と表される．ただし，$\theta \in \mathbb{R}$ かつ $\triangle (= \det U) \in \mathbb{C}$ で $|\triangle| = 1$ である．このとき，定理 3.1 より，$\xi \in \mathbb{R}$ に対して，

$$E(e^{i\xi X_n/n}) = \cos\xi + i(|\beta|^2 - |\alpha|^2)\sin\xi$$

となる．一般に，$P(Z=1) = p_1$, $P(Z=-1) = p_{-1}$ $(p_1 + p_{-1} = 1)$ とすると，

$$\begin{aligned}E(e^{i\xi Z}) &= e^{i\xi}p_1 + e^{-i\xi}p_{-1}\\ &= (\cos\xi + i\sin\xi)p_1 + (\cos\xi - i\sin\xi)p_{-1}\\ &= \cos\xi + i(p_1 - p_{-1})\sin\xi\end{aligned}$$

が導かれるので，X_n/n の確率測度 μ_n は，時刻 $n\ (\geq 1)$ によらず，

$$\mu_n = |\alpha|^2 \delta_{-1} + |\beta|^2 \delta_1$$

になることがわかる．したがって，明らかに，

$$\frac{X_n}{n} \Rightarrow |\alpha|^2 \delta_{-1} + |\beta|^2 \delta_1$$

が成り立つ．ここで，$Y_n \Rightarrow Y$ は Y_n が Y に弱収束することを表す．

次に，$a = 0$ のときは，

$$U = \begin{bmatrix} 0 & e^{i\theta} \\ -\triangle e^{-i\theta} & 0 \end{bmatrix}$$

であった．ただし，$\theta \in \mathbb{R}$ かつ $\triangle\ (=\det U) \in \mathbb{C}$ で $|\triangle| = 1$ である．このとき，時刻 n の偶奇性に注意して，定理3.1 を用いると，

$$\lim_{n\to\infty} E(e^{i\xi X_n/n}) = 1$$

が導かれるので，

$$\frac{X_n}{n} \Rightarrow \delta_0$$

が得られる．

さて，以下で $abcd \neq 0$ の場合の X_n/n に対する新しいタイプの弱収束の極限定理を紹介しよう．この，1次元2状態量子ウォークに関する中心極限定理ともいえる，最も重要な結果は，Konno (2002a, 2005a) によって得られた．実際，本質的に1次元系の量子ウォークであれば，同種の弱収束極限定理が導かれる．

定理3.3 $n \to \infty$ のとき，

$$\frac{X_n}{n} \Rightarrow Z$$

ここで，Z の密度関数は，

$$f(x) = f(x; {}^T[\alpha, \beta]) = \{1 - C(a,b;\alpha,\beta)x\} f_K(x; |a|)$$

で与えられる．ただし，

$$C(a,b;\alpha,\beta) = |\alpha|^2 - |\beta|^2 + \frac{a\alpha\overline{b\beta} + \overline{a\alpha}b\beta}{|a|^2}$$

であり，そして，
$$f_K(x;r) = \frac{\sqrt{1-r^2}}{\pi(1-x^2)\sqrt{r^2-x^2}} I_{(-r,r)}(x) \quad (0 < r < 1)$$
である．ここで，$I_A(x) = 1 \ (x \in A), \ = 0 \ (x \notin A)$．また，$Y_n \Rightarrow Y$ は Y_n が Y に弱収束することを表し，この場合は，
$$\lim_{n \to \infty} P\left(u \leq \frac{X_n}{n} \leq v\right) = \int_u^v f(x)\,dx$$
を意味している．

$f_K(x;r)$ は，本書で何度となく登場する非常に重要な関数である．

この定理は，図 3.1 のように，確率分布自体は振動していることもあって収束しないのであるが，矢印で示したその骨組みのようなものを考えると，極限密度関数 $f(x)$ に綺麗に収束していることを示している．このように，弱収束極限定理は，確率分布が振動しているような場合を扱うのに適している場合がある．

$$f(x) = \frac{\sqrt{1-|a|^2}}{\pi(1-x^2)\sqrt{|a|^2-x^2}} I_{(-|a|,|a|)}(x) \times \left\{1 - \left(|\alpha|^2 - |\beta|^2 + \frac{a\alpha\overline{b\beta} + \overline{a\alpha}b\beta}{|a|^2}\right)x\right\}$$

分布が対称な場合は消える

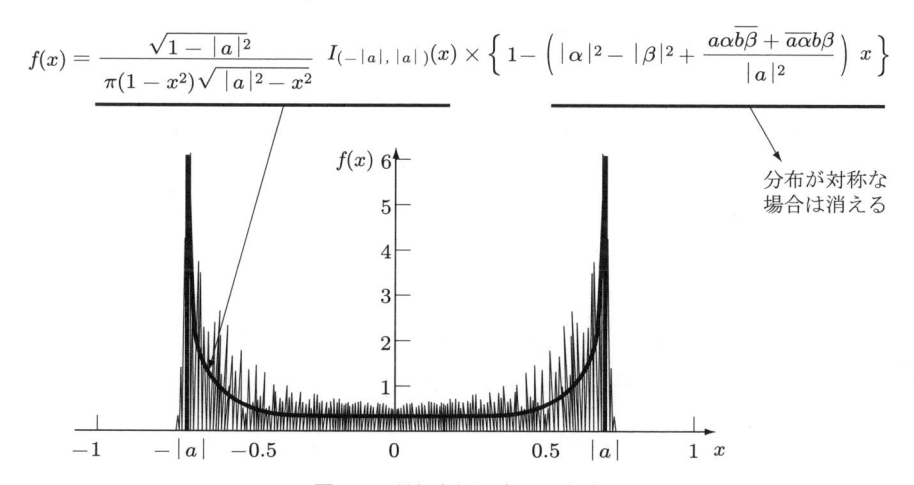

図 3.1 弱収束極限定理の意味

この定理の極限の確率変数 Z に対して，量子ウォークの研究ではよく用いられる以下の結果が得られる．

系 3.2

$$E(Z) = -\left(|\alpha|^2 - |\beta|^2 + \frac{a\alpha\overline{b\beta} + \overline{a\alpha}b\beta}{|a|^2}\right) \times (1 - \sqrt{1-|a|^2})$$
$$E(Z^2) = 1 - \sqrt{1-|a|^2}$$

問題 3.4

系 3.2 を確かめよ．

定理 3.3 を，アダマールウォーク X_n について適用すると，以下が得られる．

系 3.3

$$\frac{X_n}{n} \Rightarrow Z_H \quad (n \to \infty)$$

ただし，Z_H の密度関数は，

$$f_H(x) = w(x) f_K(x; 1/\sqrt{2})$$

である．ここで，$w(x) = 1 - (|\alpha|^2 - |\beta|^2 + \alpha\overline{\beta} + \overline{\alpha}\beta)x$ とする．

さらに，次の系も成り立つ．

系 3.4
原点での初期量子ビットとして $\varphi = {}^T[1/\sqrt{2}, i/\sqrt{2}]$（分布が対称な場合）をとると，以下が導かれる．

$$\lim_{n\to\infty} P\left(u \le \frac{X_n}{n} \le v\right) = \int_u^v \frac{1}{\pi(1-x^2)\sqrt{1-2x^2}} \, dx$$

ただし，$-1/\sqrt{2} < u < v < 1/\sqrt{2}$ である．

系 3.4 の極限の密度関数は以下で与えられるが，そのグラフは対称なランダムウォークとは異なる（図 3.2 を参照のこと）．

$$f_K\left(x; \frac{1}{\sqrt{2}}\right) = \frac{1}{\pi(1-x^2)\sqrt{1-2x^2}} I_{(-1/\sqrt{2}, 1/\sqrt{2})}(x)$$

この場合，$\mathrm{var}(X_n)/n^2 \to (2-\sqrt{2})/2$ が得られる．ただし，$\mathrm{var}(X)$ は X の分散である．上記の結果からも，古典の場合には，対応する分散が n のオーダーで大きくな

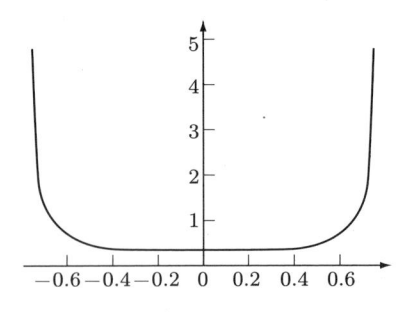

(a) アダマールウォークの極限分布: 対称な場合 ($\varphi = {}^T[1/\sqrt{2}, i/\sqrt{2}]$)

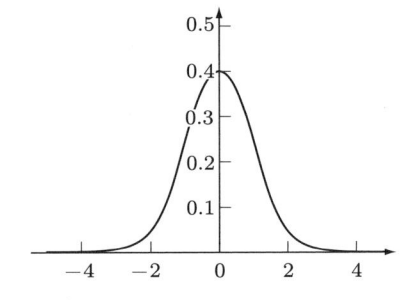

(b) ランダムウォークの極限分布 (すなわち，正規分布：平均 0，分散 1)

図 3.2　二つの極限分布

るのに対し，量子ウォークの場合は n^2 のオーダーで大きくなることがわかる．そして，この違いなどを上手く利用し，空間構造をもった探索問題への応用が試み始められている．

さらに，Coffey and Heller (2011) は，分布関数に関して次の表現を得た．

$$\lim_{n\to\infty} P\left(\frac{X_n}{n} \le x\right) = \int_{-1/\sqrt{2}}^{x} \frac{1}{\pi(1-y^2)\sqrt{1-2y^2}}\,dy$$
$$= \frac{1}{2\pi}\left\{\arctan\left(\frac{1+2x}{\sqrt{1-2x^2}}\right) - \arctan\left(\frac{1-2x}{\sqrt{1-2x^2}}\right)\right\}$$

ここで，$-1/\sqrt{2} \le x \le 1/\sqrt{2}$ である．この結果は，以下の逆正弦法則と対応させると興味深い．

$$\int_{-1}^{x} \frac{1}{\pi\sqrt{1-y^2}}\,dy = \frac{1}{\pi}\arcsin(x) + \frac{1}{2} \quad (-1 \le x \le 1)$$

さて，定理 3.3 の極限の密度関数 $f(x;{}^T[\alpha,\beta])$ が実際に密度関数の性質を満たしていることを確かめよう．まず，$f(x;{}^T[\alpha,\beta]) \ge 0$ であることは，以下よりわかる．

$$1 \ge \pm\left(|\alpha|^2 - |\beta|^2 + \frac{a\alpha\overline{b\beta} + \overline{a\alpha}b\beta}{|a|^2}\right)|a| \tag{3.4}$$

さらに，

$$\int_{-|a|}^{|a|} f(x;{}^T[\alpha,\beta])\,dx = \frac{\sqrt{1-|a|^2}}{\pi}\int_{0}^{1} t^{-1/2}(1-t)^{-1/2}(1-|a|^2 t)^{-1}\,dt$$
$$= \frac{\sqrt{1-|a|^2}}{\pi}\Gamma\left(\frac{1}{2}\right)^2 {}_2F_1\left(\frac{1}{2},1;1;|a|^2\right)$$
$$= 1$$

が成り立つ．最後の等式は，$\Gamma(1/2) = \sqrt{\pi}$ と ${}_2F_1(1/2,1;1;|a|^2) = 1/\sqrt{1-|a|^2}$ より導かれる．

あるいは，直接的に $r = |a|\ (\in (0,1))$ とおいたとき，

$$\int_{-r}^{r} \frac{\sqrt{1-r^2}}{\pi(1-x^2)\sqrt{r^2-x^2}}\,dx = 1$$

を示せばよい．実際，以下のような計算できる．

$$\int_{-r}^{r} \frac{\sqrt{1-r^2}}{\pi(1-x^2)\sqrt{r^2-x^2}}\,dx = \sum_{n=0}^{\infty}\int_{-r}^{r}\frac{\sqrt{1-r^2}\,x^{2n}}{\pi\sqrt{r^2-x^2}}\,dx$$
$$= \sqrt{1-r^2}\sum_{n=0}^{\infty} r^{2n}\int_{-1}^{1}\frac{y^{2n}}{\pi\sqrt{1-y^2}}\,dy$$

$$= \sqrt{1-r^2} \sum_{n=0}^{\infty} r^{2n} \int_0^{\pi} \cos^{2n}\theta \, d\theta$$

$$= \sqrt{1-r^2} \sum_{n=0}^{\infty} \binom{2n}{n} \left(\frac{r}{2}\right)^{2n} = 1$$

さらに,式 (3.4) を用いると,任意の $m \geq 1$ に対して,
$$|E(Z^m)| \leq 2|a|^m$$
が成立することが簡単にわかる.

さて,対称なアダマールウォークの場合,モーメントの具体的な形として,以下の結果が得られる.

命題 3.1 任意の $n \geq 1$ に対して,
$$E(Z^{2n}) = 1 - \frac{1}{\sqrt{2}} \sum_{k=0}^{n-1} \frac{1}{2^{3k}} \binom{2k}{k}, \quad E(Z^{2n-1}) = 0$$
とくに,$E(Z^2) = (2-\sqrt{2})/2$ が成り立つ.

後で見るように,定理 7.5 でもっと一般の場合である,以下の m 次モーメントを計算する.
$$\int_{\mathbb{R}} x^m f_K(x;r) \, dx = \int_{-r}^{r} \frac{x^m \sqrt{1-r^2}}{\pi(1-x^2)\sqrt{r^2-x^2}} \, dx$$
アダマールウォークの場合は,$r = 1/\sqrt{2}$ の場合に対応する.

命題 3.1 の証明 $E(Z^{2n-1}) = 0$ は,分布の対称性から明らかである.したがって,偶数次のモーメントの場合についてのみ計算する.まず,
$$E(Z^{2n}) = \int_{-1/\sqrt{2}}^{1/\sqrt{2}} \frac{x^{2n}}{\pi(1-x^2)\sqrt{1-2x^2}} \, dx = \frac{2^{(3-2n)/2}}{\pi} \times I_{2n}$$
となることに注意してほしい.ただし,
$$I_n = \int_0^1 \frac{y^n}{(2-y^2)\sqrt{1-y^2}} \, dy = \int_0^{\pi/2} \frac{\sin^n \theta}{1 + \cos^2 \theta} d\theta$$
である.このとき,
$$I_{2n+2} = \int_0^{\pi/2} \frac{\{2-(1+\cos^2\theta)\}\sin^{2n}\theta}{1+\cos^2\theta} d\theta$$
$$= 2I_{2n} - \frac{(2n-1)(2n-3)\cdots 1}{2n(2n-2)\cdots 2} \times \frac{\pi}{2}$$
が成立する.ここで,$J_n = I_{2n}/2^n$ とおくと,$n \geq 0$ に対して,

が導かれる．ただし，
$$J_{n+1} - J_n = -\frac{\pi}{2^{3n+2}}\binom{2n}{n}$$
$$J_0 = \frac{\pi}{2\sqrt{2}}, \quad J_1 = \frac{2-\sqrt{2}}{4\sqrt{2}}\pi$$
である．したがって，
$$I_{2n} = 2^n J_n = 2^n \left\{ \frac{1}{2\sqrt{2}} - \sum_{k=0}^{n-1} \frac{1}{2^{3k+2}}\binom{2k}{k} \right\}\pi$$
が得られるので，$n \geq 1$ に対して，
$$E(Z^{2n}) = 1 - \frac{1}{\sqrt{2}} \sum_{k=0}^{n-1} \frac{1}{2^{3k}}\binom{2k}{k}$$
となり，命題 3.1 が導かれる． □

次の節では，$abcd \neq 0$ の場合の X_n/n に対する弱収束極限定理の証明を説明する．ここで紹介する手法は組合せ論的方法であるが，フーリエ解析，停留位相法による別証明を次章で与える．

3.4 定理 3.3 の証明（アドバンスド）

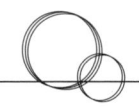

本節で紹介する証明は，式の導出など詳細は省いているので，流れだけ追えばよい．

まず，ヤコビ多項式（Jacobi polynomial）$P_n^{(\nu,\mu)}(x)$ を導入する．ただし，$P_n^{(\nu,\mu)}(x)$ は $(-1,1)$ 上の重み関数 $(1-x)^\nu(1+x)^\mu$ $(\nu, \mu > -1)$ に関する直交多項式である[†]．このとき，以下が成り立つ．

$$P_n^{(\nu,\mu)}(x) = \frac{\Gamma(n+\nu+1)}{\Gamma(n+1)\Gamma(\nu+1)} {}_2F_1\left(-n, n+\nu+\mu+1; \nu+1; \frac{1-x}{2}\right) \quad (3.5)$$

ただし，${}_2F_1(a,b;c;z)$ は，ガウスの超幾何級数（hypergeometric series）で，$\Gamma(z)$ は，ガンマ関数（gamma function）である．そして，以下が成立する．

$$\sum_{\gamma=1}^{k} \left(-\frac{|b|^2}{|a|^2}\right)^{\gamma-1} \frac{1}{\gamma} \binom{k-1}{\gamma-1}\binom{n-k-1}{\gamma-1}$$
$$= {}_2F_1(-(k-1), -\{(n-k)-1\}; 2; -|b|^2/|a|^2)$$
$$= |a|^{-2(k-1)} {}_2F_1(-(k-1), n-k+1; 2; 1-|a|^2)$$
$$= \frac{1}{k}|a|^{-2(k-1)} P_{k-1}^{(1,n-2k)}(2|a|^2 - 1)$$

[†] 直交多項式を扱った本として，たとえば，Andrews, Askey and Roy (1999)，時弘 (2006)，青本 (2013) がある．

ただし，最初の等式はガウスの超幾何級数の定義から導かれる．2番目の等式は，次の関係式から得られる．
$$_2F_1(a,b;c;z) = (1-z)^{-a}{}_2F_1(a,c-b;c;z/(z-1))$$
最後の等式は，式 (3.5) による．同様にして，以下が成り立つ．
$$\sum_{\gamma=1}^{k}\left(-\frac{|b|^2}{|a|^2}\right)^{\gamma-1}\binom{k-1}{\gamma-1}\binom{n-k-1}{\gamma-1} = |a|^{-2(k-1)}P_{k-1}^{(0,n-2k)}(2|a|^2-1)$$

上記の関係式と定理 3.1 から，特性関数 $E(e^{i\xi X_n/n})$ の漸近挙動に関する次の結果を得る．

補題 3.1 $P^i = P_{k-1}^{(i,n-2k)}(2|a|^2-1)$ ($i=0, 1$) とおく．$k/n = x \in ((1-|a|)/2, (1+|a|)/2)$ を満たしながら $n \to \infty$ としたとき，以下が成り立つ．

$$E(e^{i\xi X_n/n}) \sim \sum_{k=1}^{[(n-1)/2]} |a|^{2n-4k-2}|b|^4$$
$$\times \left[\left\{\frac{2x^2-2x+1}{x^2}(P^1)^2 - \frac{2}{x}P^1P^0 + \frac{2}{|b|^2}(P^0)^2\right\}\cos((1-2x)\xi)\right.$$
$$+ \left(\frac{1-2x}{x}\right)\left\{-\frac{1}{x}\{(|a|^2-|b|^2)(|\alpha|^2-|\beta|^2) + 2(a\alpha\overline{b\beta} + \overline{a\alpha}b\beta)\}(P^1)^2\right.$$
$$\left.\left. - 2\left\{|\alpha|^2-|\beta|^2 - \frac{a\alpha\overline{b\beta}+\overline{a\alpha}b\beta}{|b|^2}\right\}P^0P^1\right\}i\sin((1-2x)\xi)\right]$$

ただし，$f(n) \sim g(n)$ は $f(n)/g(n) \to 1$ $(n \to \infty)$ である．

次に，Chen and Ismail (1991) によって得られたヤコビ多項式 $P_n^{(\alpha+an,\beta+bn)}(x)$ に関する漸近挙動の結果を用いる．彼らの論文の式 (2.16) で，$\alpha \to 0$ または 1, $a \to 0$, $\beta = b \to (1-2x)/x$, $x \to 2|a|^2-1$ かつ $\triangle \to 4(1-|a|^2)(4x^2-4x+1-|a|^2)/x^2$ と読みかえることにより，次の補題を得る[†]．

補題 3.2 もし $n \to \infty$ を $k/n = x \in ((1-|a|)/2, (1+|a|)/2)$ を満たすようにすると，

$$P_{k-1}^{(0,n-2k)} \sim \frac{2|a|^{2k-n}}{\sqrt{\pi n\sqrt{-\Lambda}}}\cos(An+B)$$

$$P_{k-1}^{(1,n-2k)} \sim \frac{2|a|^{2k-n}}{\sqrt{\pi n\sqrt{-\Lambda}}}\sqrt{\frac{x}{(1-x)(1-|a|^2)}}\cos(An+B+\theta)$$

[†] ただし，式 (2.16) にはいくつかの誤りがあるので注意を要する．たとえば，$\sqrt{(-\triangle)}$ は $\sqrt{(-\triangle)}^{-1}$ が正しい．

3.4 定理3.3の証明（アドバンスド） 63

となる．ただし，$\Lambda = 4(1-|a|^2)(4x^2 - 4x + 1 - |a|^2)$ で，A と B は（n に依存しない）定数．また，$\theta \in [0, \pi/2]$ は $\cos\theta = \sqrt{(1-|a|^2)/4x(1-x)}$ によって定まる．

ここで，**リーマン–ルベーグの補題**（Riemann-Lebesgue lemma）[†]，補題3.1 と補題 3.2 を用いると，$n \to \infty$ のとき，以下が成り立つ．

$E(e^{i\xi X_n/n}) \to$

$\dfrac{1-|a|^2}{\pi} \displaystyle\int_{(1-|a|)/2}^{1/2} \dfrac{1}{x(1-x)\sqrt{(|a|^2-1)(4x^2-4x+1-|a|^2)}}$

$\qquad \times \left[\cos((1-2x)\xi) - (1-2x)\left\{|\alpha|^2 - |\beta|^2 + \dfrac{a\alpha\overline{b\beta} + \overline{a\alpha}b\beta}{|a|^2}\right\} i\sin((1-2x)\xi)\right] dx$

$= \dfrac{\sqrt{1-|a|^2}}{\pi} \displaystyle\int_{-|a|}^{|a|} \dfrac{1}{(1-x^2)\sqrt{|a|^2-x^2}}$

$\qquad \times \left[\cos(x\xi) - x\left\{|\alpha|^2 - |\beta|^2 + \dfrac{a\alpha\overline{b\beta} + \overline{a\alpha}b\beta}{|a|^2}\right\} i\sin(x\xi)\right] dx$

$= \displaystyle\int_{-|a|}^{|a|} \dfrac{\sqrt{1-|a|^2}}{\pi(1-x^2)\sqrt{|a|^2-x^2}} \left\{1 - \left(|\alpha|^2 - |\beta|^2 + \dfrac{a\alpha\overline{b\beta} + \overline{a\alpha}b\beta}{|a|^2}\right)x\right\} e^{i\xi x} dx$

$= \phi(\xi)$

このとき，$\phi(\xi)$ は $\xi = 0$ で連続なので，**連続性定理**（continuity theorem）[††] より，X_n/n は Z に弱収束することが導かれる．ただし，Z の特性関数は $\phi(\xi)$ で与えられる．

さらに，Z の密度関数は，$x \in (-|a|, |a|)$ に対して，

$$f(x; {}^T[\alpha, \beta]) = \dfrac{\sqrt{1-|a|^2}}{\pi(1-x^2)\sqrt{|a|^2-x^2}} \left\{1 - \left(|\alpha|^2 - |\beta|^2 + \dfrac{a\alpha\overline{b\beta} + \overline{a\alpha}b\beta}{|a|^2}\right)x\right\}$$

が得られる．以上より，定理 3.3 が導かれる． □

[†] リーマン–ルベーグの補題：$f(x)$ が $\int_\mathbb{R} |f(x)|\, dx < \infty$ を満たすとき，

$$\lim_{n\to\infty} \int_\mathbb{R} f(x) \cos(nx)\, dx = \lim_{n\to\infty} \int_\mathbb{R} f(x) \sin(nx)\, dx = 0$$

が成り立つ．この補題に関しては，たとえば，Durrett (2010) を参照のこと．また，リーマン–ルベーグの定理ともよばれる．

[††] 連続性定理：ϕ_n は確率測度 μ_n の特性関数とする．ただし，$1 \le n \le \infty$ である．
  (i) μ_n が μ_∞ に弱収束するならば，$\phi_n(\xi)$ が $\phi_\infty(\xi)$ に各点収束する．すなわち，任意の $\xi \in \mathbb{R}$ に対して，$\lim_{n\to\infty} \phi_n(\xi) = \phi_\infty(\xi)$ となる．
  (ii) 逆に，$\phi_n(\xi)$ が $\phi(\xi)$ に各点収束し，$\phi(\xi)$ が $\xi = 0$ で連続とする．このとき，μ_n は特性関数 $\phi(\eta)$ をもつ確率測度 μ に弱収束する．

3.5 さまざまな測度の集合

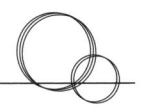

この節では，量子ウォークの測度の集合について考える．まず，記法を確認しておこう．$\Psi_n(x)$ は場所 x で時刻 n の確率振幅であり，以下のように表される[†]．

$$\Psi_n(x) = \begin{bmatrix} \Psi_n^L(x) \\ \Psi_n^R(x) \end{bmatrix}$$

時間発展の定義から，

$$\Psi_{n+1}(x) = P\Psi_n(x+1) + Q\Psi_n(x-1)$$

つまり，

$$\begin{bmatrix} \Psi_{n+1}^L(x) \\ \Psi_{n+1}^R(x) \end{bmatrix} = \begin{bmatrix} a\Psi_n^L(x+1) + b\Psi_n^R(x+1) \\ c\Psi_n^L(x-1) + d\Psi_n^R(x-1) \end{bmatrix}$$

が成立する．さらに，時刻 n での系全体の確率振幅の状態ベクトルを以下のようにおく．

$$\Psi_n = {}^T[\ldots, \Psi_n^L(-1), \Psi_n^R(-1), \Psi_n^L(0), \Psi_n^R(0), \Psi_n^L(1), \Psi_n^R(1), \ldots]$$

また，系全体を定めるユニタリ行列を下記のように表す．

$$U^{(s)} = \begin{bmatrix} \ddots & \vdots & \vdots & \vdots & \vdots & \vdots & \cdots \\ \cdots & O & P & O & O & O & \cdots \\ \cdots & Q & O & P & O & O & \cdots \\ \cdots & O & Q & O & P & O & \cdots \\ \cdots & O & O & Q & O & P & \cdots \\ \cdots & O & O & O & Q & O & \cdots \\ \cdots & \vdots & \vdots & \vdots & \vdots & \vdots & \ddots \end{bmatrix}, \quad \text{ただし，} \quad O = \begin{bmatrix} 0 & 0 \\ 0 & 0 \end{bmatrix}$$

したがって，時刻 n での量子ウォークの確率振幅の状態ベクトルは，以下のように与えられることがわかる．

$$\Psi_n = (U^{(s)})^n \Psi_0$$

次に，量子ウォークの系全体の初期状態に関する集合 $\mathcal{A}_s$ を導入する．

$$\mathcal{A}_s = \left\{ \Psi_0 \in \mathbb{C}^{\mathbb{Z}} \setminus \{\mathbf{0}\} : U^{(s)}\Psi_0 = \Psi_0 \right\}$$

ただし，$\mathbf{0} = {}^T[\ldots, 0, 0, 0, \ldots]$ は各成分が 0 のゼロベクトルである．この集合の要素は，量子ウォークの時間発展に対して変化しないので，**定常確率振幅**（stationary

---

[†] 本書では，混乱を招くかもしれないが，$\Psi_n(x)$ が $\sum_{x \in \mathbb{Z}} \|\Psi_n(x)\|^2 = 1$ を満たさないような場合にも，$\Psi_n(x)$ を確率振幅とよぶことにする．あえていえば，測度振幅であろうか．

amplitude) とよぶことにする．また，系の初期状態 Ψ_0 の依存性を強調するときには，$\mathcal{A}_s$ の要素を $\Psi_s^{(\Psi_0)}$ と書くこともある．

系の初期状態が Ψ_0 のとき，場所 x で時刻 n に量子ウォーカーが存在する測度 $\mu_n(x)$ を以下で定める．

$$\mu_n(x) = \|\Psi_n(x)\|^2 = |\Psi_n^L(x)|^2 + |\Psi_n^R(x)|^2 \quad (x \in \mathbb{Z})$$

一般に，写像 $\phi\colon (\mathbb{C}^2)^{\mathbb{Z}} \to \mathbb{R}_+^{\mathbb{Z}}$ を次で定義する．ここで，$\mathbb{R}_+ = [0, \infty)$. 以下を満たす $\Psi \in (\mathbb{C}^2)^{\mathbb{Z}}$, ただし

$$\Psi = {}^T\!\left[\cdots, \begin{bmatrix}\Psi^L(-1)\\ \Psi^R(-1)\end{bmatrix}, \begin{bmatrix}\Psi^L(0)\\ \Psi^R(0)\end{bmatrix}, \begin{bmatrix}\Psi^L(1)\\ \Psi^R(1)\end{bmatrix}, \cdots\right]$$

に対して，$\mu = \phi(\Psi)$ を

$$\mu(x) = \phi(\Psi)(x) = \phi(\Psi(x)) = |\Psi^L(x)|^2 + |\Psi^R(x)|^2 \quad (x \in \mathbb{Z})$$

で定める．しばしば，$\phi(\Psi)(x)$ と $\phi(\Psi(x))$ とを同一視する．このとき，$\mu_n(x) = \phi(\Psi_n(x))$ が成立する．

少しわかりづらいと思うので，確率振幅の時系列 Ψ_n とそれに対応する測度の時系列 μ_n との関係を図 3.3 で表した．上半分が確率振幅の世界で，下半分が測度の世界である．

重要な点は，確率振幅の時系列 Ψ_n は系全体を定めるユニタリ行列 $U^{(s)}$ によって時間発展するのに対し，測度の時系列 μ_n に対してはそのような行列は存在しないことである．ゆえに，その意味で，量子ウォークは確率過程とはみなせないのである．

また，初期状態 Ψ_0 は，弱収束の解析などでよく用いた，以下の場合を考える．

$$\begin{aligned}\Psi_0 &= {}^T\!\left[\cdots, \begin{bmatrix}\Psi^L(-2)\\ \Psi^R(-2)\end{bmatrix}, \begin{bmatrix}\Psi^L(-1)\\ \Psi^R(-1)\end{bmatrix}, \begin{bmatrix}\Psi^L(0)\\ \Psi^R(0)\end{bmatrix}, \begin{bmatrix}\Psi^L(1)\\ \Psi^R(1)\end{bmatrix}, \begin{bmatrix}\Psi^L(2)\\ \Psi^R(2)\end{bmatrix}, \cdots\right]\\ &= {}^T\!\left[\cdots, \begin{bmatrix}0\\ 0\end{bmatrix}, \begin{bmatrix}0\\ 0\end{bmatrix}, \begin{bmatrix}\alpha\\ \beta\end{bmatrix}, \begin{bmatrix}0\\ 0\end{bmatrix}, \begin{bmatrix}0\\ 0\end{bmatrix}, \cdots\right]\end{aligned}$$

ただし，$|\alpha|^2 + |\beta|^2 = 1$ である．すなわち，原点だけ $\varphi = {}^T[\alpha, \beta]$ で，それ以外は，${}^T[0, 0]$ の場合である．図では ${}^T[0, 0]$ は表していない．そのことにより，場所に対応した Ψ_n と μ_n との関係も明確になる．

さらに，以下の測度の集合を導入する．

$$\mathcal{M}_s = \Big\{\phi(\Psi_0) \in \mathbb{R}_+^{\mathbb{Z}} \setminus \{\mathbf{0}\}:$$

$$\Psi_0 \in \mathbb{C}^{\mathbb{Z}} \text{ は，任意の } n \geq 0 \text{ に対して，} \phi\big((U^{(s)})^n \Psi_0\big) = \phi(\Psi_0) \text{ を満たす}\Big\}$$

ここで，$\mathcal{M}_s$ の元を**定常測度** (stationary measure) とよぶことにする．初期状態 Ψ_0

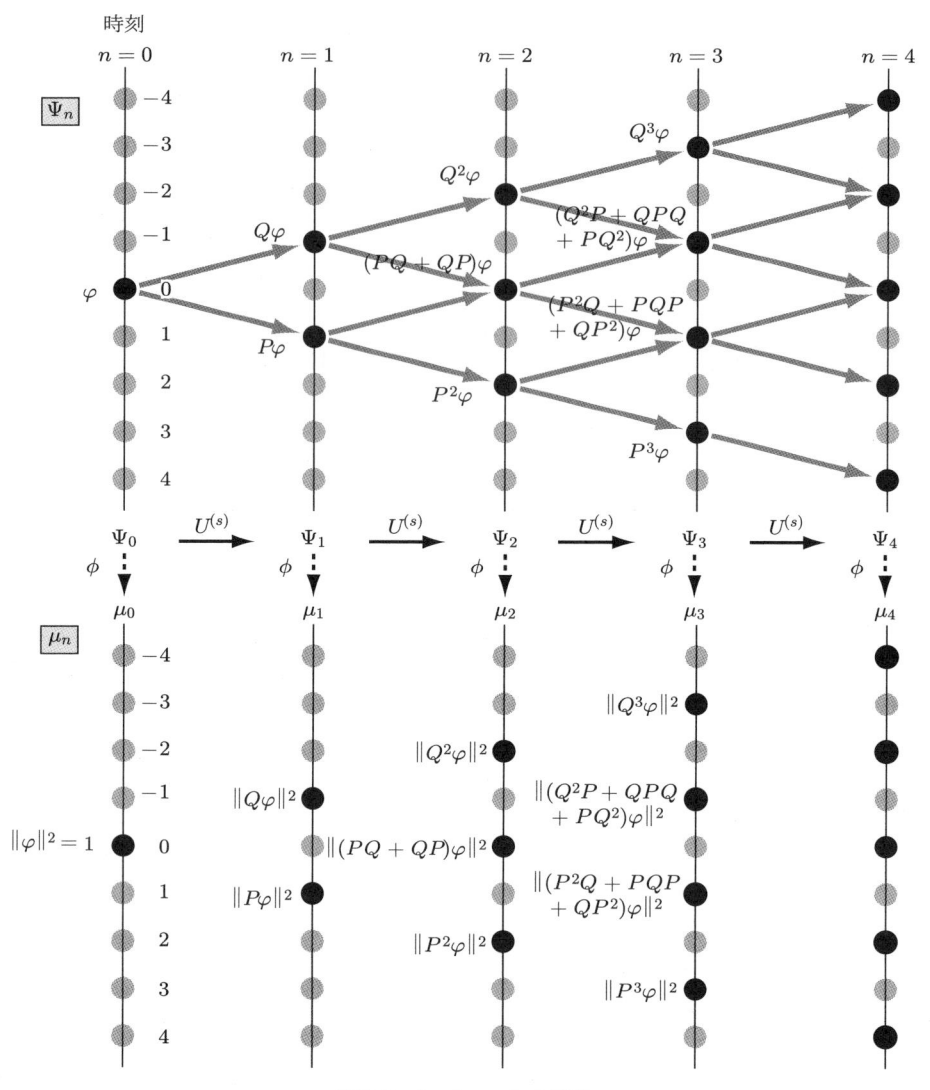

図 3.3 Ψ_n と μ_n との関係

を強調する場合には,その元を $\mu_s^{(\Psi_0)}$ のように記すこともある.この定義はちょっとわかりづらいが,つまり,定常測度とは,時間に依存しない測度 μ_n を与える初期状態 Ψ_0 が存在したときの測度のことである[†].

[†] たとえば,量子ウォークを定めるユニタリ行列 U を与えたとき,その定常測度全体の集合 $\mathcal{M}_s$ を決めること,あるいは,適切な特徴づけを見つけることは重要な研究テーマである.それに関連して,Konno (2014) では,1次元2状態の量子ウォークの場合に,式 (3.6) を解き,一様測度が必ず $\mathcal{M}_s$ の元になることなどを示した.

また、$0 < p < \infty$ と $\boldsymbol{a} = {}^T[\ldots, a_{-2}, a_{-1}, a_0, a_1, a_2, \ldots]$ に対して、

$$\ell^p(\mathbb{Z}) = \left\{ \boldsymbol{a} \in \mathbb{C}^{\mathbb{Z}} : \sum_{x \in \mathbb{Z}} |a(x)|^p < \infty \right\}$$

とし、$\mathcal{M}_{\mathrm{s}}^{(p)} = \mathcal{M}_{\mathrm{s}} \cap \ell^p(\mathbb{Z})$ とおく。とくに、$\mathcal{M}_{\mathrm{s}}^{(1)}$ で和が 1 の元を**定常確率測度** (stationary probability measure) とよぶことにする。

もし、$|\lambda| = 1$ なる $\lambda \in \mathbb{C}$ とそれに対応する $\Psi^{(\lambda)} \in \mathbb{C}^{\mathbb{Z}}$ が

$$U^{(s)} \Psi^{(\lambda)} = \lambda \Psi^{(\lambda)} \tag{3.6}$$

を満たすならば、$\phi(\Psi^{(\lambda)}) \in \mathcal{M}_{\mathrm{s}}$ が成り立つ。したがって、定常測度の元を求める一つの方法は、上記の式 (3.6) を具体的に解くことである。

$\lambda \in \mathbb{C}$ と $0 < p < \infty$ に対して、

$$\mathcal{W}^{(\lambda)} = \left\{ \Psi^{(\lambda)} \in \mathbb{C}^{\mathbb{Z}} \setminus \{\boldsymbol{0}\} : U^{(s)} \Psi^{(\lambda)} = \lambda \Psi^{(\lambda)} \right\}, \quad \mathcal{W}^{((p),\lambda)} = \mathcal{W}^{(\lambda)} \cap \ell^p(\mathbb{Z})$$

$$\mathcal{M}^{(\lambda)} = \phi(\mathcal{W}^{(\lambda)}) = \left\{ \phi(\Psi^{(\lambda)}) : \Psi^{(\lambda)} \in \mathcal{W}^{(\lambda)} \right\}, \quad \mathcal{M}^{((p),\lambda)} = \mathcal{M}^{(\lambda)} \cap \ell^p(\mathbb{Z})$$

とおく。ここで、$|\lambda| = 1$ なる $\lambda \in \mathbb{C}$ に対して、$\mathcal{M}^{(\lambda)} \subset \mathcal{M}_{\mathrm{s}}$ が成立する。

さて、$n \to \infty$ としたとき、$\Psi_n(x)$ の極限が存在するならば、$\Psi_\infty(x)$ と記す。すなわち、

$$\Psi_\infty(x) = \lim_{n \to \infty} \Psi_n(x) \quad (x \in \mathbb{Z})$$

とする。さらに、$\Psi_n(x)$ の時間平均とその極限 $\overline{\Psi}_\infty(x)$ を以下で定義する。

$$\overline{\Psi}_T(x) = \frac{1}{T} \sum_{n=0}^{T-1} \Psi_n(x)$$

$$\overline{\Psi}_\infty(x) = \lim_{T \to \infty} \overline{\Psi}_T(x) = \lim_{T \to \infty} \frac{1}{T} \sum_{n=0}^{T-1} \Psi_n(x)$$

また、

$$\mathcal{A}_\infty = \left\{ \Psi_\infty = \Psi_\infty^{(\Psi_0)} \in \mathbb{C}^{\mathbb{Z}} \setminus \{\boldsymbol{0}\} : \Psi_0 \in \mathbb{C}^{\mathbb{Z}} \right\}$$

$$\overline{\mathcal{A}}_\infty = \left\{ \overline{\Psi}_\infty = \overline{\Psi}_\infty^{(\Psi_0)} \in \mathbb{C}^{\mathbb{Z}} \setminus \{\boldsymbol{0}\} : \Psi_0 \in \mathbb{C}^{\mathbb{Z}} \right\}$$

とおく。ここで、$\Psi_\infty^{(\Psi_0)}$ は初期状態 Ψ_0 に依存していることを表している。そして、$\mathcal{A}_\infty$ の要素を**極限確率振幅** (limit amplitude) という。さらに、$\overline{\Psi}_\infty^{(\Psi_0)}$ も初期状態 Ψ_0 依存性を表す。また、$\overline{\mathcal{A}}_\infty$ の要素は**時間平均極限確率振幅** (time-averaged limit amplitude) とよぶ。明らかに、$\mathcal{A}_{\mathrm{s}} \subset \mathcal{A}_\infty \subset \overline{\mathcal{A}}_\infty$ が成り立つ。

次に、$\mu_n(x)$ の $n \to \infty$ での極限が存在するならば、$\mu_\infty(x)$ と記す。すなわち、

$$\mu_\infty(x) = \lim_{n\to\infty} \mu_n(x) \quad (x \in \mathbb{Z})$$

とする．さらに，$\mu_n(x)$ の時間平均とその極限 $\overline{\mu}_\infty(x)$ を

$$\overline{\mu}_T(x) = \frac{1}{T}\sum_{n=0}^{T-1} \mu_n(x)$$

$$\overline{\mu}_\infty(x) = \lim_{T\to\infty} \overline{\mu}_T(x) = \lim_{T\to\infty} \frac{1}{T}\sum_{n=0}^{T-1} \mu_n(x)$$

で定義する．さらに，以下を導入する．

$$\mathcal{M}_\infty = \left\{ \mu_\infty = \mu_\infty^{(\Psi_0)} \in \mathbb{R}_+^\mathbb{Z} \setminus \{\mathbf{0}\} : \Psi_0 \in \mathbb{C}^\mathbb{Z} \right\}$$

$$\overline{\mathcal{M}}_\infty = \left\{ \overline{\mu}_\infty = \overline{\mu}_\infty^{(\Psi_0)} \in \mathbb{R}_+^\mathbb{Z} \setminus \{\mathbf{0}\} : \Psi_0 \in \mathbb{C}^\mathbb{Z} \right\}$$

ここで，$\mu_\infty^{(\Psi_0)}$ は初期状態 Ψ_0 の依存性を表す．$\mathcal{M}_\infty$ の要素を**極限測度**（limit measure）とよぶ．さらに，$\overline{\mu}_\infty^{(\Psi_0)}$ も初期状態 Ψ_0 の依存性を表し，$\overline{\mathcal{M}}_\infty$ の要素を**時間平均極限測度**（time-averaged limit measure）とよぶ．明らかに，$\mathcal{M}_s \subset \mathcal{M}_\infty \subset \overline{\mathcal{M}}_\infty$ が成り立つ．また，任意の $x \in \mathbb{Z}$ に対して，以下が成立することに注意してほしい．

$$\mu_\infty(x) = \|\Psi_\infty(x)\|^2, \quad \overline{\mu}_\infty(x) = \|\overline{\Psi}_\infty(x)\|^2$$

上記のように，一般に $\mathcal{M}_s \subset \mathcal{M}_\infty \subset \overline{\mathcal{M}}_\infty$ が成り立つが，たとえば，$\mathcal{M}_s = \mathcal{M}_\infty = \overline{\mathcal{M}}_\infty$ を満たす量子ウォークのクラスを決定すること，あるいは，$\overline{\mathcal{M}}_\infty \setminus \mathcal{M}_s$ をうまく特徴づけることは，量子ウォークと古典系のマルコフ連鎖との関係を明らかにするうえでも重要な問題である．

次に，量子ウォークに関連する測度の性質を細かく見るため，以下にいくつかの測度の集合を導入する．

有界な台の測度（bounded support measure）μ_b とは，以下を満たす定数 c_l と c_r が存在するときをいう．

$$-\infty < c_l = \min\{x \in \mathbb{Z}; \mu_b(x) > 0\} \leq \max\{x \in \mathbb{Z}; \mu_b(x) > 0\} = c_r < \infty$$

そして，有界な台の測度の集合を $\mathcal{M}_{\text{bdd}} = \mathcal{M}_{\text{bdd}}(c_l, c_r)$ で表す．とくに，$c = c_l = c_r$ のとき，つまり，1 点の上にしか測度がのっていないとき，簡単に $\mathcal{M}_{\text{bdd}}(c)$ と表す．さらに，**左に有界な台の測度**（left-bounded support measure）を $\mu_{L,b}$ で表す．つまり，以下を満たす有限な c_l が存在して，

$$-\infty < c_l = \min\{x \in \mathbb{Z}; \mu_b(x) > 0\}$$

である．同様に，**右に有界な台の測度**（right-bounded support measure）を $\mu_{R,b}$ で表す．つまり，以下を満たす有限な c_r が存在して，

$$\max\{x \in \mathbb{Z}; \mu_b(x) > 0\} = c_r < \infty$$

である．そして，それぞれの測度の集合を $\mathcal{M}_{L,\mathrm{bdd}} = \mathcal{M}_{L,\mathrm{bdd}}(c_l)$ と $\mathcal{M}_{R,\mathrm{bdd}} = \mathcal{M}_{R,\mathrm{bdd}}(c_r)$ で表す．

さらに，**指数減少測度**（exponentially decay measure）μ_{ex} とは，以下を満たす定数 $c_1^+,\ c_1^0,\ c_1^- > 0$ と $c_2^+,\ c_2^- \in (0,1)$ が存在するときをいう．

$$\mu_{ex}(x) = \begin{cases} c_1^+ \cdot (c_2^+)^x & (x \geq 1) \\ c_1^0 & (x = 0) \\ c_1^- \cdot (c_2^-)^{-x} & (x \leq -1) \end{cases}$$

より細かく，**上限指数減少測度**（upper-bounded exponentially decay measure）$\overline{\mu}_{ex}$ とは，以下を満たすある定数 $c_1 > 0$ と $c_2 \in (0,1)$ が存在するときをいう．

$$\overline{\mu}_{ex}(x) \leq c_1 \cdot c_2^{|x|} \quad (x \in \mathbb{Z})$$

同様に，**下限指数減少測度**（lower-bounded exponentially decay measure）$\underline{\mu}_{ex}$ とは，以下を満たす定数 $c_1 > 0$ と $c_2 \in (0,1)$ が存在するときをいう．

$$c_1 \cdot c_2^{|x|} \leq \underline{\mu}_{ex}(x) \quad (x \in \mathbb{Z})$$

また，それらの共通の性質をもつ，**有界指数減少測度**（bounded exponentially decay measure）$\overline{\underline{\mu}}_{ex}$ とは，以下を満たすある定数 $\underline{c}_1,\ \overline{c}_1 > 0$ と $\underline{c}_2,\ \overline{c}_2 \in (0,1)$ が存在するときをいう．

$$\underline{c}_1 \cdot \underline{c}_2^{|x|} \leq \overline{\underline{\mu}}_{ex}(x) \leq \overline{c}_1 \cdot \overline{c}_2^{|x|} \quad (x \in \mathbb{Z})$$

そして，それぞれの測度の集合を $\mathcal{M}_{ex},\ \overline{\mathcal{M}}_{ex},\ \underline{\mathcal{M}}_{ex}$，と $\overline{\underline{\mathcal{M}}}_{ex}$ で表す．定義より，以下がただちに導かれる．

$$\mathcal{M}_{\mathrm{bdd}} = \mathcal{M}_{L,\mathrm{bdd}} \cap \mathcal{M}_{R,\mathrm{bdd}} \subset \mathcal{M}_{ex} \subset \overline{\underline{\mathcal{M}}}_{ex} = \overline{\mathcal{M}}_{ex} \cap \underline{\mathcal{M}}_{ex}$$

3.6 停留量子ウォークの場合

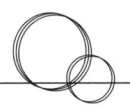

この節では，次の U で定まる停留量子ウォークについて考えよう．

$$U = \begin{bmatrix} 0 & 1 \\ 1 & 0 \end{bmatrix}, \quad \text{ただし，} \quad P = \begin{bmatrix} 0 & 1 \\ 0 & 0 \end{bmatrix}, \quad Q = \begin{bmatrix} 0 & 0 \\ 1 & 0 \end{bmatrix}$$

そして，その初期状態を以下で与える．

$$\Psi_0^{(+)} = {}^T\left[\ldots, \begin{bmatrix} \Psi^L(-2) \\ \Psi^R(-2) \end{bmatrix}, \begin{bmatrix} \Psi^L(-1) \\ \Psi^R(-1) \end{bmatrix}, \begin{bmatrix} \Psi^L(0) \\ \Psi^R(0) \end{bmatrix}, \begin{bmatrix} \Psi^L(1) \\ \Psi^R(1) \end{bmatrix}, \begin{bmatrix} \Psi^L(2) \\ \Psi^R(2) \end{bmatrix}, \ldots\right]$$

$$= {}^T\left[\ldots, \begin{bmatrix}0\\0\end{bmatrix}, \begin{bmatrix}\beta\\0\end{bmatrix}, \begin{bmatrix}\alpha\\\beta\end{bmatrix}, \begin{bmatrix}0\\\alpha\end{bmatrix}, \begin{bmatrix}0\\0\end{bmatrix}, \ldots\right]$$

ここで，$\Psi^j(x)$ は $\Psi^{(+),j}(x)$ などと書くべきかもしれないが，簡便に記す．以後も，同様な箇所はそのような記法を用いることがある．このとき，

$$U^{(s)}\Psi_0^{(+)} = \Psi_0^{(+)}$$

は容易に確かめられる．ゆえに，$\Psi_0^{(+)} \in \mathcal{W}^{(1)} = \mathcal{A}_s$ なので，

$$(U^{(s)})^n \Psi_0^{(+)} = \Psi_0^{(+)}$$

が成立する．さらに，$\mu_n^{(\Psi_0^{(+)})} = \phi((U^{(s)})^n \Psi_0^{(+)})$ とし，下記のように表す．

$$\mu_n^{(\Psi_0^{(+)})} = {}^T\left[\ldots, \mu_n^{(\Psi_0^{(+)})}(-2), \mu_n^{(\Psi_0^{(+)})}(-1), \mu_n^{(\Psi_0^{(+)})}(0), \mu_n^{(\Psi_0^{(+)})}(1), \mu_n^{(\Psi_0^{(+)})}(2), \ldots\right]$$

このとき，

$$\mu_n^{(\Psi_0^{(+)})} = {}^T[\ldots, 0, |\beta|^2, |\alpha|^2 + |\beta|^2, |\alpha|^2, 0, \ldots]$$

が得られる．ゆえに，任意の $n \geq 0$ に対して，$\mu_n^{(\Psi_0^{(+)})} = \mu_0^{(\Psi_0^{(+)})}$，すなわち，$\mu_0^{(\Psi_0^{(+)})}$ は定常測度になる．$\mu_s^{(\Psi_0^{(+)})} = \mu_0^{(\Psi_0^{(+)})}$ とおくと，$\mu_s^{(\Psi_0^{(+)})} \in \mathcal{M}_s \cap \mathcal{M}_{\mathrm{bdd}}(-1,1)$ である．

同様に，

$$\Psi_0^{(-)} = {}^T\left[\ldots, \begin{bmatrix}\Psi^L(-2)\\\Psi^R(-2)\end{bmatrix}, \begin{bmatrix}\Psi^L(-1)\\\Psi^R(-1)\end{bmatrix}, \begin{bmatrix}\Psi^L(0)\\\Psi^R(0)\end{bmatrix}, \begin{bmatrix}\Psi^L(1)\\\Psi^R(1)\end{bmatrix}, \begin{bmatrix}\Psi^L(2)\\\Psi^R(2)\end{bmatrix}, \ldots\right]$$
$$= {}^T\left[\ldots, \begin{bmatrix}0\\0\end{bmatrix}, \begin{bmatrix}-\beta\\0\end{bmatrix}, \begin{bmatrix}\alpha\\\beta\end{bmatrix}, \begin{bmatrix}0\\-\alpha\end{bmatrix}, \begin{bmatrix}0\\0\end{bmatrix}, \ldots\right]$$

とおくと，容易に以下が確かめられる．

$$U^{(s)}\Psi_0^{(-)} = -\Psi_0^{(-)}$$

ゆえに，$\Psi_0^{(-)} \in \mathcal{W}^{(-1)}$ である．したがって，

$$(U^{(s)})^n \Psi_0^{(-)} = (-1)^n \Psi_0^{(-)}$$

を得る．しかし，$\Psi_0^{(-)}$ は定常確率振幅にならないことに注意してほしい．$\mu_n^{(\Psi_0^{(-)})} = \phi((U^{(s)})^n \Psi_0^{(-)})$ とし，

$$\mu_n^{(\Psi_0^{(-)})} = {}^T\left[\ldots, \mu_n^{(\Psi_0^{(-)})}(-2), \mu_n^{(\Psi_0^{(-)})}(-1), \mu_n^{(\Psi_0^{(-)})}(0), \mu_n^{(\Psi_0^{(-)})}(1), \mu_n^{(\Psi_0^{(-)})}(2), \ldots\right]$$

のように表すと，

$$\mu_n^{(\Psi_0^{(-)})} = {}^T[\ldots, 0, |\beta|^2, |\alpha|^2 + |\beta|^2, |\alpha|^2, 0, \ldots]$$

が成り立つ．したがって，任意の $n \geq 0$ に対して，$\mu_n^{(\Psi_0^{(-)})} = \mu_0^{(\Psi_0^{(-)})}$，すなわち，$\mu_0^{(\Psi_0^{(+)})}$ と同様に，$\mu_0^{(\Psi_0^{(-)})}$ も定常測度となる．$\mu_s^{(\Psi_0^{(-)})} = \mu_0^{(\Psi_0^{(-)})}$ とおくと，$\mu_s^{(\Psi_0^{(-)})} \in \mathcal{M}_s \cap \mathcal{M}_{\mathrm{bdd}}(-1,1)$

3.6 停留量子ウォークの場合

である．ここで，$\Psi_0^{(+)} \neq \Psi_0^{(-)}$ であるが，$\mu_s^{(\Psi_0^{(+)})} = \mu_s^{(\Psi_0^{(-)})}$ となることに注意せよ．

一般に，

$$\Psi_0^{(+)} = {}^T\left[\ldots, \begin{bmatrix}\Psi^L(-2)\\\Psi^R(-2)\end{bmatrix}, \begin{bmatrix}\Psi^L(-1)\\\Psi^R(-1)\end{bmatrix}, \begin{bmatrix}\Psi^L(0)\\\Psi^R(0)\end{bmatrix}, \begin{bmatrix}\Psi^L(1)\\\Psi^R(1)\end{bmatrix}, \begin{bmatrix}\Psi^L(2)\\\Psi^R(2)\end{bmatrix}, \ldots\right]$$

$$= {}^T\left[\ldots, \begin{bmatrix}\alpha_{-1}\\\beta_{-1}\end{bmatrix}, \begin{bmatrix}\beta_0\\\alpha_{-1}\end{bmatrix}, \begin{bmatrix}\alpha_0\\\beta_0\end{bmatrix}, \begin{bmatrix}\beta_1\\\alpha_0\end{bmatrix}, \begin{bmatrix}\alpha_1\\\beta_1\end{bmatrix}, \ldots\right] \quad (3.7)$$

とおいても，以下が成立する．

$$U^{(s)}\Psi_0^{(+)} = \Psi_0^{(+)}$$

ゆえに，$\Psi_0^{(+)} \in \mathcal{A}_s$ となる．すなわち，$\Psi_0^{(+)}$ は定常確率振幅になる．したがって，

$$(U^{(s)})^n \Psi_0^{(+)} = \Psi_0^{(+)}$$

となる．$\mu_n^{(\Psi_0^{(+)})} = \phi((U^{(s)})^n \Psi_0^{(+)})$ とおき，

$$\mu_n^{(\Psi_0^{(+)})} = {}^T\left[\ldots, \mu_n^{(\Psi_0^{(+)})}(-2), \mu_n^{(\Psi_0^{(+)})}(-1), \mu_n^{(\Psi_0^{(+)})}(0), \mu_n^{(\Psi_0^{(+)})}(1), \mu_n^{(\Psi_0^{(+)})}(2), \ldots\right]$$

と表すと，

$$\mu_n^{(\Psi_0^{(+)})} = {}^T[\ldots, |\alpha_{-1}|^2 + |\beta_{-1}|^2, |\alpha_{-1}|^2 + |\beta_0|^2, |\alpha_0|^2 + |\beta_0|^2,$$
$$|\alpha_0|^2 + |\beta_1|^2, |\alpha_1|^2 + |\beta_1|^2, \ldots]$$

が得られる．ゆえに，任意の $n \geq 0$ に対して，$\mu_n^{(\Psi_0^{(+)})} = \mu_0^{(\Psi_0^{(+)})}$，すなわち，$\mu_0^{(\Psi_0^{(+)})}$ は定常測度となる．したがって，$\mu_s^{(\Psi_0^{(+)})} = \mu_0^{(\Psi_0^{(+)})}$ とおくと，$\mu_s^{(\Psi_0^{(+)})} \in \mathcal{M}_s$ である．しかし，一般には，$\mu_s^{(\Psi_0^{(+)})} \in \mathcal{M}_{\mathrm{bdd}}$ とならないことに注意してほしい．

同様に，以下のようにおく．

$$\Psi_0^{(-)} = {}^T\left[\ldots, \begin{bmatrix}\Psi^L(-2)\\\Psi^R(-2)\end{bmatrix}, \begin{bmatrix}\Psi^L(-1)\\\Psi^R(-1)\end{bmatrix}, \begin{bmatrix}\Psi^L(0)\\\Psi^R(0)\end{bmatrix}, \begin{bmatrix}\Psi^L(1)\\\Psi^R(1)\end{bmatrix}, \begin{bmatrix}\Psi^L(2)\\\Psi^R(2)\end{bmatrix}, \ldots\right]$$

$$= {}^T\left[\ldots, \begin{bmatrix}\alpha_{-1}\\\beta_{-1}\end{bmatrix}, \begin{bmatrix}-\beta_0\\-\alpha_{-1}\end{bmatrix}, \begin{bmatrix}\alpha_0\\\beta_0\end{bmatrix}, \begin{bmatrix}-\beta_1\\-\alpha_0\end{bmatrix}, \begin{bmatrix}\alpha_1\\\beta_1\end{bmatrix}, \ldots\right]$$

このとき，次が成り立つ．

$$U^{(s)}\Psi_0^{(-)} = -\Psi_0^{(-)}$$

ゆえに，$\Psi_0^{(-)}$ は定常確率振幅ではなく，$\Psi_0^{(-)} \notin \mathcal{A}_s$ である．また，

$$(U^{(s)})^n \Psi_0^{(-)} = (-1)^n \Psi_0^{(-)}$$

が成り立つ．次に，$\mu_n^{(\Psi_0^{(-)})} = \phi((U^{(s)})^n \Psi_0^{(-)})$ とおき，

$$\mu_n^{(\Psi_0^{(-)})} = {}^T\left[\ldots, \mu_n^{(\Psi_0^{(-)})}(-2), \mu_n^{(\Psi_0^{(-)})}(-1), \mu_n^{(\Psi_0^{(-)})}(0), \mu_n^{(\Psi_0^{(-)})}(1), \mu_n^{(\Psi_0^{(-)})}(2), \ldots\right]$$

と表すと，

$$\mu_n^{(\Psi_0^{(-)})} = {}^T[\ldots, |\alpha_{-1}|^2+|\beta_{-1}|^2, |\alpha_{-1}|^2+|\beta_0|^2, |\alpha_0|^2+|\beta_0|^2,$$
$$|\alpha_0|^2+|\beta_1|^2, |\alpha_1|^2+|\beta_1|^2, \ldots]$$

が得られる．ゆえに，任意の $n \geq 0$ に対して，$\mu_n^{(\Psi_0^{(-)})} = \mu_0^{(\Psi_0^{(-)})}$，すなわち，$\mu_0^{(\Psi_0^{(+)})}$ と同様に，$\mu_0^{(\Psi_0^{(-)})}$ も定常測度となる．したがって，$\mu_s^{(\Psi_0^{(-)})} = \mu_0^{(\Psi_0^{(-)})}$ とおくと，$\mu_s^{(\Psi_0^{(-)})} \in \mathcal{M}_s$ となる．また，一般に $\mu_s^{(\Psi_0^{(-)})} \notin \mathcal{M}_{\text{bdd}}$ である．ここで，$\Psi_0^{(+)} \neq \Psi_0^{(-)}$ が成立するが，$\mu_s^{(\Psi_0^{(+)})} = \mu_s^{(\Psi_0^{(-)})}$ であることに注意してほしい．

さらに，$c > 0$ とし，任意の $x \in \mathbb{Z}$ に対して，$\alpha_x = \beta_x = \sqrt{c/2}$ とおくと，一様測度 $\mu(x) = c \ (x \in \mathbb{Z})$ は，停留量子ウォークの定常測度になっていることがわかる．

次に，以下の原点にだけ量子ビット ${}^T[\alpha, \beta]$ がある初期状態を考える．

$$\Psi_0 = {}^T\left[\ldots, \begin{bmatrix} \Psi^L(-1) \\ \Psi^R(-1) \end{bmatrix}, \begin{bmatrix} \Psi^L(0) \\ \Psi^R(0) \end{bmatrix}, \begin{bmatrix} \Psi^L(1) \\ \Psi^R(1) \end{bmatrix}, \ldots\right]$$
$$= {}^T\left[\ldots, \begin{bmatrix} 0 \\ 0 \end{bmatrix}, \begin{bmatrix} \alpha \\ \beta \end{bmatrix}, \begin{bmatrix} 0 \\ 0 \end{bmatrix}, \ldots\right]$$

すると，時刻 1 では，

$$\Psi_1 = {}^T\left[\ldots, \begin{bmatrix} \beta \\ 0 \end{bmatrix}, \begin{bmatrix} 0 \\ 0 \end{bmatrix}, \begin{bmatrix} 0 \\ \alpha \end{bmatrix}, \ldots\right]$$

となり，一般に，$n = 0, 1, 2, \ldots$ に対して，

$$(U^{(s)})^{2n} = I_\infty, \quad (U^{(s)})^{2n+1} = U^{(s)}$$

が成り立つ（図 3.4 参照）．ただし，I_∞ は $\infty \times \infty$ の単位行列である．

ゆえに，$n = 0, 1, 2, \ldots$ に対して，$\Psi_{2n} = \Psi_0$，$\Psi_{2n+1} = \Psi_1$ であり，よって，$\Psi_0 \notin \mathcal{A}_s$ となる．そして，$\mu_n^{(\Psi_0)} = \phi((U^{(s)})^n \Psi_0)$ とおき，

$$\mu_n^{(\Psi_0)} = {}^T\left[\ldots, \mu_n^{(\Psi_0)}(-2), \mu_n^{(\Psi_0)}(-1), \mu_n^{(\Psi_0)}(0), \mu_n^{(\Psi_0)}(1), \mu_n^{(\Psi_0)}(2), \ldots\right]$$

とすると，

$$\mu_{2n}^{(\Psi_0)} = {}^T[\ldots, 0, 0, |\alpha|^2+|\beta|^2, 0, 0, \ldots]$$
$$\mu_{2n+1}^{(\Psi_0)} = {}^T[\ldots, 0, |\beta|^2, 0, |\alpha|^2, 0, \ldots] \tag{3.8}$$

が成立する．したがって，$\mu_0^{(\Psi_0)}, \mu_1^{(\Psi_0)} \notin \mathcal{M}_s$ が得られる．

一方，式 (3.8) を用いると，以下の時間平均極限測度を得る．

$$\overline{\mu}_\infty^{(\Psi_0)} = {}^T[\ldots, 0, |\beta|^2/2, (|\alpha|^2+|\beta|^2)/2, |\alpha|^2/2, 0, \ldots] \tag{3.9}$$

ゆえに，$\overline{\mu}_\infty^{(\Psi_0)} \in \mathcal{M}_{\text{bdd}}(-1, 1)$ となる．

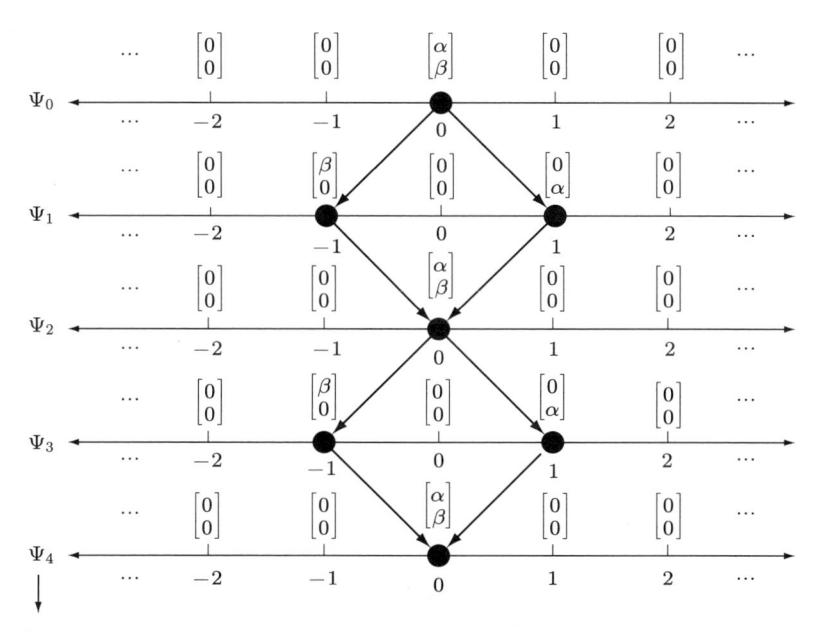

図 3.4 停留量子ウォークの時間発展

さらに，$\Psi_0^{(+)}$ を式 (3.7) で，$\alpha_0 = \alpha/\sqrt{2}$, $\beta_0 = \beta/\sqrt{2}$ かつ $\alpha_x = \beta_x = 0$ ($x \neq 0$) のようにとると，$\mu_s^{(\Psi_0^{(+)})} = \overline{\mu}_\infty^{(\Psi_0)}$ となり，$\overline{\mu}_\infty^{(\Psi_0)} \in \mathcal{M}_s$ が成立する．このとき，$\Psi_0^{(+)} \in \mathcal{M}_{\text{bdd}}(-1, 1)$ であるが，$\Psi_0 \in \mathcal{M}_{\text{bdd}}(0)$ なので，初期状態の台が異なることに注意してほしい．

注意すべき点として，ϕ の作用と時間平均をとる作用は，一般に可換ではない．実際，時間平均をとってから，ϕ を作用させると，

$$\phi\left(\lim_{T\to\infty} \frac{1}{T} \sum_{n=0}^{T-1} (U^{(s)})^n \Psi_0\right) = \phi\left(\frac{1}{2}\left(I_\infty + U^{(s)}\right)\Psi_0\right) = \phi(\overline{\Psi}_\infty)$$
$$= {}^T[\ldots, 0, |\beta|^2/4, (|\alpha|^2 + |\beta|^2)/4, |\alpha|^2/4, 0, \ldots]$$

となる．しかし，ϕ を作用させてから，時間平均をとると，式 (3.9) と同様に，

$$\lim_{T\to\infty} \frac{1}{T} \sum_{n=0}^{T-1} \phi\left((U^{(s)})^n \Psi_0\right) = \overline{\mu}_\infty^{(\Psi_0)}$$
$$= {}^T[\ldots, 0, |\beta|^2/2, (|\alpha|^2 + |\beta|^2)/2, |\alpha|^2/2, 0, \ldots]$$

なので，一致しないことが確かめられる．つまり，一般に，

$$\phi(\overline{\Psi}_\infty) \neq \overline{\mu}_\infty^{(\Psi_0)}$$

が成立する．

極限定理の形で見ると，式 (3.8) より，停留量子ウォークの場合には，任意の $\theta > 0$

に対して,

$$\frac{X_n}{n^\theta} \Rightarrow \delta_0 \quad (n \to \infty)$$

が成り立ち, 3.3 節のはじめで議論した $a=0$ の場合の結果 $X_n/n \Rightarrow \delta_0$ より強い結果が導かれる.

3.7 自由量子ウォークの場合

この節では, 以下の自由量子ウォークを考える.

$$U = \begin{bmatrix} 1 & 0 \\ 0 & 1 \end{bmatrix}, \quad \text{ただし}, \quad P = \begin{bmatrix} 1 & 0 \\ 0 & 0 \end{bmatrix}, \quad Q = \begin{bmatrix} 0 & 0 \\ 0 & 1 \end{bmatrix}$$

任意の $x \in \mathbb{Z}$ に対して, 系全体の初期状態 $\Psi_0 \in \mathbb{C}^{\mathbb{Z}}$ を

$$\Psi_0^L(x) = \lambda^x \phi_0^L, \quad \Psi_0^R(x) = \lambda^{-x} \phi_0^R$$

とする. ただし, $\lambda \, (\neq 0) \in \mathbb{C}$. この初期状態は, 二つのパラメーター $(\phi_0^L, \phi_0^R) \in \mathbb{C}^2$ に依存することに注意する. ここで, $\phi_0^L \phi_0^R \neq 0$ である. このとき,

$$U^{(s)} \Psi_0 = \lambda \Psi_0 \tag{3.10}$$

が成り立つ. 実際, 式 (3.10) は,

$$\lambda \Psi_0^L(x) = \Psi_0^L(x+1), \quad \lambda \Psi_0^R(x) = \Psi_0^R(x-1) \quad (x \in \mathbb{Z}) \tag{3.11}$$

と同値なので, 確かめられる. ゆえに, $\Psi_0 \in \mathcal{W}^{(\lambda)}$ が成り立つ. よって, $\Psi^{(\lambda)} = \Psi_0$ とも表す.

また, $|\lambda| = 1$ のように $\lambda \in \mathbb{C}$ をとると, 任意の $x \in \mathbb{Z}$ に対して, $\mu(x) = |\phi_0^L|^2 + |\phi_0^R|^2$ が導かれるので, 一様測度がこの自由量子ウォークの定常測度であることがわかる.

次に, 以下の原点だけから出発する初期状態を考える. ただし, $|\alpha|^2 + |\beta|^2 = 1$ である.

$$\Psi_0 = {}^T\!\left[\ldots, \begin{bmatrix} \Psi^L(-1) \\ \Psi^R(-1) \end{bmatrix}, \begin{bmatrix} \Psi^L(0) \\ \Psi^R(0) \end{bmatrix}, \begin{bmatrix} \Psi^L(1) \\ \Psi^R(1) \end{bmatrix}, \ldots\right]$$

$$= {}^T\!\left[\ldots, \begin{bmatrix} 0 \\ 0 \end{bmatrix}, \begin{bmatrix} \alpha \\ \beta \end{bmatrix}, \begin{bmatrix} 0 \\ 0 \end{bmatrix}, \ldots\right]$$

このとき, 時間発展は以下のようになることが確かめられる (図 3.5 参照).

$$\Psi_1 = {}^T\!\left[\ldots, \begin{bmatrix} 0 \\ 0 \end{bmatrix}, \begin{bmatrix} \alpha \\ 0 \end{bmatrix}, \begin{bmatrix} 0 \\ 0 \end{bmatrix}, \begin{bmatrix} 0 \\ \beta \end{bmatrix}, \begin{bmatrix} 0 \\ 0 \end{bmatrix}, \ldots\right]$$

3.7 自由量子ウォークの場合

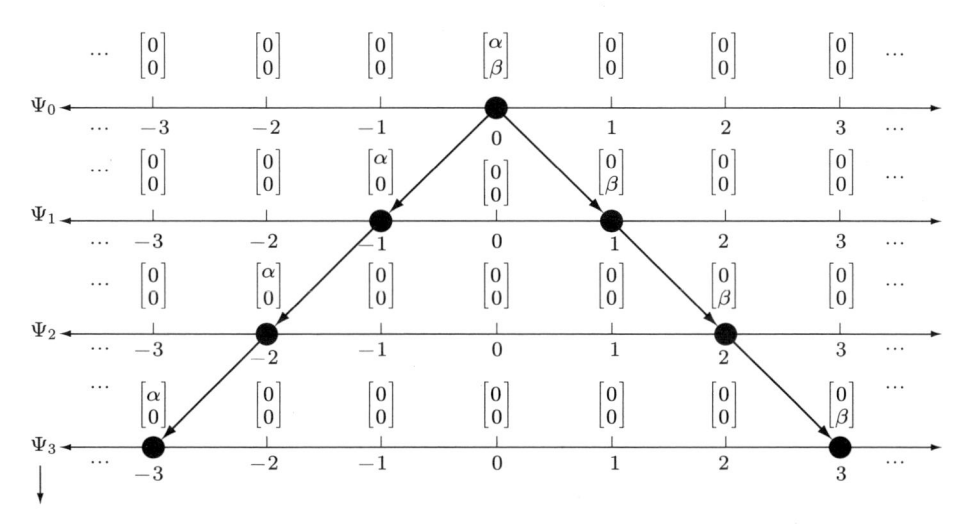

図 3.5 自由量子ウォークの時間発展

$$\Psi_2 = {}^T\left[\ldots, \begin{bmatrix}\alpha\\0\end{bmatrix}, \begin{bmatrix}0\\0\end{bmatrix}, \begin{bmatrix}0\\0\end{bmatrix}, \begin{bmatrix}0\\0\end{bmatrix}, \begin{bmatrix}0\\\beta\end{bmatrix}, \ldots\right]$$

よって，時刻 n での確率振幅は，

$$\Psi_n = \begin{bmatrix}\alpha\\0\end{bmatrix}\delta_{-n} + \begin{bmatrix}0\\\beta\end{bmatrix}\delta_n \tag{3.12}$$

となる．したがって，時刻 n での測度は，

$$\mu_n^{(\Psi_0)} = |\alpha|^2\delta_{-n} + |\beta|^2\delta_n \tag{3.13}$$

であることがわかる．ゆえに，時刻 n を無限大にすると，

$$\lim_{n\to\infty}\Psi_n^{(\Psi_0)} = \mathbf{0}, \quad \lim_{n\to\infty}\mu_n^{(\Psi_0)} = \mathbf{0}$$

となる．すなわち，任意の固定した場所 $x \in \mathbb{Z}$ に対して，

$$\lim_{n\to\infty}\Psi_n^{(\Psi_0)}(x) = \mathbf{0}, \quad \lim_{n\to\infty}\mu_n^{(\Psi_0)}(x) = 0$$

よって，

$$\Psi_\infty = \overline{\Psi}_\infty^{(\Psi_0)} = \mathbf{0}, \quad \mu_\infty^{(\Psi_0)} = \overline{\mu}_\infty^{(\Psi_0)} = \mathbf{0}$$

が得られる．興味深いのは，以下が成立することである．

$$\mu^{(\Psi^{(\lambda)})} \neq \overline{\mu}_\infty^{(\Psi_0)} \; (= \mathbf{0})$$

注意すべき点の一つは，左辺の $\Psi^{(\lambda)}$ の台は $\mathbb{Z}$ で無限であるのに対して，右辺の Ψ_0 の台は原点だけで 1 点だけである．

さらに，極限定理の立場から見ると，式 (3.13) から以下が得られ，3.3 節のはじめで議論した $b = 0$ の場合と同じ結果となる．

$$\frac{X_n}{n} \Rightarrow |\alpha|^2 \delta_{-1} + |\beta|^2 \delta_1 \quad (n \to \infty)$$

3.8 アダマールウォークの場合

この節では，以下で定まるアダマールウォークについて考える．

$$U = H = \frac{1}{\sqrt{2}} \begin{bmatrix} 1 & 1 \\ 1 & -1 \end{bmatrix}, \quad \text{ただし，} \quad P = \frac{1}{\sqrt{2}} \begin{bmatrix} 1 & 1 \\ 0 & 0 \end{bmatrix}, \quad Q = \frac{1}{\sqrt{2}} \begin{bmatrix} 0 & 0 \\ 1 & -1 \end{bmatrix}$$

初期状態として，$\sigma, \tau \in \{\pm 1\}$ に対して，$\Psi_0^{(\sigma,\tau)}$ を以下のようにとる．

$$\Psi_0^{(\sigma,\tau)}(x) = (\tau i \, \mathrm{sgn}(x))^{|x|} \times \begin{cases} \phi_0^L \times \begin{bmatrix} 1 \\ -\sigma\tau i \end{bmatrix} & (x \geq 1) \\ \begin{bmatrix} \phi_0^L \\ \phi_0^R \end{bmatrix} & (x = 0) \\ \phi_0^R \times \begin{bmatrix} \sigma\tau i \\ 1 \end{bmatrix} & (x \leq -1) \end{cases}$$

ここで，$\mathrm{sgn}(x) = 1 \ (x > 0), = 0 \ (x = 0), = -1 \ (x < 0)$ である．

この $\Psi_0^{(\sigma,\tau)}$ は，$\sigma, \tau \in \{\pm 1\}$ のほかに，二つのパラメータ $\phi_0^L, \phi_0^R \in \mathbb{C}$ にも依存している．ただし，$\phi_0^L \phi_0^R \neq 0$．また，$\phi_0^L = \sigma\tau i \phi_0^R$ の関係が成立していることにも注意してほしい．

このとき，次の関係式が成り立つことが確かめられる．

$$U^{(s)} \Psi_0^{(\sigma,\tau)} = \frac{\sigma + \tau i}{\sqrt{2}} \Psi_0^{(\sigma,\tau)} \quad (\sigma, \tau \in \{\pm 1\})$$

ここで，$\lambda(\sigma, \tau) = (\sigma + \tau i)/\sqrt{2}$ とおくと，$\Psi_0^{(\sigma,\tau)} \in \mathcal{W}^{(\lambda(\sigma,\tau))}$ が成り立つ．一方，$\lambda(\sigma, \tau) \neq 1$ なので，$\Psi_0^{(\sigma,\tau)} \notin \mathcal{A}_s$ である．つまり，$\Psi_0^{(\sigma,\tau)}$ は定常確率振幅にならない．しかし，測度で考えると，$\mu^{(\Psi_0^{(\sigma,\tau)})} = \phi(\Psi_0^{(\sigma,\tau)}) \in \mathcal{M}_s$ となり，定常測度になる．実際，初期状態 $\Psi_0^{(\sigma,\tau)}$ の定常測度を $\mu_s^{(\Psi_0^{(\sigma,\tau)})}$ とおくと，以下のようになる．

$$\mu_s^{(\Psi_0^{(\sigma,\tau)})}(x) = \begin{cases} 2|\phi_0^L|^2 & (x \geq 1) \\ |\phi_0^L|^2 + |\phi_0^R|^2 & (x = 0) \\ 2|\phi_0^R|^2 & (x \leq -1) \end{cases}$$

したがって，$|\phi_0^L| = |\phi_0^R| = \sqrt{c/2} \ (c > 0)$ とおくと，任意の $x \in \mathbb{Z}$ に対して，Ψ は $|\Psi^R(x)|^2 = |\Psi^L(x)|^2 = c/2$ を満たす．ゆえに，一様測度 $\mu_s^{(\Psi_0^{(\sigma,\tau)})}(x) = c \ (x \in \mathbb{Z})$ はアダマールウォークの定常測度であることがわかる．

一方，以下の原点だけから出発する初期状態を考える．ただし，$|\alpha|^2 + |\beta|^2 = 1$ である．

$$\Psi_0 = {}^T\left[\ldots, \begin{bmatrix}\Psi^L(-1)\\ \Psi^R(-1)\end{bmatrix}, \begin{bmatrix}\Psi^L(0)\\ \Psi^R(0)\end{bmatrix}, \begin{bmatrix}\Psi^L(1)\\ \Psi^R(1)\end{bmatrix}, \ldots\right]$$

$$= {}^T\left[\ldots, \begin{bmatrix}0\\0\end{bmatrix}, \begin{bmatrix}\alpha\\ \beta\end{bmatrix}, \begin{bmatrix}0\\0\end{bmatrix}, \ldots\right]$$

このとき，任意の固定した場所 $x \in \mathbb{Z}$ に対して，

$$\lim_{n\to\infty} \Psi_n(x) = \mathbf{0}$$

が，系 3.3 より導かれる．つまり，

$$\Psi_\infty^{(\Psi_0)} = \overline{\Psi}_\infty^{(\Psi_0)} = \mathbf{0}$$

となる．したがって，

$$\mu_\infty^{(\Psi_0)} = \overline{\mu}_\infty^{(\Psi_0)} = 0$$

となり，よって，

$$\mu_{\mathrm{s}}^{(\Psi_0^{(\sigma,\tau)})} \neq \mu_\infty^{(\Psi_0)} \;(= \overline{\mu}_\infty^{(\Psi_0)} = 0)$$

となる．前節の自由量子ウォークの例と同様に，注意すべき点の一つは，左辺の $\Psi_0^{(\sigma,\tau)}$ の台は $\mathbb{Z}$ で無限であるのに対して，右辺の Ψ_0 の台は原点の 1 点だけだということである．

さらに，極限定理の立場から見ると，系 3.3 から，

$$\frac{X_n}{n} \;\Rightarrow\; Z_H \quad (n \to \infty)$$

が成り立つ．ただし，Z_H の密度関数は，

$$f_H(x) = w(x)\, f_K(x; 1/\sqrt{2})$$

であり，ここで，

$$f_K(x; 1/\sqrt{2}) = \frac{1}{\pi(1-x^2)\sqrt{1-2x^2}}\, I_{(-1/\sqrt{2},\,1/\sqrt{2})}(x)$$

$$w(x) = 1 - (|\alpha|^2 - |\beta|^2 + \alpha\overline{\beta} + \overline{\alpha}\beta)x$$

である．

コラム 3. 予言者？

2006 年秋頃，Joye 氏達の一連の論文，たとえば，2002 年にアーカイブに投稿された論文「Spectral analysis of unitary band matrices, arXiv:math-ph/0204016（その後，2003 年に Communications in Mathematical Physics に掲載される）」の行

列表示を見て，これは量子ウォークそのもので，しかも直交多項式の方面で知られはじめた CMV 行列（2003 年の論文で導入，研究される）に対応し，将来的には，Joye 氏も含め，その周辺の数学者たちが参入するのでは，と予測していた．実際，2006 年 10 月には，研究室セミナーで Joye 氏達の結果と量子ウォークとの関連などを話した．

そして，2010 年 4 月についに，Joye 氏と Merkli 氏による，量子ウォークがタイトルに冠された「Dynamical localization of quantum walks in random environments, arXiv:1004.4130（その後，2010 年，Journal of Statistical Physics に掲載）」の論文が出て，4 年ほど前から私の話を聞いていた当時の学生たちで，研究者になっていた人たちにとっては，私は「予言者」のようであっただろう．しかも，それに先だつ 1 年ほど前の，こちらもついにであるが，2009 年 1 月に，CMV 行列のスペインの研究者 3 名と UC バークレー校（アメリカ）の Grünbaum 氏の 4 名共著の論文「Matrix valued Szegő polynomials and quantum random walks, arXiv:0901.2244（その後，2010 年に Communications on Pure and Applied Mathematics に掲載される）」が登場した．来るべき時が，しかもこういう形で来るのかという，複雑な気持ちで論文を読んだ．そこで開発された手法は 4 人の頭文字をとって，CGMV 法ともよばれている．

その後，2009 年 11 月に Grünbaum 氏が著者のいる横浜国大に 10 日ほど訪問し，初対面とは思えないほど文字通り豊かな議論をすることができた．そのときの議論の内容のいくつかは，さまざまに形を変えて論文となっている．その後，CMV の V = Velázquez 氏には 2010 年 6 月のドイツでの国際会議で会い，CMV の M = Moral 氏には，2011 年 5 月に開催されたスペインでの量子ウォークの国際会議で会ったが，残念ながら，CMV の C = Cantero 氏にはまだ会っていない．実は，2011 年 3 月末に東工大で鹿野豊さん（当時東工大の学生，現在分子研），瀬川悦生さん（東北大）と私の 3 人で，量子ウォーク単独テーマの国際会議としては初めての会議を企画していたが，例の東日本大震災でキャンセルとなった．すぐにやめたらどうかと連絡をくれた一人が Grünbaum 氏だが，その情報と決断の確かさは，いま思うと日本にいた我々以上であったように思う．

第4章
量子ウォークの解析手法

この章では,量子ウォークを解析するための,代表的ないくつかの手法について学ぶ.具体的には,フーリエ解析,停留位相法,母関数法である.とくに,フーリエ解析は量子ウォークの基本的な解析手法であり,それに基づく GJS 法について最初に解説をする.その後で,GJS 法を用いた,多数の点から出発するモデルの弱収束極限定理の導出について説明する.

4.1 フーリエ解析

この節では,場所ごとに量子コインが変わらない空間的に一様なモデルの場合に威力を発揮する,フーリエ解析について学習する.ただし,空間的に非一様なモデルの場合には,この手法は適用できない場合が多いので,ほかの手法を用いることを考えなければいけない.それについては後で適宜触れていく.

さて,実際に,1 次元 2 状態の量子ウォークの場合,「2 状態」に対応した「2 次」正方行列の,固有値や固有ベクトルを求める解析に帰着することができる.まず,場所 x,時刻 n での確率振幅の 2 成分ベクトルを以下で与える.

$$\Psi_n(x) = \begin{bmatrix} \Psi_n^L(x) \\ \Psi_n^R(x) \end{bmatrix} \tag{4.1}$$

また,以下 $\Psi_n(x)$ は,$|\Psi_n(x)\rangle$ のようにブラ−ケット記法で表すことがあるので注意してほしい.

このモデルの定義より,

$$\Psi_{n+1}(x) = P\Psi_n(x+1) + Q\Psi_n(x-1) \tag{4.2}$$

が成立する.ただし,

$$P + Q = U = \begin{bmatrix} a & b \\ c & d \end{bmatrix} \in \mathrm{U}(2)$$

である.さらに,確率振幅のフーリエ変換を

$$\hat{\Psi}_n(k) = \begin{bmatrix} \hat{\Psi}_n^L(k) \\ \hat{\Psi}_n^R(k) \end{bmatrix}$$

と表し，以下のように定義する．

$$\hat{\Psi}_n^j(k) = \sum_{x \in \mathbb{Z}} e^{-ikx} \Psi_n^j(x) \quad (j = L, R)$$

このとき，

$$\Psi_n^j(x) = \int_{-\pi}^{\pi} e^{ikx} \hat{\Psi}_n^j(k) \frac{dk}{2\pi} \quad (j = L, R) \tag{4.3}$$

が成り立つ．

■問題 4.1

式 (4.3) を確かめよ．

式 (4.2) より，フーリエ変換の波数空間 (k-空間) においては，量子ウォークの時間発展は以下のように簡単な形で記述される．$k \in [-\pi, \pi)$ に対して，

$$\hat{\Psi}_{n+1}(k) = U(k)\hat{\Psi}_n(k) \quad (n = 0, 1, 2, \ldots) \tag{4.4}$$

である．ここで，$U(k)$ は以下で与えられるユニタリ行列である．

$$U(k) = e^{ik}P + e^{-ik}Q = \begin{bmatrix} e^{ik}a & e^{ik}b \\ e^{-ik}c & e^{-ik}d \end{bmatrix} = \begin{bmatrix} e^{ik} & 0 \\ 0 & e^{-ik} \end{bmatrix} U$$

また，原点から出発しているこのモデルの場合には，波数空間での初期状態も以下のように与えられる．

$$\hat{\Psi}_0(k) = \begin{bmatrix} \alpha \\ \beta \end{bmatrix}$$

ただし，$\alpha, \beta \in \mathbb{C}$ は，$|\alpha|^2 + |\beta|^2 = 1$ を満たす．式 (4.4) より，時刻 n での波数空間での状態は以下のように簡単に表される．

$$\hat{\Psi}_n(k) = U(k)^n \hat{\Psi}_0(k) \tag{4.5}$$

そして，逆フーリエ変換により，その時刻 n での確率振幅は次で与えられる．

$$\Psi_n(x) = \int_{-\pi}^{\pi} e^{ikx} U(k)^n \hat{\Psi}_0(k) \frac{dk}{2\pi} \tag{4.6}$$

ユニタリ行列 $U(k)$ の二つの固有値を $\lambda_1(k)$, $\lambda_2(k)$ とし，それに対応する固有ベクトルを $v_1(k)$, $v_2(k)$ と表す．ただし，この固有ベクトルは，$H = L^2(\mathbb{K}) \otimes H_c$ の正規直交基底とする．ここで，$\mathbb{K} = [-\pi, \pi)$，$H_c = \mathbb{C}^2$ である．

このとき，$U(k)$ は以下のように表される．

$$U(k) = \lambda_1(k) |v_1(k)\rangle\langle v_1(k)| + \lambda_2(k) |v_2(k)\rangle\langle v_2(k)|$$

一方,$v_1(k)$, $v_2(k)$ が正規直交基底であることにより,
$$\langle v_i(k)|v_j(k)\rangle = \delta_{i,j}$$
が成り立つことに注意すると,以下が成立する.
$$U(k)^n = \lambda_1(k)^n |v_1(k)\rangle\langle v_1(k)| + \lambda_2(k)^n |v_2(k)\rangle\langle v_2(k)|$$
これを用いると,
$$\hat{\Psi}_n(k) = U(k)^n \hat{\Psi}_0(k)$$
$$= \lambda_1(k)^n \langle v_1(k)|\hat{\Psi}_0(k)\rangle |v_1(k)\rangle + \lambda_2(k)^n \langle v_2(k)|\hat{\Psi}_0(k)\rangle |v_2(k)\rangle \quad (4.7)$$
が得られる.一方,時刻 n,場所 x での量子ウォークの確率は,式 (4.6) を用いると,以下のように表現できる.
$$P(X_n = x) = \|\Psi_n(x)\|^2 = \Psi_n^*(x)\Psi_n(x)$$
$$= \int_{-\pi}^{\pi} \frac{dk'}{2\pi} e^{-ik'x} \hat{\Psi}_n^*(k') \int_{-\pi}^{\pi} \frac{dk}{2\pi} e^{ikx} \hat{\Psi}_n(k) \quad (4.8)$$
ゆえに,さらに次のように表される.
$$P(X_n = x) = \int_{-\pi}^{\pi} \frac{dk'}{2\pi} \int_{-\pi}^{\pi} \frac{dk}{2\pi} e^{i(k-k')x} \left(\hat{\Psi}_0^*(k') U^*(k')^n \right) \left(U(k)^n \hat{\Psi}_0(k) \right)$$
さて,X_n を時刻 n での量子ウォークとし,$f(x)$ を $\mathbb{Z}$ 上の複素数値関数とする.このとき,$f(X_n)$ の期待値は,式 (4.8) より,
$$E(f(X_n)) = \sum_{x \in \mathbb{Z}} f(x) P(X_n = x)$$
$$= \sum_{x \in \mathbb{Z}} f(x) \int_{-\pi}^{\pi} \frac{dk'}{2\pi} e^{-ik'x} \hat{\Psi}_n^*(k') \int_{-\pi}^{\pi} \frac{dk}{2\pi} e^{ikx} \hat{\Psi}_n(k)$$
となる.とくに,$f(x) = x^r$ ($r = 0, 1, 2, \ldots$) とすると,X_n の r 次モーメントが以下のように得られる.
$$E(X_n^r) = \sum_{x \in \mathbb{Z}} \int_{-\pi}^{\pi} \frac{dk'}{2\pi} e^{-ik'x} \hat{\Psi}_n^*(k') \int_{-\pi}^{\pi} \frac{dk}{2\pi} \left\{ \left(-i \frac{d}{dk} \right)^r e^{ikx} \right\} \hat{\Psi}_n(k)$$
ここで,$x \in \mathbb{Z}$ かつ $\hat{\Psi}_n(k)$ が $k \in [-\pi, \pi)$ 上の周期関数であることに注意し,部分積分を用いると,
$$\int_{-\pi}^{\pi} \frac{dk}{2\pi} \left\{ \left(-i \frac{d}{dk} \right)^r e^{ikx} \right\} \hat{\Psi}_n(k) = \int_{-\pi}^{\pi} \frac{dk}{2\pi} e^{ikx} \left(i \frac{d}{dk} \right)^r \hat{\Psi}_n(k)$$
が導かれる.これより,
$$E(X_n^r) = \int_{-\pi}^{\pi} \frac{dk}{2\pi} \hat{\Psi}_n^*(k) \left(i \frac{d}{dk} \right)^r \hat{\Psi}_n(k) \quad (4.9)$$

が得られる．同様にして，$f(x)$ が $x=0$ で解析的ならば，すなわち，$f(x) = \sum_{j=0}^{\infty} a_j x^j$ のようにテイラー展開できるなら，

$$E(f(X_n)) = \int_{-\pi}^{\pi} \frac{dk}{2\pi} \hat{\Psi}_n^*(k) f\left(i\frac{d}{dk}\right) \hat{\Psi}_n(k) \tag{4.10}$$

が得られることに注意してほしい．

4.2 GJS 法の紹介

前節のフーリエ解析の方法をもとに，Grimmett, Janson and Scudo (2004) はここで紹介する量子ウォークの極限定理に関する結果，定理 4.1 を得た．本書では，彼らの手法を，彼らの頭文字をとり，簡単に GJS 法とよぶことにする．この結果は大変強力であり，空間的に一様な量子ウォークの極限定理を得るのに役に立つ．

まず，$D = i\frac{d}{dk}$ とおく．このとき，式 (4.7) より，以下が成り立つ．

$$D^r \hat{\Psi}_n(k) = \sum_{j=1}^{2} (n)_r \lambda_j(k)^{n-r} (D\lambda_j(k))^r \langle v_j(k)|\hat{\Psi}_0(k)\rangle |v_j(k)\rangle + O(n^{r-1}) \tag{4.11}$$

ただし，$(n)_r = n(n-1)\cdots(n-r+1)$ である．また，$O(f(n))$ は，定数 $0 \le C < \infty$ が存在して，$\limsup_{n\to\infty} |O(f(n))/f(n)| \le C$ を表す．一方，式 (4.9) は，D を用いると

$$E(X_n^r) = \int_{-\pi}^{\pi} \hat{\Psi}_n^*(k) D^r \hat{\Psi}_n(k) \frac{dk}{2\pi} \tag{4.12}$$

となる．よって，式 (4.7)，式 (4.11) と式 (4.12) を組み合せると，

$$E(X_n^r) = \int_{-\pi}^{\pi} \sum_{j=1}^{2} (n)_r \lambda_j(k)^{-r} (D\lambda_j(k))^r \langle v_j(k)|\hat{\Psi}_0(k)\rangle\langle\hat{\Psi}_0(k)|v_j(k)\rangle \frac{dk}{2\pi}$$
$$+ O(n^{r-1})$$
$$= \int_{-\pi}^{\pi} \sum_{j=1}^{2} (n)_r \left(\frac{D\lambda_j(k)}{\lambda_j(k)}\right)^r |\langle v_j(k)|\hat{\Psi}_0(k)\rangle|^2 \frac{dk}{2\pi} + O(n^{r-1})$$

が導かれる．両辺を n^r で割ると，

$$E\left(\left(\frac{X_n}{n}\right)^r\right) = \int_{-\pi}^{\pi} \sum_{j=1}^{2} \frac{(n)_r}{n^r} \left(\frac{D\lambda_j(k)}{\lambda_j(k)}\right)^r |\langle v_j(k)|\hat{\Psi}_0(k)\rangle|^2 \frac{dk}{2\pi} + O(n^{-1}) \tag{4.13}$$

が得られる．ゆえに，$\Omega = \mathbb{K} \times \{1,2\}$ とおき，μ を Ω 上の確率測度で，具体的には，$\mathbb{K} \times \{j\}$ ($j=1, 2$) 上で $dk/(2\pi) \times |\langle v_j(k)|\hat{\Psi}_0(k)\rangle|^2$ によって決まる確率測度とする．さらに，

$$h_j(k) = \frac{D\lambda_j(k)}{\lambda_j(k)}$$

とおき，関数 $h\colon \Omega \to \mathbb{R}$ を $h(k,j) = h_j(k)$ で定める．以上から，式 (4.13) より以下が導かれる．

$$\lim_{n\to\infty} E((X_n/n)^r) = \int_\Omega h^r \, d\mu$$

ゆえに，モーメントの収束から導かれる次の弱収束極限定理の結果が得られる．

定理 4.1 X_n を時刻 n での量子ウォークとし，$h\colon \Omega = \mathbb{K} \times \{1,2\} \to \mathbb{R}$ を

$$h(k,j) = h_j(k) = \frac{D\lambda_j(k)}{\lambda_j(k)}$$

とする．このとき，次が成り立つ．

$$\frac{X_n}{n} \Rightarrow Y = h(Z) \quad (n \to \infty)$$

ただし，Z は分布 μ に従う Ω 上の確率変数である．

以下，アダマールウォークの場合について計算してみよう．まず，$U(k)$ は，

$$U(k) = \frac{1}{\sqrt{2}} \begin{bmatrix} e^{ik} & e^{ik} \\ e^{-ik} & -e^{-ik} \end{bmatrix}$$

となる．その固有値 $\lambda_1(k)$, $\lambda_2(k)$ は，$I = I(k) = 1 + \cos^2 k$ とおくと，

$$\lambda_1(k) = \frac{1}{\sqrt{2}}(\sqrt{I} + i\sin k), \quad \lambda_2(k) = \frac{1}{\sqrt{2}}(-\sqrt{I} + i\sin k) \qquad (4.14)$$

で得られる．したがって，$h_j(k) = D\lambda_j(k)/\lambda_j(k)$ より，

$$h_1(k) = -\frac{\cos k}{\sqrt{I}}, \quad h_2(k) = \frac{\cos k}{\sqrt{I}}$$

が得られる．さらに，$U(k)$ の固有ベクトルは，

$$v_1(k) = \sqrt{\frac{\sqrt{I} + \cos k}{2\sqrt{I}}} \begin{bmatrix} e^{ik} \\ \sqrt{I} - \cos k \end{bmatrix}, \quad v_2(k) = \sqrt{\frac{\sqrt{I} - \cos k}{2\sqrt{I}}} \begin{bmatrix} e^{ik} \\ -\sqrt{I} - \cos k \end{bmatrix}$$

となる．このとき，$\langle v_j(k) | v_j(k) \rangle = 1$ $(j=1,\,2)$ が成立している．ここで，

$$p_j(k) = \left| \langle v_j(k) | \hat{\Psi}_0(k) \rangle \right|^2 \quad (j=1,\,2)$$

とおく．

初期状態は，原点に量子ビット $\varphi = {}^T[\alpha,\beta]$ $(|\alpha|^2 + |\beta|^2 = 1)$ が置かれている場合を考えている．つまり，$\Psi_0 = \varphi \delta_0$ である．したがって，

$$p_j(k) = \left| \langle v_j(k) | \varphi \rangle \right|^2 \quad (j=1,\,2)$$

と表せる．ここで，

が成り立つことに注意してほしい．実際には，原点に量子ビットが置かれている初期状態でなくても，

$$\int_{-\pi}^{\pi} \Big(|\langle v_1(k)|\hat{\Psi}_0(k)\rangle|^2 + |\langle v_2(k)|\hat{\Psi}_0(k)\rangle|^2\Big)\frac{dk}{2\pi} = 1$$

$$p_1(k) + p_2(k) = 1 \quad (k \in [-\pi, \pi)) \tag{4.15}$$

が成立していれば，以下と同様の議論がいえる．

定理 4.1 を用いると，以下が得られる．

$$P(Y \leq y) = \int_{\{k \in [-\pi,\pi): h_1(k) \leq y\}} p_1(k)\frac{dk}{2\pi} + \int_{\{k \in [-\pi,\pi): h_2(k) \leq y\}} p_2(k)\frac{dk}{2\pi}$$

さらに，$k = k(y) \in [0, \pi)$ を $-1/\sqrt{2} < y < 1/\sqrt{2}$ での $h_1(k) = -\cos k/\sqrt{I} = y$ のただ一つの解とすると（図 4.1 を参照），

$$P(Y \leq y) = \int_{-k(y)}^{k(y)} p_1(k)\frac{dk}{2\pi} + \left(\int_{-\pi}^{-\pi+k(y)} + \int_{\pi-k(y)}^{\pi}\right) p_2(k)\frac{dk}{2\pi}$$

が成り立つ．両辺を微分すると，以下のように密度関数 $f(y)$ が得られる．

$$\begin{aligned}
f(y) &= \frac{d}{dy} P(Y \leq y) \\
&= \frac{1}{2\pi}\{p_1(k(y)) + p_1(-k(y)) + p_2(-\pi + k(y)) + p_2(\pi - k(y))\}\frac{dk(y)}{dy}
\end{aligned} \tag{4.16}$$

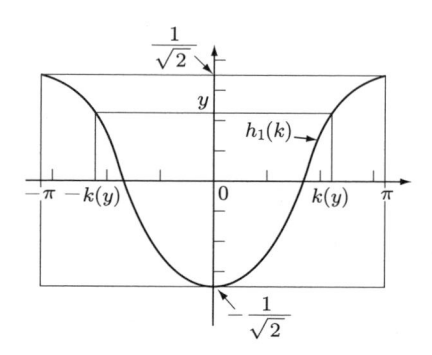

図 4.1　$h_1(k)$ のグラフ

次に，具体的に y の関数として表すことを考える．$k(y)$ の定義から，

$$h_1(k(y)) = -\frac{\cos(k(y))}{\sqrt{1 + \cos^2(k(y))}} = y$$

なので，

$$\cos(k(y)) = -\frac{y}{\sqrt{1-y^2}} \tag{4.17}$$

$$\sin(k(y)) = \sqrt{\frac{1-2y^2}{1-y^2}} \tag{4.18}$$

がわかる．次に，式 (4.17) の両辺を y で微分し，式 (4.18) を用いると，

$$\frac{dk(y)}{dy} = \frac{1}{(1-y^2)\sqrt{1-2y^2}} \tag{4.19}$$

一方，式 (4.17) から，

$$I = 1 + \cos^2(k(y)) = \frac{1}{1-y^2}$$

となる．以上から，式 (4.17)〜(4.19) と上式を用いると，以下が得られる．

$$v_1(k(y)) = \frac{1}{\sqrt{2(1+y)}} \begin{bmatrix} -y + i\sqrt{1-2y^2} \\ 1+y \end{bmatrix}$$

$$v_1(-k(y)) = \frac{1}{\sqrt{2(1+y)}} \begin{bmatrix} -y - i\sqrt{1-2y^2} \\ 1+y \end{bmatrix}$$

$$v_2(-\pi + k(y)) = \frac{1}{\sqrt{2(1+y)}} \begin{bmatrix} y - i\sqrt{1-2y^2} \\ -1-y \end{bmatrix}$$

$$v_2(\pi - k(y)) = \frac{1}{\sqrt{2(1+y)}} \begin{bmatrix} y + i\sqrt{1-2y^2} \\ -1-y \end{bmatrix}$$

これらと，式 (4.16) と式 (4.19) より，以下の求めたい結果が得られる．

$$f(y) = \{1 - (|\alpha|^2 - |\beta|^2 + \alpha\overline{\beta} + \overline{\alpha}\beta)y\} \frac{1}{\pi(1-y^2)\sqrt{1-2y^2}} I_{(-1/\sqrt{2}, 1/\sqrt{2})}(y)$$

$$= \{1 - (|\alpha|^2 - |\beta|^2 + \alpha\overline{\beta} + \overline{\alpha}\beta)y\} f_K\left(y; \frac{1}{\sqrt{2}}\right)$$

4.3 出発点が多数の場合のアダマールウォーク

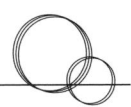

これまでは，出発点が 1 点のみの量子ウォークを扱ってきた．本節では，出発点が多数ある量子ウォークを，アダマールウォークを例に見ていく．

4.3.1 出発点が 2 点の場合

まず，GKS 法を用いて，2 点から出発したアダマールウォークの X_n/n に関する極限定理を求めてみよう．具体的には図 4.2 のように，初期状態は，$m = 1, 2, \ldots$ に対

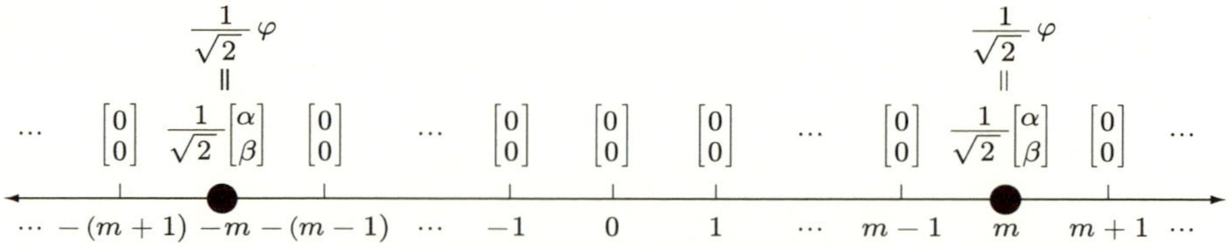

図 4.2 出発点が 2 点の場合の初期状態

して，
$$\Psi_0 = \frac{\varphi}{\sqrt{2}} \delta_{-m} + \frac{\varphi}{\sqrt{2}} \delta_m$$
とする．ただし，$\varphi = {}^T[\alpha, \beta]$ で $|\alpha|^2 + |\beta|^2 = 1$.

よって，
$$\hat{\Psi}_0(k) = \sum_{x \in \mathbb{Z}} e^{-ikx} \Psi_0(x) = \left(\frac{e^{-ikm}}{\sqrt{2}} + \frac{e^{ikm}}{\sqrt{2}} \right) \varphi = \sqrt{2} \cos(mk) \varphi$$
となり，後は同様の議論により，
$$P(Y \leq y) = \int_{-k(y)}^{k(y)} 2\cos^2(mk) \, p_1^{(1)}(k) \frac{dk}{2\pi}$$
$$+ \left(\int_{-\pi}^{-\pi+k(y)} + \int_{\pi-k(y)}^{\pi} \right) 2\cos^2(mk) \, p_2^{(1)}(k) \frac{dk}{2\pi}$$
となる．ただし，
$$p_j^{(1)}(k) = \left| \langle v_j(k) | \varphi \rangle \right|^2 \quad (j = 1, \ 2)$$
である．実は，1 点から出発した場合には，$\Psi_0 = \varphi \delta_0$ なので，$\hat{\Psi}_0(k) = \varphi$ となり，先の $p_j(k)$ と一致することに注意してほしい．すなわち，$p_j^{(1)}(k) = p_j(k)$ となる．しかし，複数点から出発する場合には一般に一致しないので，ここでは区別しておく．また，
$$\int_{-\pi}^{\pi} \left(\left| \langle v_1(k) | \hat{\Psi}_0(k) \rangle \right|^2 + \left| \langle v_2(k) | \hat{\Psi}_0(k) \rangle \right|^2 \right) \frac{dk}{2\pi}$$
$$= \int_{-\pi}^{\pi} 2\cos^2(mk) \left(p_1^{(1)}(k) + p_2^{(1)}(k) \right) \frac{dk}{2\pi}$$
$$= \int_{-\pi}^{\pi} 2\cos^2(mk) \frac{dk}{2\pi} = 1$$
が成立していることに注意してほしい．なお，2 番目の等式では，式 (4.15)，すなわち，$p_1^{(1)}(k) + p_2^{(1)}(k) = 1 \ (k \in [-\pi, \pi))$ の関係を用いた．

これより，極限の密度関数 $f^{(m)}(y)$ は，原点の 1 点から出発した場合の以下の極限密度関数

$$f_K(y) = \{1 - (|\alpha|^2 - |\beta|^2 + \alpha\overline{\beta} + \overline{\alpha}\beta)y\} f_K\left(y; \frac{1}{\sqrt{2}}\right)$$

を用いて,
$$f^{(m)}(y) = 2\cos^2(mk(y)) f_K(y)$$

と求められることがわかる．ただし, $\cos(k(y)) = -y/\sqrt{1-y^2}$ である．以上をまとめると，次の結果を得る．

定理 4.2 $m = 1, 2, \ldots$ に対して，以下のような，点 $-m$ と m の 2 点から出発した初期状態 Ψ_0 のアダマールウォーク X_n を考える．
$$\Psi_0 = \frac{\varphi}{\sqrt{2}} \delta_{-m} + \frac{\varphi}{\sqrt{2}} \delta_m$$

ただし, $\varphi = {}^T[\alpha, \beta] \in \mathbb{C}^2$ で $|\alpha|^2 + |\beta|^2 = 1$. このとき,
$$\frac{X_n}{n} \Rightarrow Z_m \quad (n \to \infty)$$

が成り立つ．ここで, Z_m の密度関数 $f^{(m)}(x)$ は,
$$f^{(m)}(x) = 2\cos^2(k(x)m) f_K(x)$$

となる．ただし,
$$\cos(k(x)) = -\frac{x}{\sqrt{1-x^2}}$$

$$f_K(x) = \frac{1 - (|\alpha|^2 - |\beta|^2 + \alpha\overline{\beta} + \overline{\alpha}\beta)x}{\pi(1-x^2)\sqrt{1-2x^2}} I_{(-1/\sqrt{2}, 1/\sqrt{2})}(x)$$
$$= \{1 - (|\alpha|^2 - |\beta|^2 + \alpha\overline{\beta} + \overline{\alpha}\beta)x\} f_K\left(x; \frac{1}{\sqrt{2}}\right)$$

である．

具体的には,
$$f^{(1)}(x) = 2\cos^2(k(x)) f_K(x) = \frac{2x^2}{1-x^2} f_K(x)$$

$$f^{(2)}(x) = 2\cos^2(2k(x)) f_K(x) = \frac{2(1-3x^2)^2}{(1-x^2)^2} f_K(x)$$

$$f^{(3)}(x) = 2\cos^2(3k(x)) f_K(x) = \frac{2x^2(3-7x^2)^2}{(1-x^2)^3} f_K(x)$$

4.3.2 出発点が $2m+1$ 点の場合

同様にして, $2m+1$ 点から出発したアダマールウォークの X_n/n に関する極限定

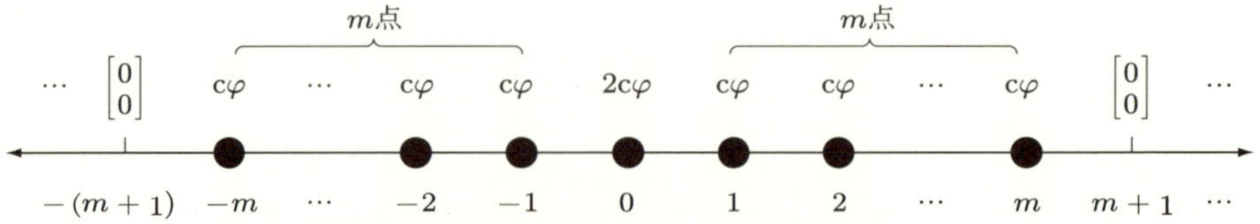

88   第4章 量子ウォークの解析手法

図 4.3 出発点が $2m+1$ 点の場合の初期状態

理を求めてみよう．初期状態は，図 4.3 のように，$m=0,1,2,\ldots$ に対して，

$$\Psi_0 = 2c\varphi\,\delta_0 + \sum_{l=1}^{m} c\varphi\,\delta_l + \sum_{l=-1}^{-m} c\varphi\,\delta_l$$

とする．ただし，$c=1/\sqrt{2(m+2)}$, $\varphi={}^T[\alpha,\beta]$ で，$|\alpha|^2+|\beta|^2=1$ である．ここで，$m=0$ の場合は，1 点から出発した場合である．

したがって，

$$\hat{\Psi}_0(k) = \sum_{x\in\mathbb{Z}} e^{-ikx}\Psi_0(x) = 2c\sum_{l=0}^{m}\cos(lk)\varphi$$

が導かれる．この後は，同じような議論により，

$$P(Y\le y) = \int_{-k(y)}^{k(y)} \frac{2}{m+2}\left\{\sum_{l=0}^{m}\cos(lm)\right\}^2 p_1^{(1)}(k)\frac{dk}{2\pi}$$
$$+ \left(\int_{-\pi}^{-\pi+k(y)} + \int_{\pi-k(y)}^{\pi}\right)\frac{2}{m+2}\left\{\sum_{l=0}^{m}\cos(lm)\right\}^2 p_2^{(1)}(k)\frac{dk}{2\pi}$$

となる．ただし，

$$p_j^{(1)}(k) = \left|\langle v_j(k)|\varphi\rangle\right|^2 \quad (j=1,\ 2)$$

である．ここでも，1 点から出発した場合には，$\Psi_0=\varphi\delta_0$ なので，$\hat{\Psi}_0(k)=\varphi$ となり，先の $p_j(k)$ と一致することに注意してほしい．すなわち，$p_j^{(1)}(k)=p_j(k)$ となる．これより，極限の密度関数 $g^{(m)}(y)$ は，原点の 1 点から出発した場合の以下の極限密度関数

$$f_K(y) = \{1 - (|\alpha|^2 - |\beta|^2 + \alpha\overline{\beta} + \overline{\alpha}\beta)y\}f_K\!\left(y;\frac{1}{\sqrt{2}}\right)$$

を用いて，

$$g^{(m)}(y) = \frac{1}{m+2}\left[\left\{\sum_{l=0}^{m}\cos(lk(y))\right\}^2 + \left\{\sum_{l=0}^{m}\cos(l\{k(y)-\pi\})\right\}^2\right]f_K(y)$$

と求められることがわかる．ただし，$\cos(k(y))=-y/\sqrt{1-y^2}$ である．以上をまとめると，次の結果を得る．

定理 4.3 $m = 0, 1, 2, \ldots$ に対して，以下のような，点 $-m, -(m-1), \ldots, m-1, m$ の $2m+1$ 点から出発した初期状態 Ψ_0 のアダマールウォーク X_n を考える．$c = 1/\sqrt{2(m+2)}$ とおき，

$$\Psi_0 = 2c\varphi\,\delta_0 + \sum_{l=1}^{m} c\varphi\,\delta_l$$

とする．ただし，$\varphi = {}^T[\alpha, \beta] \in \mathbb{C}^2$ で $|\alpha|^2 + |\beta|^2 = 1$．このとき，

$$\frac{X_n}{n} \Rightarrow W_m \quad (n \to \infty)$$

が成り立つ．ここで，W_m の密度関数 $g^{(m)}(x)$ は，

$$g^{(m)}(x) = \frac{1}{m+2}\left[\left\{\sum_{l=0}^{m} \cos(lk(x))\right\}^2 + \left\{\sum_{l=0}^{m} \cos(l\{k(x)-\pi\})\right\}^2\right] f_K(x)$$

となる．ただし，

$$\cos(k(x)) = -\frac{x}{\sqrt{1-x^2}}$$

$$f_K(x) = \frac{1 - (|\alpha|^2 - |\beta|^2 + \alpha\overline{\beta} + \overline{\alpha}\beta)x}{\pi(1-x^2)\sqrt{1-2x^2}}\, I_{(-1/\sqrt{2},\,1/\sqrt{2})}(x)$$

$$= \{1 - (|\alpha|^2 - |\beta|^2 + \alpha\overline{\beta} + \overline{\alpha}\beta)x\} f_K\left(x; \frac{1}{\sqrt{2}}\right)$$

である．

具体的には，$m = 1, 2, 3$ に対して，$g^{(m)}(x)$ は次のようになる．

$$g^{(1)}(x) = \frac{\cos(2k(x)) + 3}{3} f_K(x) = \frac{2}{3(1-x^2)} f_K(x)$$

$$g^{(2)}(x) = \frac{\cos(4k(x)) + 5\cos(2k(x)) + 4}{4} f_K(x) = \frac{x^2(3x^2+1)}{2(1-x^2)^2} f_K(x)$$

$$g^{(3)}(x) = \frac{4\cos^2(k(x))\{\cos(4k(x)) + \cos(2k(x)) + 2\}}{5} f_K(x)$$

$$= \frac{8x^2(8x^4 - 5x^2 + 1)}{5(1-x^2)^3} f_K(x)$$

4.4 停留位相法

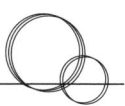

本節では，**停留位相法**（stationary phase method）を用いた，前節で得られた原点から出発したアダマールウォークの弱収束極限定理を求める方法を紹介する．停留

位相法は，量子ウォークの漸近挙動を色々と調べるには，強力な手法である．

最初に，式 (4.6) と式 (4.7) より，以下が得られることに注意してほしい．

$$\Psi_n(x) = \frac{1}{2\pi} \int_{-\pi}^{\pi} \langle v_1(k) | \hat{\Psi}_0(k) \rangle \lambda_1(k)^n | v_1(k) \rangle e^{ikx} \, dk$$
$$+ \frac{1}{2\pi} \int_{-\pi}^{\pi} \langle v_2(k) | \hat{\Psi}_0(k) \rangle \lambda_2(k)^n | v_2(k) \rangle e^{ikx} \, dk$$

ゆえに，各成分ごと具体的に次のように表されることがわかる．

補題 4.1 アダマールウォークを考える．式 (4.1) の $\Psi_n^L(x)$, $\Psi_n^R(x)$ について，次が成り立つ．

$$\Psi_n^L(x) = \frac{1}{2\pi} \int_{-\pi}^{\pi} \eta_1(k) \lambda_1(k)^n \sqrt{\frac{\sqrt{I} + \cos k}{2\sqrt{I}}} \, e^{ik} e^{ikx} \, dk$$
$$+ \frac{1}{2\pi} \int_{-\pi}^{\pi} \eta_2(k) \lambda_2(k)^n \sqrt{\frac{\sqrt{I} - \cos k}{2\sqrt{I}}} \, e^{ik} e^{ikx} \, dk$$

$$\Psi_n^R(x) = \frac{1}{2\pi} \int_{-\pi}^{\pi} \eta_1(k) \lambda_1(k)^n \sqrt{\frac{\sqrt{I} + \cos k}{2\sqrt{I}}} \, (\sqrt{I} - \cos k) e^{ikx} \, dk$$
$$+ \frac{1}{2\pi} \int_{-\pi}^{\pi} \eta_2(k) \lambda_2(k)^n \sqrt{\frac{\sqrt{I} - \cos k}{2\sqrt{I}}} \, (-\sqrt{I} - \cos k) e^{ikx} \, dk$$

ただし，$\eta_1(k)$ と $\eta_2(k)$ は，

$$\eta_1(k) = \langle v_1(k) | \hat{\Psi}_0(k) \rangle = \sqrt{\frac{\sqrt{I} + \cos k}{2\sqrt{I}}} \left\{ e^{-ik} \alpha + (\sqrt{I} - \cos k) \beta \right\}$$

$$\eta_2(k) = \langle v_2(k) | \hat{\Psi}_0(k) \rangle = \sqrt{\frac{\sqrt{I} - \cos k}{2\sqrt{I}}} \left\{ e^{-ik} \alpha - (\sqrt{I} + \cos k) \beta \right\}$$

となる．ここで，α, β は原点での初期量子ビット $\varphi = {}^T[\alpha, \beta]$ の各成分である．

次に，$|\lambda_j(k)| = 1$ に注意すると，$j = 1, 2$ に対して，
$$\log(\lambda_j(k)) = i \arg(\lambda_j(k))$$
が得られる．したがって，
$$\lambda_j(k)^n = e^{n \log(\lambda_j(k))} = e^{in \arg(\lambda_j(k))}$$
となる．X_n/n に関する弱収束極限定理を得るために，$y = x/n$ とおく．補題 4.1 を用いると，以下が得られる．

$$\Psi_n^L(x) = \frac{1}{2\pi} \int_{-\pi}^{\pi} \eta_1(k) \sqrt{\frac{\sqrt{I}+\cos k}{2\sqrt{I}}} \, e^{ik} e^{in\{\arg(\lambda_1(k))+yk\}} \, dk$$

$$+ \frac{1}{2\pi} \int_{-\pi}^{\pi} \eta_2(k) \sqrt{\frac{\sqrt{I}-\cos k}{2\sqrt{I}}} \, e^{ik} e^{in\{\arg(\lambda_2(k))+yk\}} \, dk$$

$$\Psi_n^R(x) = \frac{1}{2\pi} \int_{-\pi}^{\pi} \eta_1(k) \sqrt{\frac{\sqrt{I}+\cos k}{2\sqrt{I}}} \, (\sqrt{I}-\cos k) e^{in\{\arg(\lambda_1(k))+yk\}} \, dk$$

$$+ \frac{1}{2\pi} \int_{-\pi}^{\pi} \eta_2(k) \sqrt{\frac{\sqrt{I}-\cos k}{2\sqrt{I}}} \, (-\sqrt{I}-\cos k) e^{in\{\arg(\lambda_2(k))+yk\}} \, dk$$

停留位相法とは，以下の結果を用いて，漸近挙動を調べることである[†].

補題 4.2 $h(x)$ を $[a,b]$ 上の $\mathbb{R}$-値関数で，$h'(c)=0$ かつ $h''(c) \neq 0$ なるただ一つの解 $c \in (a,b)$ をもつものとする．このとき，次が成り立つ．

$$\int_a^b g(x) e^{ith(x)} dx = e^{\pm i\pi/4} \sqrt{\frac{2\pi}{|h''(c)|t}} \, g(c) \, e^{ith(c)} + o\left(\frac{1}{\sqrt{t}}\right) \quad (t \to \infty)$$

ただし，右辺の $e^{\pm i\pi/4}$ については，$h''(c)>0$ のとき，$e^{i\pi/4}$ を，一方，$h''(c)<0$ のとき，$e^{-i\pi/4}$ を採用する．また，$o(f(t))$ は $\lim_{t \to \infty} o(f(t))/f(t)=0$ を表す．

ここで，
$$f_j(k) = \arg(\lambda_j(k)) + yk \quad (j=1,\,2)$$

とおく．また，議論を簡単にするために，一般性を失うことなく，$y \in (0, 1/\sqrt{2})$ と仮定する．このとき，$f_1'(\theta)=0$ は二つの解 $\theta_1 \in (\pi/2, \pi)$ と $-\theta_1$ をもち，以下が成り立つ．

$$\cos\theta_1 = -\frac{y}{\sqrt{1-y^2}}, \quad \sin\theta_1 = \sqrt{\frac{1-2y^2}{1-y^2}}$$

$$f_1''(\theta_1) = -(1-y^2)\sqrt{1-2y^2} = -f_1''(-\theta_1)$$

ここで，$I = 1+\cos^2\theta_1 = 1/(1-y^2)$ の関係を用いた．また，

$$\frac{d}{dk} f_j(k) = -h_j(k) + y$$

なので，$df_1(k)/dk=0$ と $h_1(k)=y$ とは同値である．そして，$\theta_1=k(y)$ が成り立つ．ただし，$k(y)$ は前節で定義された関数である．ゆえに，

$$\cos\theta_1 = -\frac{y}{\sqrt{1-y^2}} = \cos(k(y)), \quad \sin\theta_1 = \sqrt{\frac{1-2y^2}{1-y^2}} = \sin(k(y))$$

[†] たとえば，志賀 (2000) を参照のこと．

が得られる．同様に，$f_2'(\theta) = 0$ は二つの解 $\theta_2 \in (0, \pi/2)$ と $-\theta_2$ をもち，$I = 1 + \cos^2\theta_2 = 1/(1-y^2)$ を用いると，

$$\cos\theta_2 = \frac{y}{\sqrt{1-y^2}}, \quad \sin\theta_2 = \sqrt{\frac{1-2y^2}{1-y^2}}$$

$$f_2''(\theta_2) = (1-y^2)\sqrt{1-2y^2} = -f_2''(-\theta_2)$$

が得られる．ここで，

$$e^{i\phi} = \lambda_1(\theta_1) = \frac{1 + i\sqrt{1-2y^2}}{\sqrt{2(1-y^2)}}$$

とおくと，補題 4.2 から，以下が導かれる．

補題 4.3 $y \in (-1/\sqrt{2}, 1/\sqrt{2})$ に対して，次が成り立つ．

$$\Psi_n^L(y) = \frac{1}{4\pi}\sqrt{\frac{2\pi}{n(1-y^2)\sqrt{1-2y^2}}}$$

$$\times \left[e^{-i\pi/4}\left\{(1-y)\alpha - (y - i\sqrt{1-2y^2})\beta\right\}e^{i\phi n}\left\{e^{i\theta_1 yn} + (-1)^n e^{-i\theta_2 yn}\right\}\right.$$

$$\left.+ e^{i\pi/4}\left\{(1-y)\alpha - (y + i\sqrt{1-2y^2})\beta\right\}e^{-i\phi n}\left\{e^{-i\theta_1 yn} + (-1)^n e^{i\theta_2 yn}\right\}\right]$$

$$+ o\left(\frac{1}{\sqrt{n}}\right)$$

$$\Psi_n^R(y) = \frac{1}{4\pi}\sqrt{\frac{2\pi}{n(1-y^2)\sqrt{1-2y^2}}}$$

$$\times \left[e^{-i\pi/4}\left\{-(y + i\sqrt{1-2y^2})\alpha + (1+y)\beta\right\}e^{i\phi n}\left\{e^{i\theta_1 yn} + (-1)^n e^{-i\theta_2 yn}\right\}\right.$$

$$\left.+ e^{i\pi/4}\left\{-(y - i\sqrt{1-2y^2})\alpha + (1+y)\beta\right\}e^{-i\phi n}\left\{e^{-i\theta_1 yn} + (-1)^n e^{i\theta_2 yn}\right\}\right]$$

$$+ o\left(\frac{1}{\sqrt{n}}\right)$$

補題 4.3 から，$\xi \in \mathbb{R}$ とすると，以下が得られる．

$$\lim_{n\to\infty}\int_{-1/\sqrt{2}}^{1/\sqrt{2}} e^{i\xi y}|\Psi_n^L(y)|^2 dy$$

$$= \int_{-1/\sqrt{2}}^{1/\sqrt{2}} e^{i\xi y}\{1 - (|\alpha|^2 - |\beta|^2 + \alpha\overline{\beta} + \overline{\alpha}\beta)y\}\frac{1-y}{2\pi(1-y^2)\sqrt{1-2y^2}} dy$$

$$= \int_{-1/\sqrt{2}}^{1/\sqrt{2}} e^{i\xi y}\{1 - (|\alpha|^2 - |\beta|^2 + \alpha\overline{\beta} + \overline{\alpha}\beta)y\}\frac{1-y}{2} f_K\left(y; \frac{1}{\sqrt{2}}\right) dy$$

$$\lim_{n\to\infty} \int_{-1/\sqrt{2}}^{1/\sqrt{2}} e^{i\xi y} |\Psi_n^R(y)|^2 \, dy$$

$$= \int_{-1/\sqrt{2}}^{1/\sqrt{2}} e^{i\xi y} \{1 - (|\alpha|^2 - |\beta|^2 + \alpha\overline{\beta} + \overline{\alpha}\beta)y\} \frac{1+y}{2\pi(1-y^2)\sqrt{1-2y^2}} \, dy$$

$$= \int_{-1/\sqrt{2}}^{1/\sqrt{2}} e^{i\xi y} \{1 - (|\alpha|^2 - |\beta|^2 + \alpha\overline{\beta} + \overline{\alpha}\beta)y\} \frac{1+y}{2} f_K\left(y; \frac{1}{\sqrt{2}}\right) dy$$

ゆえに，

$$\lim_{n\to\infty} E\left(e^{i\xi X_n/n}\right) = \lim_{n\to\infty} \int_{\mathbb{R}} e^{i\xi y} P(X_n = y) \, dy$$

$$= \lim_{n\to\infty} \int_{\mathbb{R}} e^{i\xi y} \left(|\Psi_n^L(y)|^2 + |\Psi_n^R(y)|^2\right) dy$$

$$= \int_{-1/\sqrt{2}}^{1/\sqrt{2}} e^{i\xi y} \{1 - (|\alpha|^2 - |\beta|^2 + \alpha\overline{\beta} + \overline{\alpha}\beta)y\} \frac{1}{2\pi(1-y^2)\sqrt{1-2y^2}} \, dy$$

$$= \int_{-1/\sqrt{2}}^{1/\sqrt{2}} e^{i\xi y} \{1 - (|\alpha|^2 - |\beta|^2 + \alpha\overline{\beta} + \overline{\alpha}\beta)y\} f_K\left(y; \frac{1}{\sqrt{2}}\right) dy$$

このようにして，アダマールウォークの弱収束極限定理を得ることができた．

4.5 母関数法

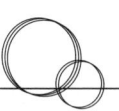

フーリエ解析と停留位相法は，基本的には，空間に依存しない量子ウォークの解析には強力な手法であったが，この節で紹介する母関数法は，空間に依存する量子ウォークを扱うときにも適用できる場合がある．

まず，場所 x に依存する量子コインを以下の U_x とする．

$$U_x = \begin{bmatrix} a_x & b_x \\ c_x & d_x \end{bmatrix}$$

ただし，$a_x b_x c_x d_x \neq 0$ を仮定しておこう．また，$\triangle_x = \det U_x$ とおく．

$F^{(+)}(x,n)$ を，場所 x から出発し，$\{y \in \mathbb{Z} : y \geq x\}$ の領域だけを移動し，時刻 n で「初めて」x に戻るパスの重みすべての和とする．たとえば，

$$F^{(+)}(x,2) = P_{x+1}Q_x, \quad F^{(+)}(x,4) = P_{x+1}P_{x+2}Q_{x+1}Q_x$$

である．実際，$F^{(+)}(x,4)$ のパスは図 4.4 のようになる．

実は，各パスは定義より，Q_x ではじまり P_{x+1} で終わる形をしているので，ある $f^{(+)}(x,n)$ ($\in \mathbb{C}$) が存在して，

$$F^{(+)}(x,n) = f^{(+)}(x,n) R_x \tag{4.20}$$

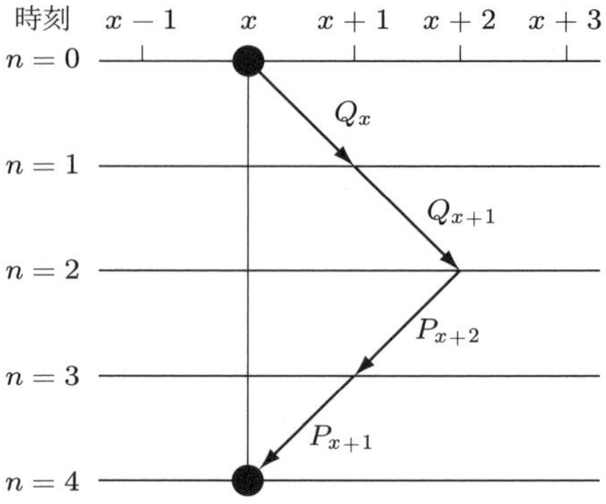

図4.4 $F^{(+)}(x,4)$ のパス

と表されることがわかる．ただし，

$$R_x = \begin{bmatrix} c_x & d_x \\ 0 & 0 \end{bmatrix}$$

である．実際，

$$F^{(+)}(x,2) = P_{x+1}Q_x = b_{x+1}R_x$$
$$F^{(+)}(x,4) = P_{x+1}P_{x+2}Q_{x+1}Q_x = a_{x+1}d_{x+1}b_{x+2}R_x$$

なので，$f^{(+)}(x,2) = b_{x+1}$, $f^{(+)}(x,4) = a_{x+1}d_{x+1}b_{x+2}$ となる．ここで，$F^{(+)}(x,n)$ の時刻 n に関する以下の母関数 $\widetilde{F}_x^{(+)}(z)$ を導入する．

$$\widetilde{F}_x^{(+)}(z) = \sum_{n=2}^{\infty} F^{(+)}(x,n) z^n$$

さらに，

$$\widetilde{f}_x^{(+)}(z) = \sum_{n=2}^{\infty} f^{(+)}(x,n) z^n$$

とおく．ここで，$\widetilde{F}_x^{(+)}(0) = O_2$, $\widetilde{f}_x^{(+)}(0) = 0$ に注意してほしい．ただし，O_n は $n \times n$ のゼロ行列である．よって，式 (4.20) より，

$$\widetilde{F}_x^{(+)}(z) = \sum_{n=2}^{\infty} f^{(+)}(x,n) R_x z^n = \widetilde{f}_x^{(+)}(z) R_x$$

と表せることが導かれる．具体的には，

$$\widetilde{F}_x^{(+)}(z) = \widetilde{f}_x^{(+)}(z) \begin{bmatrix} c_x & d_x \\ 0 & 0 \end{bmatrix} \tag{4.21}$$

となる．

同様に，$F^{(-)}(x,n)$ を，場所 x から出発し，$\{y \in \mathbb{Z} : y \leq x\}$ の領域だけを移動し，時

4.5 母関数法

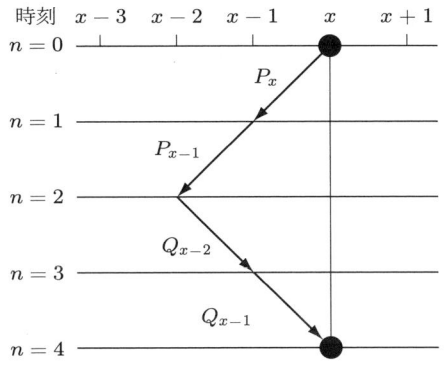

図 4.5 $F^{(-)}(x,4)$ のパス

刻 n で初めて x に戻るパスの重みすべての和とする．たとえば，
$$F^{(-)}(x,2) = Q_{x-1}P_x, \quad F^{(-)}(x,4) = Q_{x-1}Q_{x-2}P_{x-1}P_x$$
である．実際，$F^{(-)}(x,4)$ のパスは図 4.5 のようになる．

今度は，各パスは定義より，P_x ではじまり Q_{x-1} で終わる形をしているので，ある $f^{(-)}(x,n)\ (\in \mathbb{C})$ が存在して，
$$F^{(-)}(x,n) = f^{(-)}(x,n)S_x \tag{4.22}$$
と表されることがわかる．ただし，
$$S_x = \begin{bmatrix} 0 & 0 \\ a_x & b_x \end{bmatrix}$$
である．実際，
$$F^{(-)}(x,2) = Q_{x-1}P_x = c_{x-1}S_x$$
$$F^{(-)}(x,4) = Q_{x-1}Q_{x-2}P_{x-1}P_x = a_{x-1}d_{x-1}c_{x-2}S_x$$
なので，$f^{(-)}(x,2) = c_{x-1}$，$f^{(-)}(x,4) = a_{x-1}d_{x-1}c_{x-2}$ となる．ここで，$F^{(-)}(x,n)$ の時刻 n に関する以下の母関数を導入する．
$$\widetilde{F}_x^{(-)}(z) = \sum_{n=2}^{\infty} F^{(-)}(x,n)z^n$$
さらに，
$$\widetilde{f}_x^{(-)}(z) = \sum_{n=2}^{\infty} f^{(-)}(x,n)z^n$$
とおく．ここで，$\widetilde{F}_x^{(-)}(0) = O_2$，$\widetilde{f}_x^{(-)}(0) = 0$ に注意してほしい．したがって，式 (4.22) より，

$$\widetilde{F}_x^{(-)}(z) = \sum_{n=2}^{\infty} f^{(-)}(x,n) S_x z^n = \widetilde{f}_x^{(-)}(z) S_x$$

と表せることが導かれる．具体的には，

$$\widetilde{F}_x^{(-)}(z) = \widetilde{f}_x^{(-)}(z) \begin{bmatrix} 0 & 0 \\ a_x & b_x \end{bmatrix} \tag{4.23}$$

となる．

次に，$\Xi^{(+)}(x,n)$ を，場所 x から出発し，$\{y \in \mathbb{Z} : y \geq x\}$ の領域だけを移動し，時刻 n で x に「必ずしも初めてではなく」戻るパスの重みすべての和とする．たとえば，

$$\Xi^{(+)}(x,2) = P_{x+1} Q_x$$
$$\Xi^{(+)}(x,4) = P_{x+1} P_{x+2} Q_{x+1} Q_x + P_{x+1} Q_x P_{x+1} Q_x$$

である．実際 $\Xi^{(+)}(x,4)$ の二つのパスは図 4.6 のようになる．

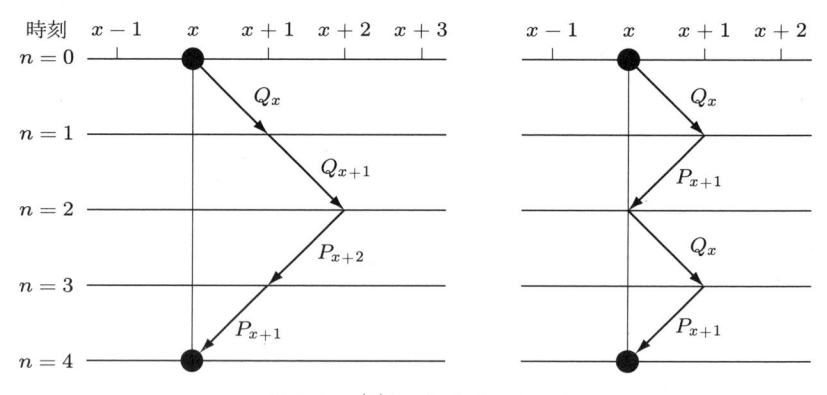

図 4.6 $\Xi^{(+)}(x,4)$ の二つのパス

ここで，$\Xi^{(+)}(x,n)$ の時刻 n に関する以下の母関数を導入する．

$$\widetilde{\Xi}_x^{(+)}(z) = \sum_{n=0}^{\infty} \Xi^{(+)}(x,n) z^n$$

このときは，$n=0$ から和をとっていることに注意してほしい．

以下，$\widetilde{\Xi}_x^{(+)}(z)$ と $\widetilde{F}_x^{(+)}(z)$ の関係を考える．まず，それぞれの定義から，

$$\Xi^{(+)}(x,2) = F^{(+)}(x,2)$$
$$\Xi^{(+)}(x,4) = F^{(+)}(x,4) + F^{(+)}(x,2)^2$$
$$\Xi^{(+)}(x,6) = F^{(+)}(x,6) + F^{(+)}(x,4) F^{(+)}(x,2)$$
$$\qquad\qquad + F^{(+)}(x,2) F^{(+)}(x,4) + F^{(+)}(x,2)^3$$

の関係に注意すると，

$$\widetilde{\Xi}_x^{(+)}(z) = I + \widetilde{F}_x^{(+)}(z) + \left(\widetilde{F}_x^{(+)}(z)\right)^2 + \cdots = I + \widetilde{F}_x^{(+)}(z)\widetilde{\Xi}_x^{(+)}(z)$$

が得られる．ここで，$I = I_2$ は 2×2 の単位行列である．ゆえに，

$$\widetilde{\Xi}_x^{(+)}(z) = \left(I - \widetilde{F}_x^{(+)}(z)\right)^{-1}$$

となる．式 (4.21) より，

$$\widetilde{\Xi}_x^{(+)}(z) = \frac{1}{1 - c_x \widetilde{f}_x^{(+)}(z)} \begin{bmatrix} 1 & d_x \widetilde{f}_x^{(+)}(z) \\ 0 & 1 - c_x \widetilde{f}_x^{(+)}(z) \end{bmatrix} \qquad (4.24)$$

がわかる．さらに，定義から

$$\widetilde{F}_x^{(+)}(z) = zP_{x+1}\widetilde{\Xi}_{x+1}^{(+)}(z)\, zQ_x \qquad (4.25)$$

が導かれるので，式 (4.25) に式 (4.21) と式 (4.24) を代入をすると，

$$\widetilde{f}_x^{(+)}(z) = \frac{z^2(\triangle_{x+1}\widetilde{f}_{x+1}^{(+)}(z) + b_{x+1})}{1 - c_{x+1}\widetilde{f}_{x+1}^{(+)}(z)}$$

である．この式より，$\{\widetilde{f}_y^{(+)}(z) : y = x, x+1, x+2, \dots\}$ の以下の連分数展開が得られる．

$$\widetilde{f}_x^{(+)}(z) = -\frac{z^2 \triangle_{x+1}}{c_{x+1}}\left(1 - \frac{|a_{x+1}|^2}{1 - c_{x+1}\widetilde{f}_{x+1}^{(+)}(z)}\right) \qquad (4.26)$$

同様に，$\Xi^{(-)}(x,n)$ を，場所 x から出発し，$\{y \in \mathbb{Z} : y \leq x\}$ の領域だけを移動し，時刻 n で x に戻るパスの重みすべての和とする．たとえば，

$$\Xi^{(-)}(x,2) = Q_{x-1}P_x$$

$$\Xi^{(-)}(x,4) = Q_{x-1}Q_{x-2}P_{x-1}P_x + Q_{x-1}P_xQ_{x-1}P_x$$

である．実際，$\Xi^{(-)}(x,4)$ の二つのパスは図 4.7 のようになる．

ここで，$\Xi^{(-)}(x,n)$ の時刻 n に関する以下の母関数を導入する．

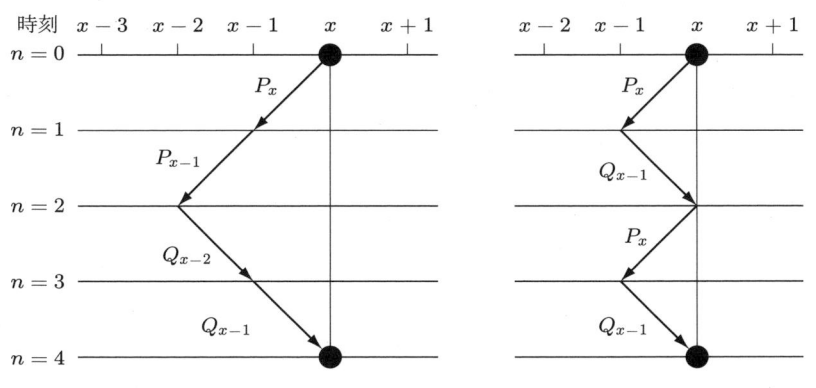

図 4.7　$\Xi^{(-)}(x,4)$ の二つのパス

$$\widetilde{\Xi}_x^{(-)}(z) = \sum_{n=0}^{\infty} \Xi^{(-)}(x,n) z^n$$

このときも，$n=0$ から和をとっていることに注意してほしい．同じような議論から，

$$\widetilde{\Xi}_x^{(-)}(z) = I + \widetilde{F}_x^{(-)}(z) + \left(\widetilde{F}_x^{(-)}(z)\right)^2 + \cdots = I + \widetilde{F}_x^{(-)}(z) \widetilde{\Xi}_x^{(-)}(z)$$

が得られるので，

$$\widetilde{\Xi}_x^{(-)}(z) = \left(I - \widetilde{F}_x^{(-)}(z)\right)^{-1}$$

となり，式 (4.23) より，

$$\widetilde{\Xi}_x^{(-)}(z) = \frac{1}{1 - b_x \widetilde{f}_x^{(-)}(z)} \begin{bmatrix} 1 - b_x \widetilde{f}_x^{(-)}(z) & 0 \\ a_x \widetilde{f}_x^{(-)}(z) & 1 \end{bmatrix} \tag{4.27}$$

がわかる．さらに，定義から

$$\widetilde{F}_x^{(-)}(z) = z Q_{x-1} \widetilde{\Xi}_{x-1}^{(-)}(z) z P_x \tag{4.28}$$

が導かれるので，式 (4.28) に式 (4.23) と式 (4.27) を代入をすると，$\{\widetilde{f}_y^{(-)}(z) : y = x, x-1, x-2, \ldots\}$ の以下の連分数展開が得られる．

$$\widetilde{f}_x^{(-)}(z) = -\frac{z^2 \Delta_{x-1}}{b_{x-1}} \left(1 - \frac{|d_{x-1}|^2}{1 - b_{x-1} \widetilde{f}_{x-1}^{(-)}(z)}\right) \tag{4.29}$$

次に，$\Xi(x,n)$ を「原点から」出発して時刻 n に場所 x に到達するパスの重みすべての和とし，その時刻 n に関する母関数を以下のように導入する．

$$\widetilde{\Xi}_x(z) = \sum_{n=0}^{\infty} \Xi(x,n) z^n$$

最初に，$x=0$ の場合について考える．$\widetilde{\Xi}_0(z)$ と $\widetilde{F}_0^{(\pm)}(z)$ の関係から，

$$\widetilde{\Xi}_0(z) = I + \left(\widetilde{F}_0^{(+)}(z) + \widetilde{F}_0^{(-)}(z)\right) + \left(\widetilde{F}_0^{(+)}(z) + \widetilde{F}_0^{(-)}(z)\right)^2 + \cdots$$
$$= I + \left(\widetilde{F}_0^{(+)}(z) + \widetilde{F}_0^{(-)}(z)\right) \widetilde{\Xi}_0(z)$$

が導かれる．また，式 (4.21) と式 (4.23) より，

$$\widetilde{F}_0^{(+)}(z) + \widetilde{F}_0^{(-)}(z) = \begin{bmatrix} c_0 \widetilde{f}_0^{(+)}(z) & d_0 \widetilde{f}_0^{(+)}(z) \\ a_0 \widetilde{f}_0^{(-)}(z) & b_0 \widetilde{f}_0^{(-)}(z) \end{bmatrix}$$

である．したがって，

$$\widetilde{\Xi}_0(z) = \frac{1}{\gamma(z)} \begin{bmatrix} 1 - b_0 \widetilde{f}_0^{(-)}(z) & d_0 \widetilde{f}_0^{(+)}(z) \\ a_0 \widetilde{f}_0^{(-)}(z) & 1 - c_0 \widetilde{f}_0^{(+)}(z) \end{bmatrix} \tag{4.30}$$

が成り立つ．ただし，

$$\gamma(z) = 1 - c_0 \widetilde{f}_0^{(+)}(z) - b_0 \widetilde{f}_0^{(-)}(z) - \Delta_0 \widetilde{f}_0^{(+)}(z) \widetilde{f}_0^{(-)}(z)$$

である.

次に, $x \geq 1$ の場合を考える. このとき, 定義より

$$\widetilde{\Xi}_x(z) = \widetilde{\Xi}_x^{(+)}(z)\, zQ_{x-1}\, \widetilde{\Xi}_{x-1}(z) \tag{4.31}$$

が成り立つことに注意する. さらに, $0 \leq y \leq x$ に対して,

$$|u_y^{(+)}\rangle = \begin{bmatrix} \widetilde{\lambda}_y^{(+)}(z)\widetilde{f}_y^{(+)}(z) \\ z \end{bmatrix}, \quad |v_y^{(+)}\rangle = \begin{bmatrix} \overline{c}_y \\ \overline{d}_y \end{bmatrix}$$

とおく. ただし, $\widetilde{\lambda}_y^{(+)}(z) = zd_y/\{1 - c_y \widetilde{f}_y^{(+)}(z)\}$ である. このとき,

$$\langle v_y^{(+)}, u_y^{(+)}\rangle = \widetilde{\lambda}_y^{(+)}(z) \tag{4.32}$$

が成り立つ. ここで, 式 (4.24) を用いると,

$$\widetilde{\Xi}_x^{(+)}(z)\, zQ_{x-1} = |u_x^{(+)}\rangle\langle v_{x-1}^{(+)}| \tag{4.33}$$

が確かめられる. よって, 式 (4.31)〜(4.33) から, $\widetilde{\Xi}_x(z)$ は以下のように表される.

$$\begin{aligned}
\widetilde{\Xi}_x(z) &= |u_x^{(+)}\rangle\langle v_{x-1}^{(+)}|\widetilde{\Xi}_{x-1}(z) \\
&= |u_x^{(+)}\rangle\langle v_{x-1}^{(+)}|u_{x-1}^{(+)}\rangle \cdots \langle v_1^{(+)}|u_1^{(+)}\rangle\langle v_0^{(+)}|\widetilde{\Xi}_0(z) \\
&= \langle v_{x-1}^{(+)}|u_{x-1}^{(+)}\rangle \cdots \langle v_1^{(+)}|u_1^{(+)}\rangle|u_x^{(+)}\rangle\langle v_0^{(+)}|\widetilde{\Xi}_0(z) \\
&= \widetilde{\lambda}_{x-1}^{(+)}(z) \cdots \widetilde{\lambda}_1^{(+)}(z) \begin{bmatrix} \widetilde{\lambda}_x^{(+)}(z)\widetilde{f}_x^{(+)}(z) \\ z \end{bmatrix} [c_0\ d_0] \widetilde{\Xi}_0(z)
\end{aligned}$$

ただし, $x = 1$ の場合は, 次のようになる.

$$\widetilde{\Xi}_1(z) = \begin{bmatrix} \widetilde{\lambda}_1^{(+)}(z)\widetilde{f}_1^{(+)}(z) \\ z \end{bmatrix} [c_0\ d_0] \widetilde{\Xi}_0(z)$$

同様にして, $x \leq -1$ の場合も, 対応する結果を下記のように得ることができる. まず,

$$\widetilde{\Xi}_x(z) = \widetilde{\Xi}_x^{(-)}(z)\, zP_{x+1}\, \widetilde{\Xi}_{x+1}(z) \tag{4.34}$$

が成り立つことに注意する. さらに, $x \leq y \leq 0$ に対して,

$$|u_y^{(-)}\rangle = \begin{bmatrix} z \\ \widetilde{\lambda}_y^{(-)}(z)\widetilde{f}_y^{(-)}(z) \end{bmatrix}, \quad |v_y^{(-)}\rangle = \begin{bmatrix} \overline{a}_y \\ \overline{b}_y \end{bmatrix}$$

とおく. ただし, $\widetilde{\lambda}_y^{(-)}(z) = za_y/\{1 - b_y \widetilde{f}_y^{(-)}(z)\}$ である. このとき,

$$\langle v_y^{(-)}, u_y^{(-)}\rangle = \widetilde{\lambda}_y^{(-)}(z) \tag{4.35}$$

が成り立つ. ここで, 式 (4.27) を用いると,

$$\widetilde{\Xi}_x^{(-)}(z)\, zP_{x+1} = |u_x^{(-)}\rangle\langle v_{x+1}^{(-)}| \tag{4.36}$$

が確かめられる．よって，式 (4.34)〜(4.36) から，$\widetilde{\Xi}_x(z)$ は以下のように表される．

$$\widetilde{\Xi}_x(z) = |u_x^{(-)}\rangle\langle v_{x+1}^{(-)}|\widetilde{\Xi}_{x+1}(z)$$
$$= |u_x^{(-)}\rangle\langle v_{x+1}^{(-)}|u_{x+1}^{(-)}\rangle\cdots\langle v_{-1}^{(-)}|u_{-1}^{(-)}\rangle\langle v_0^{(-)}|\widetilde{\Xi}_0(z)$$
$$= \langle v_{x+1}^{(-)}|u_{x+1}^{(-)}\rangle\cdots\langle v_{-1}^{(-)}|u_{-1}^{(-)}\rangle|u_x^{(-)}\rangle\langle v_0^{(-)}|\widetilde{\Xi}_0(z)$$
$$= \widetilde{\lambda}_{x+1}^{(-)}(z)\cdots\widetilde{\lambda}_{-1}^{(-)}(z)\begin{bmatrix} z \\ \widetilde{\lambda}_x^{(-)}(z)\widetilde{f}_x^{(-)}(z) \end{bmatrix}[a_0\ b_0]\widetilde{\Xi}_0(z)$$

ただし，$x = -1$ の場合は，

$$\widetilde{\Xi}_{-1}(z) = \begin{bmatrix} z \\ \widetilde{\lambda}_{-1}^{(-)}(z)\widetilde{f}_{-1}^{(-)}(z) \end{bmatrix}[a_0\ b_0]\widetilde{\Xi}_0(z)$$

となる．

以上をまとめると，次の命題が得られる．

命題 4.1 $\triangle_x = \det(U_x)$ とおく．このとき，次が成り立つ．

(i) $x = 0$ のとき．

$$\widetilde{\Xi}_0(z) = \frac{1}{\gamma(z)}\begin{bmatrix} 1 - b_0\widetilde{f}_0^{(-)}(z) & d_0\widetilde{f}_0^{(+)}(z) \\ a_0\widetilde{f}_0^{(-)}(z) & 1 - c_0\widetilde{f}_0^{(+)}(z) \end{bmatrix}$$

(ii) $|x| \geq 1$ のとき．

$$\widetilde{\Xi}_x(z) = \begin{cases} \widetilde{\lambda}_{x-1}^{(+)}(z)\cdots\widetilde{\lambda}_1^{(+)}(z)\begin{bmatrix} \widetilde{\lambda}_x^{(+)}(z)\widetilde{f}_x^{(+)}(z) \\ z \end{bmatrix}[c_0\ d_0]\widetilde{\Xi}_0(z) & (x \geq 1) \\ \widetilde{\lambda}_{x+1}^{(-)}(z)\cdots\widetilde{\lambda}_{-1}^{(-)}(z)\begin{bmatrix} z \\ \widetilde{\lambda}_x^{(-)}(z)\widetilde{f}_x^{(-)}(z) \end{bmatrix}[a_0\ b_0]\widetilde{\Xi}_0(z) & (x \leq -1) \end{cases}$$

ただし，

$$\gamma(z) = 1 - c_0\widetilde{f}_0^{(+)}(z) - b_0\widetilde{f}_0^{(-)}(z) - \triangle_0\widetilde{f}_0^{(+)}(z)\widetilde{f}_0^{(-)}(z)$$

$$\widetilde{\lambda}_x^{(+)}(z) = \frac{zd_x}{1 - c_x\widetilde{f}_x^{(+)}(z)}, \quad \widetilde{\lambda}_x^{(-)}(z) = \frac{za_x}{1 - b_x\widetilde{f}_x^{(-)}(z)}$$

である．ここで，$\widetilde{f}_x^{(\pm)}(z)$ は次の連分数表現をもつ．

$$\widetilde{f}_x^{(+)}(z) = -\frac{z^2\triangle_{x+1}}{c_{x+1}}\left(1 - \frac{|a_{x+1}|^2}{1 - c_{x+1}\widetilde{f}_{x+1}^{(+)}(z)}\right)$$

$$\widetilde{f}_x^{(-)}(z) = -\frac{z^2\triangle_{x-1}}{b_{x-1}}\left(1 - \frac{|d_{x-1}|^2}{1 - b_{x-1}\widetilde{f}_{x-1}^{(-)}(z)}\right)$$

4.6 アダマールウォークの場合の母関数法

前節で紹介した母関数法に慣れるために，量子コインが空間には依存しないモデルではあるが，アダマールウォークの場合について計算してみよう．記号は前節と同じものを用いる．

$x \geq 1$ のとき，$\widetilde{f}_x^{(+)}(0) = 0$ より，

$$\widetilde{f}_x^{(+)}(z) = \frac{1 + z^2 - \sqrt{1 + z^4}}{\sqrt{2}} = \frac{1}{\sqrt{2}}\left(z^2 - \frac{z^4}{2} + \frac{z^8}{8} - \cdots\right)$$

となる．一方，

$$R_x = \frac{1}{\sqrt{2}}\begin{bmatrix} 1 & -1 \\ 0 & 0 \end{bmatrix}$$

なので，

$$\widetilde{F}_x^{(+)}(z) = \widetilde{f}_x^{(+)}(z) R_x = \frac{1}{2}\begin{bmatrix} 1 & -1 \\ 0 & 0 \end{bmatrix} z^2 - \frac{1}{4}\begin{bmatrix} 1 & -1 \\ 0 & 0 \end{bmatrix} z^4 + \cdots$$

となる．実際，$F^{(+)}(x, n)$ の定義より，

$$F^{(+)}(x, 2) = PQ = \frac{1}{2}\begin{bmatrix} 1 & -1 \\ 0 & 0 \end{bmatrix}, \quad F^{(+)}(x, 4) = P^2 Q^2 = -\frac{1}{4}\begin{bmatrix} 1 & -1 \\ 0 & 0 \end{bmatrix}$$

と計算できるので，$n = 2, 4$ の場合は一致していることが確かめられる．また，

$$\gamma(z) = 1 + z^4 - z^2\sqrt{1 + z^4}, \quad \widetilde{\lambda}_x^{(+)}(z) = -\widetilde{\lambda}_x^{(-)}(z) = \frac{1 - z^2 - \sqrt{1 + z^4}}{\sqrt{2}\, z}$$

より，

$$\widetilde{\Xi}_0(z) = \frac{1 + z^4 + z^2\sqrt{1 + z^4}}{2(1 + z^4)}\begin{bmatrix} 1 - z^2 + \sqrt{1 + z^4} & -(1 + z^2 - \sqrt{1 + z^4}) \\ 1 + z^2 - \sqrt{1 + z^4} & 1 - z^2 + \sqrt{1 + z^4} \end{bmatrix}$$

なので，以下が得られる．

系 4.1 アダマールウォークの場合，次が成り立つ．

$$\widetilde{\Xi}_0(z) = \frac{1}{2}\begin{bmatrix} 1 + \dfrac{1 + z^2}{\sqrt{1 + z^4}} & 1 + \dfrac{-1 + z^2}{\sqrt{1 + z^4}} \\ -\left(1 + \dfrac{-1 + z^2}{\sqrt{1 + z^4}}\right) & 1 + \dfrac{1 + z^2}{\sqrt{1 + z^4}} \end{bmatrix}$$

これを用いて，各成分ごとに級数展開すると，

$$\widetilde{\Xi}_0(z) = \begin{bmatrix} 1 + \dfrac{z^2}{2} - \dfrac{z^4}{4} - \cdots & -\dfrac{z^2}{2} - \dfrac{z^4}{4} + \dfrac{z^6}{4} + \cdots \\ \dfrac{z^2}{2} + \dfrac{z^4}{4} - \dfrac{z^6}{4} - \cdots & 1 + \dfrac{z^2}{2} - \dfrac{z^4}{4} - \cdots \end{bmatrix}$$

$$= \begin{bmatrix} 1 & 0 \\ 0 & 1 \end{bmatrix} + \frac{1}{2}\begin{bmatrix} 1 & -1 \\ 1 & 1 \end{bmatrix}z^2 + \frac{1}{4}\begin{bmatrix} -1 & -1 \\ 1 & -1 \end{bmatrix}z^4 + \cdots$$

$$= \Xi(0,0) + \Xi(0,2)z^2 + \Xi(0,4)z^4 + \cdots$$

となる．実際，

$$\Xi(0,0) = I, \quad \Xi(0,2) = PQ + QP = \frac{1}{2}\begin{bmatrix} 1 & -1 \\ 1 & 1 \end{bmatrix}$$

$$\Xi(0,4) = (PQ+QP)^2 + P^2Q^2 + Q^2P^2 = \frac{1}{4}\begin{bmatrix} -1 & -1 \\ 1 & -1 \end{bmatrix}$$

と計算できるので，$n=0,\ 2,\ 4$ の場合は一致していることが確かめられる．

4.6.1 実部と虚部の計算

ここで，第6章での議論との関係を見たいので，以下のような計算をしておく．場所 x，時刻 n での確率振幅の2成分ベクトルを以下で定める．

$$\Psi_n(x) = \begin{bmatrix} \Psi_n^{(L)}(x) \\ \Psi_n^{(R)}(x) \end{bmatrix} = \begin{bmatrix} \Psi_n^{(L,\Re)}(x) + \Psi_n^{(L,\Im)}(x)i \\ \Psi_n^{(R,\Re)}(x) + \Psi_n^{(L,\Im)}(x)i \end{bmatrix} \tag{4.37}$$

ただし，$\Psi_n^{(A,\Re)}(x)$ ($\Psi_n^{(A,\Im)}(x)$) は，$\Psi_n^{(A)}(x)$ ($A = L, R$) の実部（虚部）である．初期状態は，原点に量子ビット $\varphi = {}^T[\alpha, \beta]$ ($|\alpha|^2 + |\beta|^2 = 1$) が置かれている場合を考えると，

$$\Xi(x,n)\varphi = \Psi_n(x)$$

である．ここで，

$$\widetilde{\Xi}_x(z)\varphi = \left(\sum_{n=0}^{\infty} \Xi(x,n)z^n\right)\varphi = \sum_{n=0}^{\infty} \Psi_n(x)z^n$$

$$= \begin{bmatrix} \sum_{n=0}^{\infty} \Psi_n^{(L)}(x)z^n \\ \sum_{n=0}^{\infty} \Psi_n^{(R)}(x)z^n \end{bmatrix}$$

$$= \begin{bmatrix} \left(\sum_{n=0}^{\infty} \Psi_n^{(L,\Re)}(x)z^n\right) + \left(\sum_{n=0}^{\infty} \Psi_n^{(L,\Im)}(x)z^n\right)i \\ \left(\sum_{n=0}^{\infty} \Psi_n^{(R,\Re)}(x)z^n\right) + \left(\sum_{n=0}^{\infty} \Psi_n^{(R,\Im)}(x)z^n\right)i \end{bmatrix}$$

となることに注意してほしい．とくに，$x=0$ で，初期量子ビット $\varphi = {}^T[1/\sqrt{2}, i/\sqrt{2}]$ の場合は，系 4.1 より，以下が得られる．

系 4.2 式 (4.37) で定義される $\Psi_n^{(\cdot,\cdot)}$ について，次が成り立つ．

$$\sum_{n=0}^{\infty} \Psi_n^{(L,\Re)}(0) z^n = \sum_{n=0}^{\infty} \Psi_n^{(R,\Im)}(0) z^n = \frac{1}{2\sqrt{2}} \left(1 + \frac{1+z^2}{\sqrt{1+z^4}} \right)$$

$$\sum_{n=0}^{\infty} \Psi_n^{(L,\Im)}(0) z^n = -\sum_{n=0}^{\infty} \Psi_n^{(R,\Re)}(0) z^n = -\frac{1}{2\sqrt{2}} \left(1 + \frac{-1+z^2}{\sqrt{1+z^4}} \right)$$

さらに，$x=1$ の場合も計算してみると，

$$\widetilde{\Xi}_1(z) = -\frac{1+z^4+z^2\sqrt{1+z^4}}{2z(1+z^4)} \begin{bmatrix} (1-\sqrt{1+z^4})(z^2-\sqrt{1+z^4}) & 1-\sqrt{1+z^4} \\ z^2(z^2-\sqrt{1+z^4}) & z^2 \end{bmatrix}$$

$$= \begin{bmatrix} -\dfrac{z^3}{2\sqrt{2}} + \dfrac{3z^7}{8\sqrt{2}} - \cdots & \dfrac{z^3}{2\sqrt{2}} + \dfrac{z^5}{2\sqrt{2}} - \dfrac{z^7}{8\sqrt{2}} - \cdots \\ \dfrac{z}{\sqrt{2}} - \dfrac{z^5}{2\sqrt{2}} + \cdots & -\dfrac{z}{\sqrt{2}} - \dfrac{z^3}{\sqrt{2}} + \dfrac{z^7}{2\sqrt{2}} - \cdots \end{bmatrix}$$

$$= \frac{1}{\sqrt{2}} \begin{bmatrix} 0 & 0 \\ 1 & -1 \end{bmatrix} z + \frac{1}{2\sqrt{2}} \begin{bmatrix} -1 & 1 \\ 0 & 2 \end{bmatrix} z^3 + \cdots$$

$$= \Xi(1,1)z + \Xi(1,3)z^3 + \cdots$$

となる．実際，

$$\Xi(1,1) = Q = \frac{1}{\sqrt{2}} \begin{bmatrix} 0 & 0 \\ 1 & -1 \end{bmatrix}$$

$$\Xi(1,3) = PQ^2 + QPQ + Q^2P = \frac{1}{2\sqrt{2}} \begin{bmatrix} -1 & 1 \\ 0 & 2 \end{bmatrix}$$

と計算できるので，$n=1, 3$ の場合に一致していることが確かめられる．

4.6.2 再帰確率の収束の速さ

以下では，系 4.1 を用いて，時刻 n での再帰確率 $r_{2n}^{(H)}(0)$ の，時刻 n を大きくしたときの 0 に収束する速さを調べてみよう．

まず，偶数時刻にしか戻らないので，それに注意すると，

$$\widetilde{\Xi}_0(z) = \sum_{n=0}^{\infty} \Xi(0,n) z^n = \sum_{n=0}^{\infty} \Xi(0,2n) z^{2n}$$

がわかるので，$w = z^2$ と変換すると，系 4.1 より，

$$\widetilde{\Xi}_0(w) = \sum_{n=0}^{\infty} \Xi(0,2n) w^n = \frac{1}{2} \begin{bmatrix} 1 + \dfrac{1+w}{\sqrt{1+w^2}} & 1 + \dfrac{-1+w}{\sqrt{1+w^2}} \\ -\left(1 + \dfrac{-1+w}{\sqrt{1+w^2}}\right) & 1 + \dfrac{1+w}{\sqrt{1+w^2}} \end{bmatrix}$$

となる．したがって，n が十分大きいときの挙動を調べたいので，$(1+w)/\sqrt{1+w^2}$ と $(-1+w)/\sqrt{1+w^2}$ についての w^n の係数の n に関するオーダーを調べればよい．そのために，以下の記号を導入する．一般に，

$$f(z) = \sum_{n=0}^{\infty} f_n z^n$$

の級数展開をもつとき，$[z^n](f(z)) = f_n$ とおくことにする．

次に，Flajolet and Sedgewick (2009) の pp.264–265 の議論より，

$$\begin{aligned}
\frac{1+w}{\sqrt{1+w^2}} &\sim \frac{1+i}{\sqrt{i-(-i)}} \frac{1}{\sqrt{w-i}} + \frac{1-i}{\sqrt{(-i)-i}} \frac{1}{\sqrt{w+i}} \\
&= \frac{1}{\sqrt{w-i}} + \frac{1}{\sqrt{w+i}} \\
&= \frac{\sqrt{2}(1+i)}{2} \frac{1}{\sqrt{1-w/i}} + \frac{\sqrt{2}(1-i)}{2} \frac{1}{\sqrt{1-w/(-i)}}
\end{aligned} \quad (4.38)$$

となる．

ここで，以下の結果が計算で求まることに注意．

$$[z^n]\left(\frac{1}{\sqrt{1-z}}\right) = \left(\frac{1}{2}\right)^{2n} \binom{2n}{n}$$

この結果より，スターリングの公式から，

$$[z^n]\left(\frac{1}{\sqrt{1-z}}\right) \sim \frac{1}{\sqrt{\pi n}}$$

となる．したがって，

$$[z^n]\left(\frac{1}{\sqrt{1-(z/\gamma)}}\right) \sim \frac{1}{\gamma^n \sqrt{\pi n}}$$

が得られる．これを式 (4.38) に用いると，

$$[w^n]\left(\frac{1+w}{\sqrt{1+w^2}}\right) \sim \frac{\sqrt{2}(1+i)}{2} \frac{(-i)^n}{\sqrt{\pi n}} + \frac{\sqrt{2}(1-i)}{2} \frac{i^n}{\sqrt{\pi n}}$$

$$= \frac{\sqrt{2}\, i^n}{2\sqrt{\pi n}} \{(1+i)(-1)^n + (1-i)\}$$

$$= \begin{cases} \dfrac{(-i)^m \sqrt{2}}{\sqrt{\pi(2m)}} & (n=2m) \\[2mm] \dfrac{(-i)^m \sqrt{2}}{\sqrt{\pi(2m+1)}} & (n=2m+1) \end{cases}$$

となる. 同様に,

$$[w^n]\left(\frac{-1+w}{\sqrt{1+w^2}}\right) \sim \frac{i}{\sqrt{w-i}} - \frac{i}{\sqrt{w+i}}$$

$$= \frac{\sqrt{2}(-1+i)}{2} \frac{1}{\sqrt{1-(w/i)}} - \frac{\sqrt{2}(1+i)}{2} \frac{1}{\sqrt{1-(w/-i)}}$$

$$\sim \frac{\sqrt{2}(-1+i)}{2} \frac{(-i)^n}{\sqrt{\pi n}} - \frac{\sqrt{2}(1+i)}{2} \frac{i^n}{\sqrt{\pi n}}$$

$$= \frac{\sqrt{2}\, i^n}{2\sqrt{\pi n}} \{(-1+i)(-1)^n - (1+i)\}$$

$$= \begin{cases} -\dfrac{(-i)^m \sqrt{2}}{\sqrt{\pi(2m)}} & (n=2m) \\[2mm] \dfrac{(-i)^m \sqrt{2}}{\sqrt{\pi(2m+1)}} & (n=2m+1) \end{cases}$$

が得られる. 以上をまとめると,

$$\begin{aligned}\Xi(0,4m) &\sim \frac{(-i)^m \sqrt{2}}{2\sqrt{\pi(2m)}} \begin{bmatrix} 1 & 1 \\ -1 & 1 \end{bmatrix} \\ \Xi(0,4m+2) &\sim \frac{(-i)^m \sqrt{2}}{2\sqrt{\pi(2m+1)}} \begin{bmatrix} 1 & 1 \\ -1 & 1 \end{bmatrix}\end{aligned} \quad (4.39)$$

となる. 上式より,

$$\Psi_{4m}(0) = \Xi(0,4m)\varphi = \Xi(0,4m)\begin{bmatrix}\alpha\\ \beta\end{bmatrix} \sim \frac{(-i)^m \sqrt{2}}{2\sqrt{\pi(2m)}}\begin{bmatrix}\alpha+\beta\\ -\alpha+\beta\end{bmatrix}$$

なので,

$$r^{(H)}_{2(2m)}(0) = \|\Psi_{4m}(0)\|^2 \sim \frac{1}{\pi(2m)} \quad (4.40)$$

がわかる. 同様にして, 式 (4.39) より,

$$\Psi_{4m+2}(0) = \Xi(0,4m+2)\varphi = \Xi(0,4m+2)\begin{bmatrix}\alpha\\ \beta\end{bmatrix} \sim \frac{(-i)^m \sqrt{2}}{2\sqrt{\pi(2m+1)}}\begin{bmatrix}\alpha-\beta\\ \alpha+\beta\end{bmatrix}$$

なので，
$$r_{2(2m+1)}^{(H)}(0) = \|\Psi_{4m+2}(0)\|^2 \sim \frac{1}{\pi(2m+1)} \tag{4.41}$$
が得られる．式 (4.40) と式 (4.41) を合わせると，以下の結果を得る．

命題 4.2 $r_{2n}^{(H)}(0)$ を原点に量子ビット $\varphi = {}^T[\alpha, \beta]$ $(|\alpha|^2 + |\beta|^2 = 1)$ が置かれている時刻 n でのアダマールウォークの再帰確率とする．このとき，以下が得られる．
$$r_{2n}^{(H)}(0) \sim \frac{1}{n\pi}$$

コラム 4. 量子ウォークの国際会議

前章で量子ウォーク単独の国際会議，「International Workshop on Mathematical and Physical Foundations of Discrete Time Quantum Walk」が，2011 年 3 月 11 日の東日本大震災で中止になったことを書いた．その後，それにつながる量子ウォーク関連の国際会議が毎年開催されている．実際に，2011 年 11 月に，ヴァレンシア（スペイン）の IFIC で「International Workshop on Theoretical Aspects of the Discrete Time Quantum Walk」が，2012 年 11 月に岡崎コンフェレンスセンターで「Workshop of Quantum Dynamics and Quantum Walks」が，2013 年 11 月には，ピサ（イタリア）の Centro di Ricerca Matematica Ennio De Giorgi で「Quantum Walks and Quantum Simulations」が開催された．

それとは独立な流れとして，2010 年 6 月にドイツの Freiburg Institute for Advanced Studies で開催された「Black Forest Focus on Soft Matter 3, "Frontiers in Dynamics - from Random to Quantum Walks"」が，量子ウォークを主テーマの一つにした最初の国際会議であった．また，2010 年 9 月に大阪の Senri Life Science Center で「34th Conference on Stochastic Processes and Their Applications」，通称 SPA, が開催されたが，そこで量子ウォークのセッションを企画した．さらに，2011 年 5 月にスペインの Centro de ciencias de Benasque Pedro Pascual でクローズドな国際会議「Quantum and Classical Random Processes」が開催された．オーガナイザー 2 名のうちの一人は，CMV 行列の V 氏である．さらに，2013 年 1 月，アメリカ数学会（サンディエゴ）で特別セッション「Quantum Walks and Related Topics」が，そして，2014 年 1 月も引き続き，アメリカ数学会（ボルチモア）で量子ウォークに関する特別セッション「Quantum Walks, Quantum Computation, and Related Topics」が行われた．

また，その間，たとえば 2011 年 1 月韓国の NIMS 開催の「The 6th Jikji Workshop: Infinite Dimensional Analysis and Quantum Probability」などの国際会議で，私を含め複数の量子ウォーク研究者が発表している．

第5章
1次元3状態量子ウォーク

　この章では，1次元格子上の3状態量子ウォーク，とくに，グローヴァーウォークの極限測度と弱収束極限定理について解説する．この極限測度は一般に，場所に関して指数的に減少し，また局在化を示す．最後の節では，テンソル積型の多状態量子ウォークの弱収束極限定理についても触れる．なお，3状態グローヴァーウォークとテンソル積型多状態量子ウォークの弱収束極限定理は，共にフーリエ解析に基づくGJS法を用いて得られる．

5.1　簡単な3状態モデル

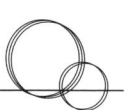

　本節では，肩慣らしとして，以下の 3×3 の単位行列で定まる，簡単な3状態量子ウォークに関して考えよう．

$$U = \begin{bmatrix} 1 & 0 & 0 \\ 0 & 1 & 0 \\ 0 & 0 & 1 \end{bmatrix}$$

　実は，その挙動は単純でありながら，後に説明するグローヴァーウォークの重要な性質が現れている．まず，以下のように U を $U = U_L + U_0 + U_R$ と分解する．

$$U_L = \begin{bmatrix} 1 & 0 & 0 \\ 0 & 0 & 0 \\ 0 & 0 & 0 \end{bmatrix}, \quad U_0 = \begin{bmatrix} 0 & 0 & 0 \\ 0 & 1 & 0 \\ 0 & 0 & 0 \end{bmatrix}, \quad U_R = \begin{bmatrix} 0 & 0 & 0 \\ 0 & 0 & 0 \\ 0 & 0 & 1 \end{bmatrix}$$

そして，図5.1のように，左に移動する重みが U_L，同じ場所にとどまる重みが U_0 で，右に移動する重みが U_R とする．

　この量子ウォークは，コイン空間 $\{|L\rangle, |0\rangle, |R\rangle\}$ と位置空間 $\{|x\rangle : x \in \mathbb{Z}\}$ の直積より構成されるヒルベルト空間で特徴づけられる．ただし，

$$|L\rangle = \begin{bmatrix} 1 \\ 0 \\ 0 \end{bmatrix}, \quad |0\rangle = \begin{bmatrix} 0 \\ 1 \\ 0 \end{bmatrix}, \quad |R\rangle = \begin{bmatrix} 0 \\ 0 \\ 1 \end{bmatrix}$$

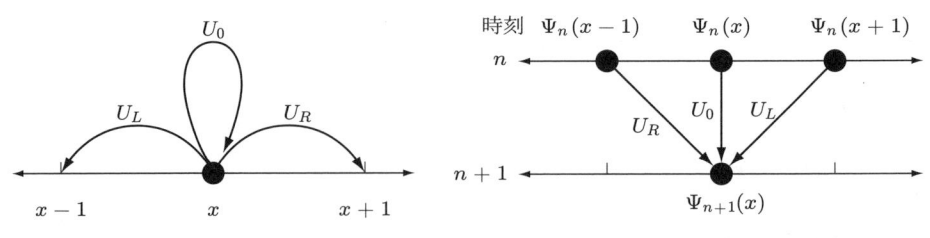

図 5.1 簡単な 3 状態モデルのダイナミクス　　**図 5.2** 時間発展を定める漸化式

で，$|x\rangle$ は，x 成分だけが 1 で，ほかの成分が 0 の無限ベクトルとする．

さて，$\Psi_n(x) = {}^T[\Psi_n^L(x), \Psi_n^0(x), \Psi_n^R(x)]$ は，場所 $x \in \mathbb{Z}$ で時刻 n での確率振幅を記すと，カイラリティ "L"，"0" と "R" に各成分がそれぞれ対応し，また，時間発展を定める漸化式である（図 5.2 参照）．

$$\Psi_{n+1}(x) = U_R \Psi_n(x-1) + U_0 \Psi_n(x) + U_L \Psi_n(x+1)$$

初期状態は，図 5.3 のように，原点だけ $\varphi = \Psi_0(0) = {}^T[\alpha, \beta, \gamma]$ とする．ただし，$\alpha, \beta, \gamma \in \mathbb{C}$ は，$|\alpha|^2 + |\beta|^2 + |\gamma|^2 = 1$ を満たす．

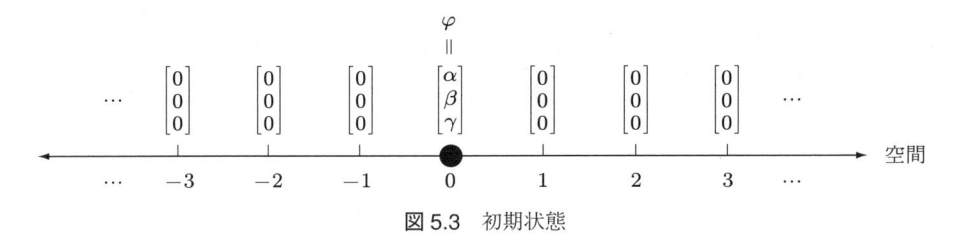

図 5.3 初期状態

パスによる組合せ論的手法を用いるため，以下の関係に注意する．

$$U_L \varphi = \begin{bmatrix} \alpha \\ 0 \\ 0 \end{bmatrix}, \quad U_0 \varphi = \begin{bmatrix} 0 \\ \beta \\ 0 \end{bmatrix}, \quad U_R \varphi = \begin{bmatrix} 0 \\ 0 \\ \gamma \end{bmatrix}$$

また，$i, j \in \{L, 0, R\}$ に対して，

$$U_i U_j = O_3 \ (i \neq j), \quad U_i^2 = U_i$$

が成り立つ．ここで，O_n は $n \times n$ のゼロ行列である．

これらより，原点から出発したパスは，方向を変えるとゼロ行列になり，方向転換が不可能なので，左にずっと移動し続けるか，原点にとどまり続けるか，あるいは，右にずっと移動し続けるかしかないことがわかる．以上のことから，時刻 n の確率振幅に関する次の結果が導かれる（図 5.4 参照）．

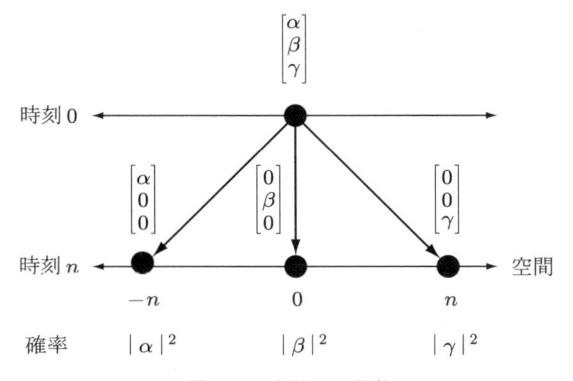

図 5.4 時刻 n の状態

$$\Psi_n^{(\Psi_0)} = \begin{bmatrix} \alpha \\ 0 \\ 0 \end{bmatrix} \delta_{-n} + \begin{bmatrix} 0 \\ \beta \\ 0 \end{bmatrix} \delta_0 + \begin{bmatrix} 0 \\ 0 \\ \gamma \end{bmatrix} \delta_n \qquad (5.1)$$

したがって, $n \to \infty$ とすると, 原点以外はそれぞれ負と正の無限遠方に逃げてしまうので,

$$\Psi_\infty^{(\Psi_0)} = \overline{\Psi}_\infty^{(\Psi_0)} = \begin{bmatrix} 0 \\ \beta \\ 0 \end{bmatrix} \delta_0$$

が得られる. さらに, 式 (5.1) より, 時刻 n の確率測度は以下となる (図 5.4 参照).

$$\mu_n^{(\Psi_0)} = |\alpha|^2 \delta_{-n} + |\beta|^2 \delta_0 + |\gamma|^2 \delta_n \qquad (5.2)$$

ゆえに, $n \to \infty$ とすると, 同様に, 原点以外の重みである $|\alpha|^2$ と $|\gamma|^2$ は, それぞれ負と正の無限遠方に逃げてしまうので,

$$\mu_\infty^{(\Psi_0)} = \overline{\mu}_\infty^{(\Psi_0)} = |\beta|^2 \delta_0$$

が得られる.

次に,

$$\Phi_{\mathrm{loc}} = \left\{ \varphi = {}^T[\alpha, \beta, \gamma] \in \mathbb{C}^3 : \|\varphi\| = 1 \text{ かつ } |\beta| > 0 \right\}$$

とおくと, 任意の $\Psi_0 \in \Phi_{\mathrm{loc}}$ に対して,

$$\mu_\infty^{(\Psi_0)}(0) = \overline{\mu}_\infty^{(\Psi_0)}(0) = |\beta|^2 > 0$$

が成り立つ.

原点から出発した量子ウォークが**局在化**を示すとは, 時刻 n での再帰確率 $r_n(0)$ に対して,

$$\limsup_{n \to \infty} r_n(0) > 0$$

が成立するときであった. ここで,

$$r_n(0) = \mu_n^{(\Psi_0)}(0)$$

に注意すると，$\Psi_0 \in \Phi_{\mathrm{loc}}$ が局在化を示す必要十分条件であることが理解できる．

一方，$0 \leq |\beta|^2 < 1$ ならば，残りの重み $1 - |\beta|^2 > 0$ の情報はどのようにしてつかまえることができるのであろうか．

そのために，式 (5.2) を用いて得られる，次の弱収束極限定理が必要である（図 5.5 参照）．

$$\frac{X_n}{n} \Rightarrow |\alpha|^2 \delta_{-1} + |\beta|^2 \delta_0 + |\gamma|^2 \delta_1 \quad (n \to \infty)$$

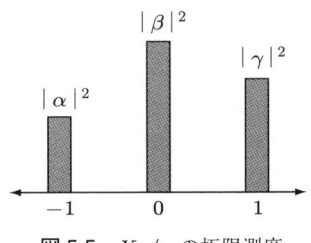

図 5.5　X_n/n の極限測度

このように，この単純な 3 状態モデルの漸近挙動を理解するためには，$\mu_n(x) = P(X_n = x)$ と X_n/n に関する，2 種類の極限定理が必要であった（図 5.6 参照）．

前章までで学んだアダマールウォークのような 2 状態量子ウォークの場合には，μ_∞ がゼロベクトルであるため，X_n/n に対する，2 番目の弱収束極限定理だけを考えた．

実は，次節から学ぶグローヴァーウォークも，もう少し煩雑ではあるが，この単純な 3 状態モデルと同様の性質をもつことがわかる．その解析手法は，フーリエ解析な

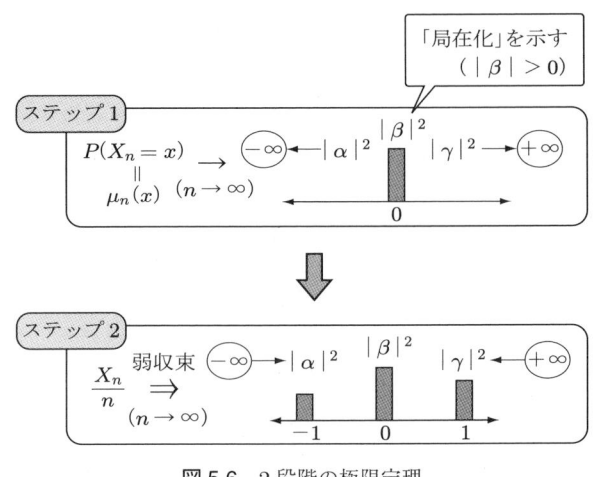

図 5.6　2 段階の極限定理

ので，以下，パスの方法で簡単に得られた結果を，それに比べると多少面倒であるが構造的には類似しているので，フーリエ解析で求めてみよう．

前章で紹介したフーリエ解析を用いて解析するため，その準備を行う．まず，$\Psi_n(x)$ のフーリエ変換は

$$\hat{\Psi}_n(k) = \sum_{x \in \mathbb{Z}} e^{-ikx} \Psi_n(x)$$

で与えられた．そして，$U(k)$ は，U が単位行列なので，

$$U(k) = \begin{bmatrix} e^{ik} & 0 & 0 \\ 0 & 1 & 0 \\ 0 & 0 & e^{-ik} \end{bmatrix} U = \begin{bmatrix} e^{ik} & 0 & 0 \\ 0 & 1 & 0 \\ 0 & 0 & e^{-ik} \end{bmatrix}$$

となる．したがって，波数空間での時間発展は，

$$\hat{\Psi}_{n+1}(k) = U(k)\hat{\Psi}_n(k)$$

である．ゆえに，$\hat{\Psi}_n(k) = U(k)^n \hat{\Psi}_0(k)$ が導かれる．ただし，$\hat{\Psi}_0(k) = {}^T[\alpha, \beta, \gamma] \in \mathbb{C}^3$ で $|\alpha|^2 + |\beta|^2 + |\gamma|^2 = 1$ である．

さて，$k \in [-\pi, \pi)$ に対して，$e^{i\theta_{j,k}}$ $(j = 1, 2, 3)$ を $U(k)$ の三つの固有値とすると，

$$\theta_{j,k} = \begin{cases} 0 & (j=1) \\ k & (j=2) \\ -k & (j=3) \end{cases}$$

とただちに求められる．また，それぞれに対応する正規直交基底の固有ベクトルを $|v_j(k)\rangle$ とすると，

$$|v_1(k)\rangle = \begin{bmatrix} 0 \\ 1 \\ 0 \end{bmatrix}, \quad |v_2(k)\rangle = \begin{bmatrix} 1 \\ 0 \\ 0 \end{bmatrix}, \quad |v_3(k)\rangle = \begin{bmatrix} 0 \\ 0 \\ 1 \end{bmatrix}$$

が得られる．ゆえに，

$$U(k) = |v_1(k)\rangle\langle v_1(k)| + e^{ik}|v_2(k)\rangle\langle v_2(k)| + e^{-ik}|v_3(k)\rangle\langle v_3(k)|$$

なので，

$$U(k)^n = |v_1(k)\rangle\langle v_1(k)| + e^{ikn}|v_2(k)\rangle\langle v_2(k)| + e^{-ikn}|v_3(k)\rangle\langle v_3(k)| \tag{5.3}$$

が導かれる．

したがって，$\hat{\Psi}_n(k)$ は以下のように表される．

$$\hat{\Psi}_n(k) = \left(\sum_{j=1}^{3} e^{i\theta_{j,k}n} |v_j(k)\rangle\langle v_j(k)|\right) \hat{\Psi}_0(k)$$

$$= \left(|v_1(k)\rangle\langle v_1(k)| + e^{ikn}|v_2(k)\rangle\langle v_2(k)| + e^{-ikn}|v_3(k)\rangle\langle v_3(k)|\right)\hat{\Psi}_0(k)$$

$$= \begin{bmatrix} e^{ikn}\alpha \\ \beta \\ e^{-ikn}\gamma \end{bmatrix}$$

次に，もとの実空間での確率振幅を逆フーリエ変換して求める．

$$\Psi_n(x) = \int_{-\pi}^{\pi} \hat{\Psi}_n(k) e^{ikx} \frac{dk}{2\pi}$$

実際に，

$$\Psi_n^L(x) = \alpha \int_{-\pi}^{\pi} e^{ikn} e^{ikx} \frac{dk}{2\pi} = \alpha \delta_{-n}(x)$$

$$\Psi_n^0(x) = \beta \int_{-\pi}^{\pi} e^{ikx} \frac{dk}{2\pi} = \beta \delta_0(x)$$

$$\Psi_n^R(x) = \gamma \int_{-\pi}^{\pi} e^{-ikn} e^{ikx} \frac{dk}{2\pi} = \gamma \delta_n(x)$$

なので，

$$\Psi_n(x) = \begin{bmatrix} \alpha \delta_{-n}(x) \\ \beta \delta_0(x) \\ \gamma \delta_n(x) \end{bmatrix}$$

が導かれる．すなわち，

$$\Psi_n^{(\Psi_0)} = \begin{bmatrix} \alpha \\ 0 \\ 0 \end{bmatrix} \delta_{-n} + \begin{bmatrix} 0 \\ \beta \\ 0 \end{bmatrix} \delta_0 + \begin{bmatrix} 0 \\ 0 \\ \gamma \end{bmatrix} \delta_n$$

となり，パスの方法と同じ結果，すなわち，式 (5.1) を得る．

先に，このモデルの時刻 n を無限大にしたときの挙動を理解するには，$\mu_n(x) = P(X_n = x)$ と X_n/n に関する，2 種類の極限定理が必要であると述べた．実際，式 (5.3) より，$U(k)^n$ で $n \to \infty$ とすると，振動して収束しないが，右辺の第 1 項は n に依存せず，原点での局在化に対応する．一方，右辺の第 2 項，第 3 項は振動するが，逆フーリエ変換などで積分形になると，リーマン–ルベーグの補題により，0 に収束し消える項である．そして，X_n/n の弱収束極限定理を求めるときは，逆に，第 2 項，第 3 項に対応する項が重要な役割を果たす．

5.2 3状態グローヴァーウォーク

次のユニタリ行列 U で定まる 3 状態量子ウォークを，3 状態グローヴァーウォークという．

$$U = \frac{1}{3}\begin{bmatrix} -1 & 2 & 2 \\ 2 & -1 & 2 \\ 2 & 2 & -1 \end{bmatrix}$$

前節で考えたモデルと同様に，U を $U = U_L + U_0 + U_R$ と分解し，左に移動する重みが U_L，同じ場所にとどまる重みが U_0，右に移動する重みが U_R とし，具体的には以下の行列を対応させる（図 5.7 参照）．

$$U_L = \frac{1}{3}\begin{bmatrix} -1 & 2 & 2 \\ 0 & 0 & 0 \\ 0 & 0 & 0 \end{bmatrix}, \quad U_0 = \frac{1}{3}\begin{bmatrix} 0 & 0 & 0 \\ 2 & -1 & 2 \\ 0 & 0 & 0 \end{bmatrix}, \quad U_R = \frac{1}{3}\begin{bmatrix} 0 & 0 & 0 \\ 0 & 0 & 0 \\ 2 & 2 & -1 \end{bmatrix}$$

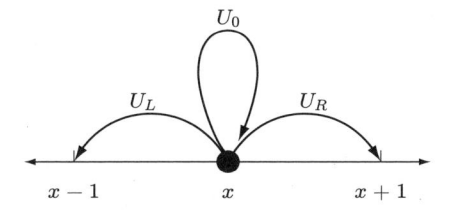

図 5.7　3 状態グローヴァーウォークのダイナミクス

この U から定まる量子ウォークが 3 状態の**グローヴァーウォーク**（Grover walk）とよばれる理由は，この U は Grover (1996) によって導入されたグローヴァーのアルゴリズムに関係するからである．

一般に，n 状態のグローヴァーウォークは，ユニタリ行列 $U^{(G,n)} = [u^{(G,n)}(i,j)]_{1 \leq i,j \leq n}$ によって決まる．ただし，$u^{(G,n)}(i,j)$ は $U^{(G,n)}$ の (i,j) 成分で，具体的には以下で与えられる．

$$u^{(G,n)}(i,i) = 2/n - 1, \quad u^{(G,n)}(i,j) = 2/n \quad (i \neq j)$$

前節のモデルと同様に，$\Psi_n(x) = {}^T[\Psi_n^L(x), \Psi_n^0(x), \Psi_n^R(x)]$ で場所 $x \in \mathbb{Z}$ で時刻 n での確率振幅を表し，カイラリティ "L"，"0" と "R" に各成分がそれぞれ対応すると，時間発展は以下で定まる．

$$\Psi_{n+1}(x) = U_L \Psi_n(x+1) + U_0 \Psi_n(x) + U_R \Psi_n(x-1)$$

初期状態も同様に，原点だけ $\varphi = \Psi_0(0) = {}^T[\alpha, \beta, \gamma]$ とする．ただし，α, β, $\gamma \in \mathbb{C}$ は，$|\alpha|^2 + |\beta|^2 + |\gamma|^2 = 1$ を満たす．

前章で紹介したフーリエ解析を行うため，その準備をする．まず，$\Psi_n(x)$ のフーリエ変換は

$$\hat{\Psi}_n(k) = \sum_{x \in \mathbb{Z}} e^{-ikx} \Psi_n(x)$$

である．そして，$U(k)$ は，

$$U(k) = \begin{bmatrix} e^{ik} & 0 & 0 \\ 0 & 1 & 0 \\ 0 & 0 & e^{-ik} \end{bmatrix} U = \frac{1}{3}\begin{bmatrix} -e^{ik} & 2e^{ik} & 2e^{ik} \\ 2 & -1 & 2 \\ 2e^{-ik} & 2e^{-ik} & -e^{-ik} \end{bmatrix}$$

となるので，波数空間での時間発展は，

$$\hat{\Psi}_{n+1}(k) = U(k)\hat{\Psi}_n(k)$$

で表される．したがって，$\hat{\Psi}_n(k) = U(k)^n \hat{\Psi}_0(k)$ が導かれる．$j = 1, 2, 3$ に対して，$e^{i\theta_{j,k}}$ を $U(k)$ の固有値，それに対応し正規直交する固有ベクトルを $|v_j(k)\rangle$ とする．$U(k)$ はユニタリ行列なので，対角化可能で，$\hat{\Psi}_n(k)$ は以下のように表される．

$$\hat{\Psi}_n(k) = \left(\sum_{j=1}^{3} e^{i\theta_{j,k}n} |v_j(k)\rangle\langle v_j(k)|\right) \hat{\Psi}_0(k)$$

ただし，$\hat{\Psi}_0(k) = {}^T[\alpha, \beta, \gamma] \in \mathbb{C}^3$ で $|\alpha|^2 + |\beta|^2 + |\gamma|^2 = 1$ である．また，$U(k)$ の固有値 $e^{i\theta_{j,k}}$ $(j = 1, 2, 3)$ は，$k \in [-\pi, \pi)$ に対して，具体的に次のようになる．

$$\left. \begin{aligned} \theta_{j,k} &= \begin{cases} 0 & (j=1) \\ \theta_k & (j=2) \\ -\theta_k & (j=3) \end{cases} \\ \cos\theta_k &= -\frac{1}{3}(2 + \cos k) \\ \sin\theta_k &= \frac{1}{3}\sqrt{(5 + \cos k)(1 - \cos k)} \end{aligned} \right\} \quad (5.4)$$

そして，対応し正規直交する固有ベクトルは，次のように表される．

$$|v_j(k)\rangle = \sqrt{c_k(\theta_{j,k})}\begin{bmatrix} \dfrac{1}{1 + e^{i(\theta_{j,k}-k)}} \\ \dfrac{1}{1 + e^{i\theta_{j,k}}} \\ \dfrac{1}{1 + e^{i(\theta_{j,k}+k)}} \end{bmatrix} \quad (5.5)$$

ただし，

$$c_k(\theta) = 2\left\{\frac{1}{1 + \cos(\theta - k)} + \frac{1}{1 + \cos\theta} + \frac{1}{1 + \cos(\theta + k)}\right\}^{-1}$$

である．

ここで，局在化と関連する重要なことは，$U(k)$ の三つの固有値のうちに，波数 k に依存しない固有値 1 が存在することである．なぜなら，この固有値の存在が局在化の必要条件となるからである．実際，前節の U が単位行列のモデルのときは，$U(k)$ の固有値は，1, e^{ik}, e^{-ik} で，やはり固有値 1 が存在し，そのことにより，局在化を示す初期状態が存在した．グローヴァーウォークも同様の理由による．一方，局在化を

示さないアダマールウォークの場合には，固有値は $\sin\theta_k = \sin k/\sqrt{2}$ を満たすような $e^{i\theta_k}$ と $e^{i(\pi-\theta_k)}$ で，共に波数 k に依存した．

以下，各カイラリティ "L"，"0" と "R" に対して，$l = 1, 2, 3$ のように番号で表すことにする．逆フーリエ変換をすることにより，もとの実空間での波動関数を求めよう．実際，$|\alpha|^2 + |\beta|^2 + |\gamma|^2 = 1$ を満たす $\alpha, \beta, \gamma \in \mathbb{C}$ に対して，

$$\Psi_n(x) = \Psi_n(x;\alpha,\beta,\gamma) = \int_{-\pi}^{\pi} \hat{\Psi}_n(k) e^{ikx} \frac{dk}{2\pi}$$

$$= \int_{-\pi}^{\pi} \left(\sum_{j=1}^{3} e^{i\theta_{j,k}n} |v_j(k)\rangle\langle v_j(k)|\hat{\Psi}_0(k) \right) e^{ikx} \frac{dk}{2\pi}$$

$$= \begin{bmatrix} \Psi_n^{(1)}(x;\alpha,\beta,\gamma) \\ \Psi_n^{(2)}(x;\alpha,\beta,\gamma) \\ \Psi_n^{(3)}(x;\alpha,\beta,\gamma) \end{bmatrix} = \sum_{j=1}^{3} \begin{bmatrix} \Psi_n^{(1)}(x;j;\alpha,\beta,\gamma) \\ \Psi_n^{(2)}(x;j;\alpha,\beta,\gamma) \\ \Psi_n^{(3)}(x;j;\alpha,\beta,\gamma) \end{bmatrix}$$

となる．ただし，

$$\Psi_n^{(l)}(x;j;\alpha,\beta,\gamma) = \int_{-\pi}^{\pi} c_k(\theta_{j,k}) \varphi_k(\theta_{j,k},l) e^{i(\theta_{j,k}n+kx)} \frac{dk}{2\pi} \quad (l = 1, 2, 3) \tag{5.6}$$

である．さらに，

$$\left.\begin{array}{l} \varphi_k(\theta,l) = \zeta_{l,k}(\theta)[\alpha\overline{\zeta_{1,k}(\theta)} + \beta\overline{\zeta_{2,k}(\theta)} + \gamma\overline{\zeta_{3,k}(\theta)}] \quad (l = 1, 2, 3) \\ \zeta_{1,k}(\theta) = (1+e^{i(\theta-k)})^{-1}, \quad \zeta_{2,k}(\theta) = (1+e^{i\theta})^{-1}, \quad \zeta_{3,k}(\theta) = (1+e^{i(\theta+k)})^{-1} \end{array}\right\} \tag{5.7}$$

である．しばしば，$\Psi_n^{(l)}(x;j) = \Psi_n^{(l)}(x;j;\alpha,\beta,\gamma)$ のように，初期条件 $[\alpha,\beta,\gamma]$ を省略する．カイラリティ l の，場所 x，時刻 n での確率を $\mu_n^{(l)}(x) = |\Psi_n^{(l)}(x)|^2$ で定めると，量子ウォーカーが場所 x，時刻 n で存在する確率は

$$\mu_n(x) = \sum_{l=1}^{3} \mu_n^{(l)}(x)$$

となる．

5.3 極限測度の計算

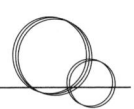

この節では，グローヴァーウォークの極限測度 $\mu_\infty(x) = \lim_{n\to\infty} \mu_n(x)$ $(= \lim_{n\to\infty} \mu_n(x;\alpha,\beta,\gamma))$ を計算する．まず，次の補題が成立する．

補題 5.1 任意の $x \in \mathbb{Z}$ と $l = 1, 2, 3$ に対して，式 (5.6) の $\Psi_n^{(l)}$ は次のようになる．

$$\lim_{n \to \infty} \sum_{j=2}^{3} \Psi_n^{(l)}(x; j; \alpha, \beta, \gamma) = 0 \tag{5.8}$$

ただし，$\alpha, \beta, \gamma \in \mathbb{C}$ は，$|\alpha|^2 + |\beta|^2 + |\gamma|^2 = 1$ を満たす．

証明 以下，証明の概略だけを述べる．まず，次が成り立つ．

$$\sum_{j=2}^{3} \begin{bmatrix} \Psi_n^{(1)}(x; j; \alpha, \beta, \gamma) \\ \Psi_n^{(2)}(x; j; \alpha, \beta, \gamma) \\ \Psi_n^{(3)}(x; j; \alpha, \beta, \gamma) \end{bmatrix} = M \begin{bmatrix} \alpha \\ \beta \\ \gamma \end{bmatrix}$$

ただし，$M = [m_{ij}]_{1 \le i,j \le 3}$ は，

$$m_{11} = 3J_{x,n} + \frac{1}{2}\{J_{x-1,n} + J_{x+1,n} + (K_{x-1,n} - K_{x+1,n})\}$$

$$m_{33} = 3J_{x,n} + \frac{1}{2}\{J_{x-1,n} + J_{x+1,n} - (K_{x-1,n} - K_{x+1,n})\}$$

$$m_{12} = -\{J_{x,n} + J_{x+1,n} + (K_{x,n} - K_{x+1,n})\}$$

$$m_{32} = -\{J_{x,n} + J_{x-1,n} + (K_{x,n} - K_{x-1,n})\}$$

$$m_{13} = -2J_{x+1,n}, \quad m_{22} = 4J_{x,n}, \quad m_{31} = -2J_{x-1,n}$$

$$m_{21} = -\{J_{x,n} + J_{x-1,n} + (K_{x-1,n} - K_{x,n})\}$$

$$m_{23} = -\{J_{x,n} + J_{x+1,n} + (K_{x+1,n} - K_{x,n})\}$$

を満たす．さらに，

$$J_{x,n} = \frac{1}{2\pi} \int_{-\pi}^{\pi} \frac{\cos(kx)}{5 + \cos k} \cos(\theta_k n) dk$$

$$K_{x,n} = \frac{1}{2\pi} \int_{-\pi}^{\pi} \frac{\cos(kx)}{\sqrt{(5 + \cos k)(1 - \cos k)}} \sin(\theta_k n) dk$$

である．リーマン–ルベーグの補題より，任意の $x \in \mathbb{Z}$ に対して，

$$\lim_{n \to \infty} J_{x,n} = 0, \quad \lim_{n \to \infty} (K_{x,n} - K_{x+1,n}) = 0$$

が成り立つ．以上より，求めたい式が得られ，補題 5.1 が導かれる． □

この補題より，極限測度 $\mu_\infty(x) = \mu_\infty(x; \alpha, \beta, \gamma)$ は，固有値 1 に対応する固有ベクトルだけで決まることがわかる．よって，$\mu_\infty(x) = \mu_\infty(x; \alpha, \beta, \gamma)$ の l 成分を $\mu_\infty^{(l)}(x) = \mu_\infty^{(l)}(x; \alpha, \beta, \gamma)$ とおくと，

$$\mu_\infty^{(l)}(x;\alpha,\beta,\gamma) = \left|\Psi_n^{(l)}(x;1;\alpha,\beta,\gamma)\right|^2 \tag{5.9}$$

が成り立つ．したがって，極限測度 $\mu_\infty(x)$ は

$$\mu_\infty(x) = \mu_\infty(x;\alpha,\beta,\gamma) = \sum_{l=1}^{3}\mu_\infty^{(l)}(x;\alpha,\beta,\gamma)$$

と表される．ここで，$\Psi_n^{(l)}(x;1;\alpha,\beta,\gamma)$ は，$\theta_{1,k}=0$ なので，時刻 n に依存しないことに注意してほしい．そして，任意の $x\in\mathbb{Z}$ に対して，

$$\mu_\infty^{(1)}(x;\alpha,\beta,\gamma) = |2\alpha I(x) + \beta J_+(x) + 2\gamma K_+(x)|^2$$

$$\mu_\infty^{(2)}(x;\alpha,\beta,\gamma) = \left|\alpha J_-(x) + \frac{\beta}{2}L(x) + \gamma J_+(x)\right|^2$$

$$\mu_\infty^{(3)}(x;\alpha,\beta,\gamma) = |2\alpha K_-(x) + \beta J_-(x) + 2\gamma I(x)|^2 \tag{5.10}$$

なる表式を得る．ただし，$c = -5 + 2\sqrt{6}\ (\in(-1,0))$ を用いると，

$$I(x) = \frac{2c^{|x|+1}}{c^2-1}, \quad L(x) = I(x-1) + 2I(x) + I(x+1)$$

$$J_+(x) = I(x) + I(x+1), \quad J_-(x) = I(x-1) + I(x)$$

$$K_+(x) = I(x+1), \quad K_-(x) = I(x-1) \tag{5.11}$$

である．ここで，

$$\mu_\infty(x) = \mu_\infty(x;\alpha,\beta,\gamma) = \sum_{l=1}^{3}\mu_\infty^{(l)}(x;\alpha,\beta,\gamma) \quad (x\in\mathbb{Z})$$

に注意すると，以下のように3状態グローヴァーウォークの極限測度が求められる．

定理 5.1

$$\mu_\infty(x) = \mu_\infty(x;\alpha,\beta,\gamma)$$

$$= \begin{cases} \{(3+\sqrt{6})|2\alpha+\beta|^2 + (3-\sqrt{6})|\beta+2\gamma|^2 - 2|\alpha+\beta+\gamma|^2\} \\ \quad \times (49-20\sqrt{6})^x & (x\geq 1) \\ \dfrac{5-2\sqrt{6}}{2}(|2\alpha+\beta|^2 + |\beta+2\gamma|^2) & (x=0) \\ \{(3-\sqrt{6})|2\alpha+\beta|^2 + (3+\sqrt{6})|\beta+2\gamma|^2 - 2|\alpha+\beta+\gamma|^2\} \\ \quad \times (49-20\sqrt{6})^{-x} & (x\leq -1) \end{cases}$$

ただし，$49 - 20\sqrt{6} = 0.010205\ldots$ である．

5.4 局在化の証明

前節の定理 5.1 より，3 状態のグローヴァーウォークの極限測度 $\mu_\infty(x)$ が，一般に指数的に減衰することがわかる．さらに，$\mu_\infty(0;\alpha,\beta,\gamma) = (5-2\sqrt{6})(|2\alpha+\beta|^2 + |\beta+2\gamma|^2)/2$ なので，$|2\alpha+\beta|^2 + |\beta+2\gamma|^2 > 0$ を満たす初期量子ビット $^T[\alpha,\beta,\gamma]$ に対しては，$\mu_\infty(0;\alpha,\beta,\gamma) > 0$ となり，局在化を示すことも導かれる．もう少しきちんと述べると，

$$\Phi = \{\varphi = {}^T[\alpha,\beta,\gamma] \in \mathbb{C}^3 : \|\varphi\| = 1\}$$

$$\Phi_{\text{nloc}} = \{\varphi = {}^T[\alpha,\beta,\gamma] \in \mathbb{C}^3 : \|\varphi\| = 1 \quad \text{かつ} \quad 2\alpha = -\beta = 2\gamma\}$$

$$\Phi_{\text{loc}} = \Phi \setminus \Phi_{\text{nloc}}$$

とおくと，任意の $\Psi_0 \in \Phi_{\text{loc}}$ に対して，

$$\mu_\infty^{(\Psi_0)}(0) = \overline{\mu}_\infty^{(\Psi_0)}(0) > 0$$

がわかる．したがって，初期量子ビット $\Psi_0 \in \Phi_{\text{loc}}$ と局在化が起きることとが同値である．

さらに，この節の冒頭でもふれたように，実は，極限測度 $\mu_\infty(x)$ は指数的に減少する関数で上から押さえられるので，任意の $\Psi_0 \in \Phi$ に対して，$\mu_\infty \in \overline{\mathcal{M}}_{\text{ex}}$ が成り立つ．より細かくいうと，$\Psi_0 \in \Phi_{\text{loc}}$ と $\mu_\infty \in \overline{\mathcal{M}}_{\text{ex}}$ が同値であることがわかる．

以下，初期量子ビットに関するいくつかの例をあげる．定理 5.1 より，$x\,(\neq 0)$ に対して，

$$\mu_\infty\left(x; \frac{i}{\sqrt{2}}, 0, \frac{1}{\sqrt{2}}\right) = 10 \times (49 - 20\sqrt{6})^{|x|}$$

また，原点では，

$$\mu_\infty\left(0; \frac{i}{\sqrt{2}}, 0, \frac{1}{\sqrt{2}}\right) = 2(5 - 2\sqrt{6}) = 0.202\ldots$$

となる．さらに，場所 x での和をとると，

$$0 < \sum_{x \in \mathbb{Z}} \mu_\infty\left(x; \frac{i}{\sqrt{2}}, 0, \frac{1}{\sqrt{2}}\right) = 1/\sqrt{6} = 0.408\ldots < 1 \tag{5.12}$$

なので，$\mu_\infty(x; i/\sqrt{2}, 0, 1/\sqrt{2})$ は確率測度にならないことがわかる．この極限測度の $\mathbb{Z}$ での和の値は初期量子ビットの値に依存する．たとえば，

$$\sum_{x \in \mathbb{Z}} \mu_\infty\left(x; \frac{1}{\sqrt{3}}, \frac{1}{\sqrt{3}}, \frac{1}{\sqrt{3}}\right) = 3 - \sqrt{6} = 0.550\ldots$$

$$\sum_{x \in \mathbb{Z}} \mu_\infty\left(x; \frac{1}{\sqrt{3}}, -\frac{1}{\sqrt{3}}, \frac{1}{\sqrt{3}}\right) = \frac{3 - \sqrt{6}}{9} = 0.061\ldots$$

である．一般に，定理 5.1 より，次の系が成り立つ．

系 5.1 グローヴァーウォークの極限測度 $\mu_\infty(x)$ について，次が成立する．
$$\sum_{x\in\mathbb{Z}} \mu_\infty(x;\alpha,\beta,\gamma) = \frac{\sqrt{6}-2}{4}\left(|2\alpha+\beta|^2 + |\beta+2\gamma|^2\right) - \frac{5\sqrt{6}-12}{6}|\alpha+\beta+\gamma|^2$$
ただし，$(\sqrt{6}-2)/4 = 0.11237\ldots$，$(5\sqrt{6}-12)/6 = 0.041241\ldots$ である．

ここで，$\alpha = \gamma = 1/\sqrt{6}$，$\beta = -2/\sqrt{6}$ とすると，$\sum_{x\in\mathbb{Z}}\mu_\infty = 0$ となり，局在化を示さない．

本節の最後に，対応する原点から出発する 3 状態ランダムウォークを考えよう．左に移動する確率が p，右に移動する確率が q で，とどまる確率を r とする．ただし，$p+q+r=1$ かつ $p, q, r \in (0,1)$ である．このとき，2 状態の場合と同様に中心極限定理が成立するので，任意の場所 $x \in \mathbb{Z}$ に対して，その極限測度 $\mu_\infty(x)$ は，$\mu_\infty^{(\mathrm{RW})}(x) = 0$ になることがわかる．ただし，$\mu_n^{(\mathrm{RW})}(x)$ を，時刻 n，場所 x での 3 状態ランダムウォーカーの存在確率としたとき，$\mu_\infty^{(\mathrm{RW})}(x) = \lim_{n\to\infty}\mu_n^{(\mathrm{RW})}(x)$ である．したがって，$\sum_{x\in\mathbb{Z}}\mu_\infty^{(\mathrm{RW})}(x) = 0$ となり，局在化を示さない．

図 5.8 は，対称な場合の 3 状態のランダムウォークとグローヴァーウォークの確率分布を表している．この図でも示唆されているように，十分時間が経ってもグローヴァー

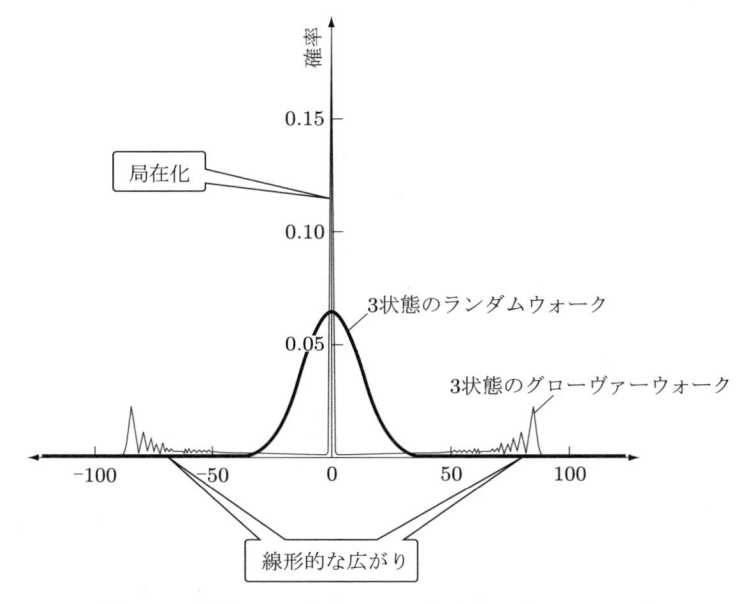

図 5.8 3 状態のランダムウォークとグローヴァーウォーク

ウォークの方は原点での確率が 0 とならず,局在化を示すと同時に,アダマールウォークのような線形的な広がりも示すことがある[†].まさに,量子ウォークの奇妙な性質がこの図で垣間見られる.一方,ランダムウォークの方は,十分時間が経つとベル型の 2 項分布は潰れて,すべて 0 になってしまう.

5.5 弱収束極限定理の導出

この節では,GJS 法を用いて,原点で量子ビット $\varphi = {}^T[\alpha, \beta, \gamma]$ の状態から出発したグローヴァーウォークの弱収束極限定理を求める.モデルのユニタリ行列は,U は

$$U = \frac{1}{3}\begin{bmatrix} -1 & 2 & 2 \\ 2 & -1 & 2 \\ 2 & 2 & -1 \end{bmatrix}$$

なので,定義より $U(k)$ は,

$$U(k) = \frac{1}{3}\begin{bmatrix} -e^{ik} & 2e^{ik} & 2e^{ik} \\ 2 & -1 & 2 \\ 2e^{-ik} & 2e^{-ik} & -e^{-ik} \end{bmatrix}$$

となる.したがって,その固有値 $\lambda_1(k)$, $\lambda_2(k)$, $\lambda_3(k)$ は

$$\lambda_1(k) = 1, \quad \lambda_2(k) = e^{i\theta_k}, \quad \lambda_3(k) = e^{-i\theta_k}$$

である.ただし,

$$\cos\theta_k = -\frac{1}{3}(\cos k + 2), \quad \sin\theta_k = \frac{1}{3}\sqrt{(5+\cos k)(1-\cos k)}$$

である.また,対応し正規直交する固有ベクトルは,それぞれ

$$v_1(k) = \frac{2}{5+\cos k}\begin{bmatrix} 1 \\ \dfrac{1+e^{-ik}}{2} \\ e^{-ik} \end{bmatrix}$$

$$v_2(k) = \frac{1}{\sqrt{\left|\dfrac{1}{w_1(k)}\right|^2 + \left|\dfrac{1}{w_2(k)}\right|^2 + \left|\dfrac{1}{w_3(k)}\right|^2}}\begin{bmatrix} 1/w_1(k) \\ 1/w_2(k) \\ 1/w_3(k) \end{bmatrix}$$

[†] 前節の簡単なモデルも同様の性質をもっていたが,3 状態グローヴァーウォークの場合は,極限測度も(次節で示されるように)弱収束極限測度も非自明な形をしている.

$$v_3(k) = \frac{1}{\sqrt{\left|\frac{1}{w_1(k)}\right|^2 + \left|\frac{1}{w_2(k)}\right|^2 + \left|\frac{1}{w_3(k)}\right|^2}} \begin{bmatrix} 1/\overline{w_3(k)} \\ 1/\overline{w_2(k)} \\ 1/\overline{w_1(k)} \end{bmatrix}$$

となる. ただし,
$$w_1(k) = 1 + e^{i(\theta_k - k)}, \quad w_2(k) = 1 + e^{i\theta_k}, \quad w_3(k) = 1 + e^{i(\theta_k + k)}$$

である. したがって, $D = i\dfrac{d}{dk}$ とおいたときに, $h_j(k) = D\lambda_j(k)/\lambda_j(k)$ を計算すると,

$$h_1(k) = 0, \quad h_2(k) = \frac{\sin k}{\sqrt{(5 + \cos k)(1 - \cos k)}}$$

$$h_3(k) = -\frac{\sin k}{\sqrt{(5 + \cos k)(1 - \cos k)}}$$

が得られる. 定理 4.1 を用いると,

$$P(Y \leq y) = \sum_{j=1}^{3} \int_{\{k \in [-\pi, \pi): \, h_j(k) \leq y\}} p_j(k) \frac{dk}{2\pi}$$

がわかる. ここで, $y \geq 0$ に対して, $k(y) \in (0, \pi]$ を $h_2(k) = y$ のただ一つの解とすると,

$P(Y \leq y)$
$$= \int_{-\pi}^{\pi} p_1(k) \frac{dk}{2\pi} + \left(\int_{-\pi}^{0} + \int_{k(y)}^{\pi}\right) p_2(k) \frac{dk}{2\pi} + \left(\int_{-\pi}^{-k(y)} + \int_{0}^{\pi}\right) p_3(k) \frac{dk}{2\pi}$$

となる. ただし, $p_j(k) = \left|\langle v_j(k)|\hat{\Psi}_0(k)\rangle\right|^2$ $(j = 1, 2, 3)$ である. 一方, $y \leq 0$ に対して, $\tilde{k}(y) \, (= -k(y)) \in [-\pi, 0)$ を $h_2(k) = y$ のただ一つの解とすると, 同様にして,

$$P(Y \leq y) = \int_{\tilde{k}(y)}^{0} p_2(k) \frac{dk}{2\pi} + \int_{0}^{-\tilde{k}(y)} p_3(k) \frac{dk}{2\pi}$$

を得る. ゆえに, 弱収束極限の測度は,

$$f(y) = \frac{d}{dy} P(Y \leq y) = \Delta \delta_0(dy) - \frac{1}{2\pi}\{p_2(k(y)) + p_3(-k(y))\}\frac{dk(y)}{dy}$$

で与えられる. ただし,

$$\cos k(y) = \frac{5y^2 - 1}{1 - y^2}, \quad \sin k(y) = \frac{2y\sqrt{2(1 - 3y^2)}}{1 - y^2}$$

$$\cos \theta_{k(y)} = -\frac{1 + 3y^2}{3(1 - y^2)}, \quad \sin \theta_{k(y)} = \frac{2\sqrt{2(1 - 3y^2)}}{3(1 - y^2)}$$

である. さらに,

$$v_2(k(y)) = \frac{1}{2\sqrt{3}} \begin{bmatrix} \sqrt{2(1-3y^2)} + i(1-3y) \\ \sqrt{2(1-3y^2)} - 2i \\ \sqrt{2(1-3y^2)} + i(1+3y) \end{bmatrix}$$

$$v_3(-k(y)) = \frac{1}{2\sqrt{3}} \begin{bmatrix} \sqrt{2(1-3y^2)} - i(1-3y) \\ \sqrt{2(1-3y^2)} + 2i \\ \sqrt{2(1-3y^2)} - i(1+3y) \end{bmatrix}$$

また,

$$\frac{dk(y)}{dy} = -\frac{2\sqrt{2}}{(1-y^2)\sqrt{1-3y^2}}$$

の関係が成り立っている.以上から,次の弱収束極限定理を得る(詳しくは,Konno (2008b) を参照のこと).

定理 5.2 X_n を,原点で量子ビット $\varphi = {}^T[\alpha, \beta, \gamma]$ の状態から出発したグローヴァーウォークとする.このとき,次が成り立つ.

$$\frac{X_n}{n} \Rightarrow Z \quad (n \to \infty)$$

ただし,Z は次の測度で決まる.

$$\mu(dx) = \Delta(\alpha, \beta, \gamma)\, \delta_0(dx) + (c_0 + c_1 x + c_2 x^2) f_K\left(x; \frac{1}{\sqrt{3}}\right) dx$$

$$= \Delta(\alpha, \beta, \gamma)\, \delta_0(dx) + \frac{\sqrt{2}(c_0 + c_1 x + c_2 x^2)}{\pi(1-x^2)\sqrt{1-3x^2}} I_{(-1/\sqrt{3}, 1/\sqrt{3})}(x)\, dx$$

ここで,$\delta_0(dx)$ は原点でのデルタ測度であり,

$$\Delta(\alpha, \beta, \gamma) = \int_{-\pi}^{\pi} p_1(k) \frac{dk}{2\pi}$$

$$= \frac{\sqrt{6}-2}{4}\left(|2\alpha + \beta|^2 + |\beta + 2\gamma|^2\right) - \frac{5\sqrt{6}-12}{6}|\alpha + \beta + \gamma|^2$$

かつ,

$$c_0 = \frac{|\alpha+\gamma|^2}{2} + |\beta|^2, \quad c_1 = -|\alpha - \beta|^2 + |\gamma - \beta|^2$$

$$c_2 = \frac{|\alpha - \gamma|^2}{2} - \Re((2\alpha + \beta)(2\overline{\gamma} + \overline{\beta}))$$

である.

重要なこととして,系 5.1 と定理 5.2 より,

$$\Delta(\alpha,\beta,\gamma) = \sum_{x\in\mathbb{Z}} \mu_\infty(x;\alpha,\beta,\gamma) \tag{5.13}$$

を得る．したがって，極限測度の全空間 $\mathbb{Z}$ での和（右辺）が，弱収束極限定理の δ_0 のマス（左辺）に等しいことが確かめられた．

以下，前節の局在化のところで計算した，$\alpha = i/\sqrt{2}$，$\beta = 0$，$\gamma = 1/\sqrt{2}$ の例について考える．極限測度 $\mu_\infty(x)$ に対して，場所 x で和をとると，式 (5.12) より，

$$\sum_{x\in\mathbb{Z}} \mu_\infty\left(x;\frac{i}{\sqrt{2}},0,\frac{1}{\sqrt{2}}\right) = \frac{1}{\sqrt{6}} = 0.408\ldots$$

であった．一方，定理 5.2 より，$\Delta(i/\sqrt{2},0,1/\sqrt{2}) = 1/\sqrt{6}$ となり，二つの値が一致し，式 (5.13) が確かめられる．

また，$c_0 = c_2 = 1/2$，$c_1 = 0$ なので，弱収束極限測度 $\mu(dx)$ の絶対連続な部分 $f(x)dx$ は，

$$f(x) = \frac{\sqrt{2}(c_0 + c_1 x + c_2 x^2)}{\pi(1-x^2)\sqrt{1-3x^2}} I_{(-1/\sqrt{3},1/\sqrt{3})}(x)$$

$$= \frac{1+x^2}{\sqrt{2}\,\pi(1-x^2)\sqrt{1-3x^2}} I_{(-1/\sqrt{3},1/\sqrt{3})}(x)$$

となり，積分すると

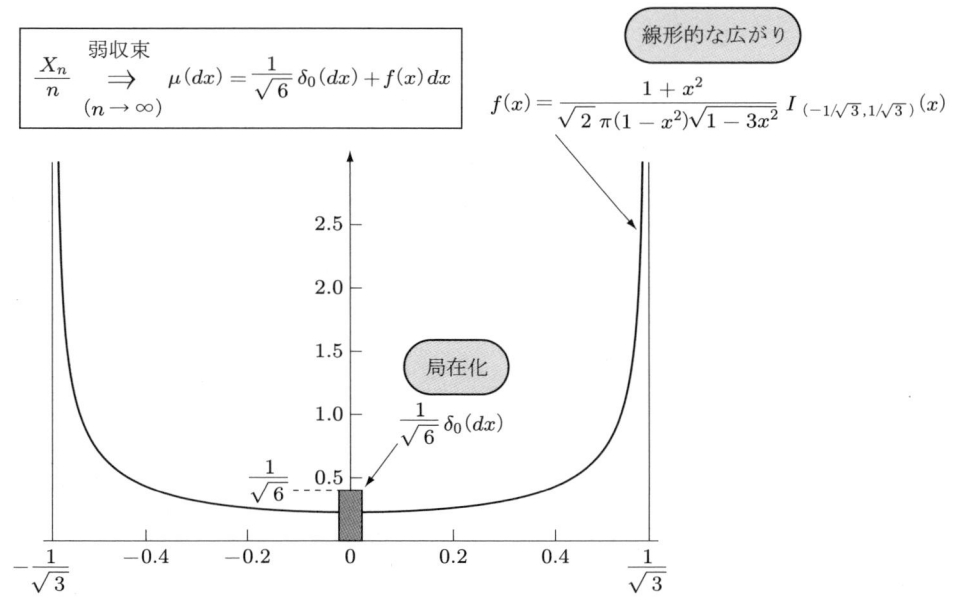

図 5.9　3 状態グローヴァーウォークの弱収束極限測度 $\mu(dx)$

$$\int_{-\infty}^{\infty} f(x)\,dx = 1 - \frac{1}{\sqrt{6}}$$

が得られる．したがって，確かに弱収束極限測度 $\mu(dx)$ は確率測度になっていることも確かめられる．また，$\mu(dx)$ の形は図 5.9 を参照してほしい．

5.6 ユニヴァーサリティ・クラスの紹介

2 状態のアダマールウォークの場合には，時刻 0 での系全体 $\mathbb{Z}$ の量子状態 Ψ_0 を

$$\Psi_0(x) = {}^T\!\left[\frac{1}{\sqrt{2}}, \frac{i}{\sqrt{2}}\right]\delta_0(x) + \sum_{y:y\neq 0} {}^T[0,0]\delta_y(x) \quad (x \in \mathbb{Z})$$

で表したとき，定理 3.3 よりその極限測度は

$$\mu^{(\Psi_0)}(dx) = f_K\!\left(x; \frac{1}{\sqrt{2}}\right) dx$$

になることがわかった．

前節で扱った 3 状態グローヴァーウォークの定理 5.2 やほかのモデルの結果などを考慮すると，一般に，X_n/n の $n \to \infty$ の弱収束極限測度は以下のように表されると期待できる．すなわち，ある有理関数 $w(x)$，定数 $C \in [0, 1)$ と $r \in (0, 1)$ が存在し，

$$\mu^{(\Psi_0)}(dx) = C\delta_0(dx) + (1-C)w(x)f_K(x;r)\,dx$$

が成立する（図 5.10 参照のこと）．

そして，このようなクラスに属する量子ウォークのモデル全体を $\mathcal{U}$ とする．つまり，その極限測度は，出発点である原点でのデルタ測度 $\delta_0(dx)$ と $f_K(x;r)$ で特徴づけられる絶対連続な部分の $w(x)f_K(x;r)dx$ の凸結合になっている．

このクラス $\mathcal{U}$ は，Konno, Łuczak and Segawa (2013) の中で，量子ウォークのユニヴァーサリティ・クラスの一つとして提案された．

現時点で知られている量子ウォークのモデルで $\mathcal{U}$ に属しているものは，いくつか知られていて，しかもその場合に有理関数 $w(x)$ は比較的次数の低い多項式で表現される．たとえば，過去の状態に依存した場合には，Konno and Machida (2010)，多コインの場合は，Inui, Konno and Segawa (2005), Miyazaki, Katori and Konno (2007), Segawa and Konno (2008), Liu and Petulante (2009), Liu (2012), 時間依存型モデルは，Machida and Konno (2010), Machida (2011), 空間依存型モデルは，Konno (2009), Liu and Petulante (2013), Konno, Łuczak and Segawa (2013), ツリー構造上の場合は，Chisaki, Hamada, Konno and Segawa (2009), Chisaki, Konno and Segawa (2012) がある．実は，記憶をもったモデルと多コインのモデルとは，確率分布として同値な関係をもつようにみなすことも可能な場合がある．

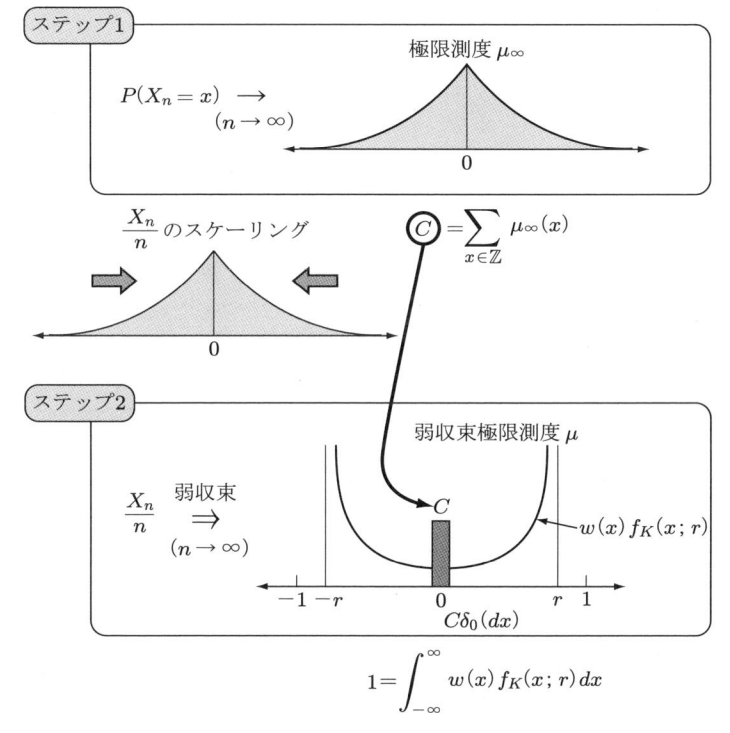

図5.10 ユニヴァーサリティのイメージ

次節で見るように，上のクラスを拡張した下記のクラスを考えた方がよい場合もある．つまり，X_n/n の $n \to \infty$ の弱収束極限測度が，$k = 0, 1, 2, \ldots, N$ に対して，有理関数 $w_k(x)$，定数 $C_k \in [0, 1]$ と $r_k \in (0, 1)$ が存在し，

$$\mu^{(\Psi_0)}(dx) = C_0 \delta_0(dx) + \sum_{k=1}^{N} C_k w_k(x) f_K(x; r_k) dx$$

と表される．また，このようなクラスに属する量子ウォークのモデル全体を $\widetilde{\mathcal{U}}$ とおこう．

5.7 多状態モデルの場合

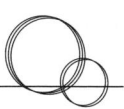

前節までは3状態を扱ってきたが，本章の最終節では，5.6節で見たユニヴァーサリティ・クラス $\widetilde{\mathcal{U}}$ に属する多状態モデルを紹介する．このモデルは，Brun, Carteret and Ambainis (2003a, 2003b)で導入された，テンソル積で定義される直積型の量子ウォークである．とくに，そのモデルの弱収束極限定理の導出を解説するが，その証

明は，4.2 節の 2 状態アダマールウォークの GJS 法による解析と同様なので，詳細には触れない†．

まず，量子ウォークのダイナミクスを定義する（図 5.11 参照）．

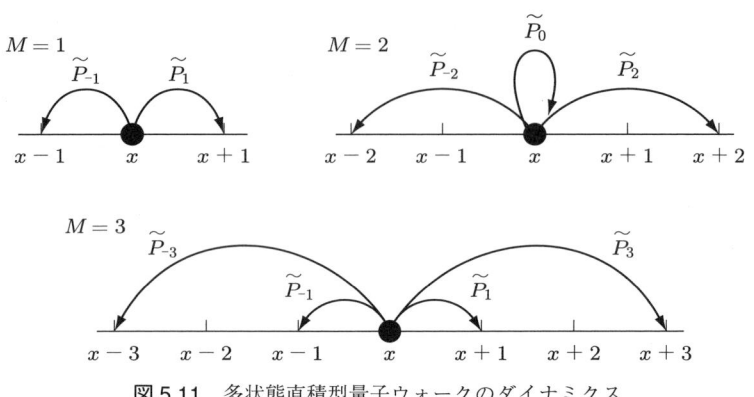

図 5.11 多状態直積型量子ウォークのダイナミクス

いつものように，2×2 のユニタリ行列 U を用意し，左に 1 単位（つまり，$x \to x-1$ ($x \in \mathbb{Z}$)）移動する 2×2 行列 P と右に 1 単位（つまり，$x \to x+1$ ($x \in \mathbb{Z}$)）移動する 2×2 行列 Q に $U = P + Q$ のように分解する．後の説明が見やすいように，ここでは $P_{-1} = P$，$P_1 = Q$ とおこう．

具体的に，$M = 1, 2, \ldots$ に対して，$M+1$ 状態量子ウォークを次のように定める．

$M = 1$ の場合は通常の 2 状態モデルと一致している．つまり，左に移動する 2×2 行列を $\widetilde{P}_{-1} = P_{-1}$ とし，右に移動する 2×2 行列を $\widetilde{P}_1 = P_1$ で与える．

$M = 2$ の場合は，左に 2 単位移動する $2^2 \times 2^2$ 行列を $\widetilde{P}_{-2} = P_{-1} \otimes P_{-1}$ とし，その場所に留まる $2^2 \times 2^2$ 行列を $\widetilde{P}_0 = P_{-1} \otimes P_1 + P_1 \otimes P_{-1}$ とし，右に 2 単位移動する $2^2 \times 2^2$ 行列を $\widetilde{P}_2 = P_1 \otimes P_1$ とする．

同様に，$M = 3$ の場合は，左に 3 単位移動する $2^3 \times 2^3$ 行列を $\widetilde{P}_{-3} = P_{-1} \otimes P_{-1} \otimes P_{-1}$ とし，左に 1 単位移動する $2^3 \times 2^3$ 行列を $\widetilde{P}_{-1} = P_{-1} \otimes P_{-1} \otimes P_1 + P_{-1} \otimes P_1 \otimes P_{-1} + P_1 \otimes P_{-1} \otimes P_{-1}$ とし，右に 1 単位移動する $2^3 \times 2^3$ 行列を $\widetilde{P}_1 = P_1 \otimes P_1 \otimes P_{-1} + P_1 \otimes P_{-1} \otimes P_1 + P_{-1} \otimes P_1 \otimes P_1$ とし，右に 3 単位移動する $2^3 \times 2^3$ 行列を $\widetilde{P}_3 = P_1 \otimes P_1 \otimes P_1$ とする．同じように，一般の M の場合も定義する．

一般の M の場合，フーリエ変換の波数空間の $U^{(M)}(k)$ は，以下のようになる．まず，通常の $M = 1$ のモデルでは，

$$U(k) = U^{(1)}(k) = e^{ik} P_{-1} + e^{-ik} P_1$$

となる．$M = 2$ のモデルでは，

---

† 本節の結果については，Segawa and Konno (2008) を参照のこと．

$$U^{(2)}(k) = (e^{ik}P_{-1} + e^{-ik}P_1) \otimes (e^{ik}P_{-1} + e^{-ik}P_1)$$
$$= e^{2ik}\widetilde{P}_{-2} + \widetilde{P}_0 + e^{-2ik}\widetilde{P}_2$$

となる．同様にして，一般の M のモデルでは，
$$U^{(M)}(k) = (e^{ik}P_{-1} + e^{-ik}P_1)^{\otimes M} = (U^{(1)}(k))^{\otimes M}$$

で与えられる．

以下，一般の場合も本質的に $M=2$ の場合と同様にできるので，$M=2$ の $M+1=3$ 状態モデルで計算を行う．波数空間での初期状態は，

$$\hat{\Psi}_0^{(2)}(k) = \begin{bmatrix} \alpha \\ \beta \end{bmatrix} \otimes \begin{bmatrix} \alpha \\ \beta \end{bmatrix} = \varphi \otimes \varphi$$

とする．ただし，$\alpha, \beta \in \mathbb{C}$ は，$|\alpha|^2 + |\beta|^2 = 1$ を満たす．したがって，

$$\begin{aligned}
\hat{\Psi}_n^{(2)}(k) &= (U^{(2)}(k))^n \hat{\Psi}_0^{(2)}(k) \\
&= (U^{(1)}(k) \otimes U^{(1)}(k))^n \hat{\Psi}_0^{(2)}(k) \\
&= U^{(1)}(k)^n \hat{\Psi}_0(k) \otimes U^{(1)}(k)^n \hat{\Psi}_0(k) \\
&= (\lambda_1^2(k))^n \langle v_1(k)|\varphi\rangle^2 (|v_1(k)\rangle \otimes |v_1(k)\rangle) \\
&\quad + (\lambda_1(k)\lambda_2(k))^n \langle v_1(k)|\varphi\rangle \langle v_2(k)|\varphi\rangle (|v_1(k)\rangle \otimes |v_2(k)\rangle) \\
&\quad + (\lambda_2(k)\lambda_1(k))^n \langle v_2(k)|\varphi\rangle \langle v_1(k)|\varphi\rangle (|v_2(k)\rangle \otimes |v_1(k)\rangle) \\
&\quad + (\lambda_2^2(k))^n \langle v_2(k)|\varphi\rangle^2 (|v_2(k)\rangle \otimes |v_2(k)\rangle) \quad (5.14)
\end{aligned}$$

が得られる．ここで，$\lambda_i(k)$, $|v_i(k)\rangle$ $(i=1, 2)$ を $U^{(1)}(k)$ の固有値と，それに対応し正規直交する固有ベクトルとするとき，

$$U^{(1)}(k) = \lambda_1(k)\langle v_1(k)|\varphi\rangle |v_1(k)\rangle + \lambda_2(k)\langle v_2(k)|\varphi\rangle |v_2(k)\rangle$$

と表されることを用いた．$D = id/dk$ とおくと，以下が成り立つ．

$D^r \hat{\Psi}_n^{(2)}(k)$
$= (n)_r (\lambda_1^2(k))^{n-r} (D(\lambda_1^2(k)))^r \langle v_1(k)|\varphi\rangle^2 (|v_1(k)\rangle \otimes |v_1(k)\rangle)$
$\quad + (n)_r (\lambda_1(k)\lambda_2(k))^{n-r} (D(\lambda_1(k)\lambda_2(k)))^r \langle v_1(k)|\varphi\rangle \langle v_2(k)|\varphi\rangle (|v_1(k)\rangle \otimes |v_2(k)\rangle)$
$\quad + (n)_r (\lambda_2(k)\lambda_1(k))^{n-r} (D(\lambda_2(k)\lambda_1(k)))^r \langle v_2(k)|\varphi\rangle \langle v_1(k)|\varphi\rangle (|v_2(k)\rangle \otimes |v_1(k)\rangle)$
$\quad + (n)_r (\lambda_2^2(k))^{n-r} (D(\lambda_2^2(k)))^r \langle v_2(k)|\varphi\rangle^2 (|v_2(k)\rangle \otimes |v_2(k)\rangle) + O(n^{r-1})$

ただし，$(n)_r = n(n-1) \cdots (n-r+1)$ である．ゆえに，上式より，

$\langle \hat{\Psi}_n^{(2)}(k) | D^r(\hat{\Psi}_n^{(2)}(k))\rangle$
$\quad = (n)_r (\lambda_1(k))^{-2r} (D(\lambda_1^2(k)))^r |\langle v_1(k)|\varphi\rangle|^4$

$$+ (n)_r (\lambda_1(k)\lambda_2(k))^{-r} (D(\lambda_1(k)\lambda_2(k)))^r |\langle v_1(k)|\varphi\rangle|^2 |\langle v_2(k)|\varphi\rangle|^2$$
$$+ (n)_r (\lambda_2(k)\lambda_1(k))^{-r} (D(\lambda_2(k)\lambda_1(k)))^r |\langle v_2(k)|\varphi\rangle|^2 |\langle v_1(k)|\varphi\rangle|^2$$
$$+ (n)_r (\lambda_2(k))^{-2r} (D(\lambda_2^2(k)))^r |\langle v_2(k)|\varphi\rangle|^4 + O(n^{r-1}) \qquad (5.15)$$

となる．一方，式 (4.12) より，$M=2$ の直積型量子ウォークを $X_n^{(2)}$ とおくと，
$$E((X_n^{(2)})^r) = \int_{-\pi}^{\pi} \langle \hat{\Psi}_n^{(2)}(k) | D^r (\hat{\Psi}_n^{(2)}(k)) \rangle \frac{dk}{2\pi}$$
が成り立っている．よって，上式と式 (5.15) を組み合わせると，

$$E\left(\left(\frac{X_n^{(2)}}{n}\right)^r\right) = \int_{-\pi}^{\pi} \left(\frac{D(\lambda_1^2(k))}{\lambda_1^2(k)}\right)^r \left(|\langle v_1(k)|\varphi\rangle|^2\right)^2 \frac{dk}{2\pi}$$
$$+ \int_{-\pi}^{\pi} \left(\frac{D(\lambda_1(k)\lambda_2(k))}{\lambda_1(k)\lambda_2(k)}\right)^r \left(|\langle v_1(k)|\varphi\rangle| |\langle v_2(k)|\varphi\rangle|\right)^2 \frac{dk}{2\pi}$$
$$+ \int_{-\pi}^{\pi} \left(\frac{D(\lambda_2(k)\lambda_1(k))}{\lambda_2(k)\lambda_1(k)}\right)^r \left(|\langle v_2(k)|\varphi\rangle| |\langle v_1(k)|\varphi\rangle|\right)^2 \frac{dk}{2\pi}$$
$$+ \int_{-\pi}^{\pi} \left(\frac{D(\lambda_2^2(k))}{\lambda_2^2(k)}\right)^r \left(|\langle v_2(k)|\varphi\rangle|^2\right)^2 \frac{dk}{2\pi} + O(n^{-1}) \qquad (5.16)$$

が得られる．実は，
$$\frac{D(\lambda_1^{j_1}(k)\lambda_2^{j_2}(k))}{\lambda_1^{j_1}(k)\lambda_2^{j_2}(k)} = j_1 h_1(k) + j_2 h_2(k) \qquad (5.17)$$
が成立する．ただし，
$$h_j(k) = \frac{D\lambda_j(k)}{\lambda_j(k)}$$
である．したがって，式 (5.16) と式 (5.17) から，

$$E\left(\left(\frac{X_n^{(2)}}{n}\right)^r\right) = \int_{-\pi}^{\pi} (2h_1(k))^r \left(|\langle v_1(k)|\varphi\rangle|^2\right)^2 \frac{dk}{2\pi}$$
$$+ \int_{-\pi}^{\pi} 2(h_1(k) + h_2(k))^r \left(|\langle v_2(k)|\varphi\rangle| |\langle v_1(k)|\varphi\rangle|\right)^2 \frac{dk}{2\pi}$$
$$+ \int_{-\pi}^{\pi} (2h_2(k))^r \left(|\langle v_2(k)|\varphi\rangle|^2\right)^2 \frac{dk}{2\pi} + O(n^{-1}) \qquad (5.18)$$

がわかる．ゆえに，$\Omega = \mathbb{K} \times \{1,2\}^{\otimes 2}$ とおき，$\nu^{(2)}$ を Ω 上の確率測度で，具体的には，

$$\mathbb{K} \times \{1,1\} \text{ 上で } \left(|\langle v_1(k)|\varphi\rangle|^2\right)^2 \times \frac{dk}{2\pi}$$

$$\mathbb{K} \times \{1,2\} \text{ 上で } \left(|\langle v_1(k)|\varphi\rangle| |\langle v_2(k)|\varphi\rangle|\right)^2 \times \frac{dk}{2\pi}$$

$\mathbb{K} \times \{2,1\}$ 上で $\left(|\langle v_2(k)|\varphi\rangle| |\langle v_1(k)|\varphi\rangle|\right)^2 \times \dfrac{dk}{2\pi}$

$\mathbb{K} \times \{2,2\}$ 上で $\left(|\langle v_2(k)|\varphi\rangle|^2\right)^2 \times \dfrac{dk}{2\pi}$

とすると，定理 4.1 より，

$$\frac{X_n^{(2)}}{n} \;\Rightarrow\; Y^{(2)} = h(Z^{(2)}) \quad (n \to \infty)$$

が得られる．ただし，$Z^{(2)}$ は分布 $\nu^{(2)}$ に従う Ω 上の確率変数である．ここで，$h\colon \Omega \to \mathbb{R}$ を $\mathbb{K} \times \{i,j\}$ ($i, j = 1, 2$) 上で $h(k, i, j) = h_i(k) + h_j(k)$ と定める．

以下，2×2 のユニタリ行列 U が H のアダマール行列のときを考える．つまり，

$$U = H = \frac{1}{\sqrt{2}} \begin{bmatrix} 1 & 1 \\ 1 & -1 \end{bmatrix}$$

である．そして，このモデルを $3\,(=M+1)$ 状態の直積型アダマールウォークとよぼう．このときは，$h_1(k) + h_2(k) = 0$ となるので，極限測度で局在化に対応する δ_0 の項が現れる[†]．

また，簡単のために，初期状態を φ として，$^T[1,0]$ と $^T[0,1]$ をそれぞれ確率 $1/2$ で選ぶと，四つのすべての項が $1/4$ の重みになり，実際の極限測度は，

$$\mu^{(2)}(dx) = \frac{1}{2}\delta_0(dx) + \frac{1}{2} f_K\!\left(\frac{x}{2}; \frac{1}{\sqrt{2}}\right) dx \tag{5.19}$$

となる（本節の最後に導出について簡単にふれる）．

同様に，$M = 3$（$M+1 = 4$ 状態）の場合は，

$$\mu^{(3)}(dx) = \frac{3}{4} f_K\!\left(x; \frac{1}{\sqrt{2}}\right) dx + \frac{1}{4} f_K\!\left(\frac{x}{3}; \frac{1}{\sqrt{2}}\right) dx$$

で，$M = 4$（$M+1 = 5$ 状態）の場合は（図 5.12 参照），

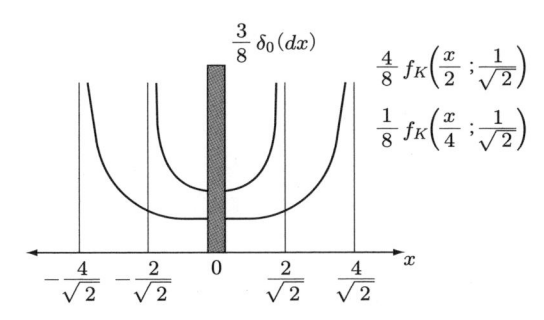

図 5.12　$M = 4$（$M+1 = 5$ 状態）の場合の弱収束極限測度

[†] $2\,(= M+1)$ 状態の直積型アダマールウォークは，通常のアダマールウォークなので，その場合は，極限測度で局在化に対応する δ_0 の項が現れなかったことに注意．

130   第 5 章　1 次元 3 状態量子ウォーク

$$\left(\frac{1}{2}\right)^M \binom{M}{M/2} \quad (M = 偶数)$$

$$2 \times \left(\frac{1}{2}\right)^M \binom{M}{1} f_K\left(\frac{x}{M-2}; \frac{1}{\sqrt{2}}\right)$$

$$2 \times \left(\frac{1}{2}\right)^M \binom{M}{0} f_K\left(\frac{x}{M}; \frac{1}{\sqrt{2}}\right)$$

$-\frac{M}{\sqrt{2}}$　$-\frac{M-2}{\sqrt{2}}$　…　$-\frac{2}{\sqrt{2}}$　0　$\frac{2}{\sqrt{2}}$　…　$\frac{M-2}{\sqrt{2}}$　$\frac{M}{\sqrt{2}}$

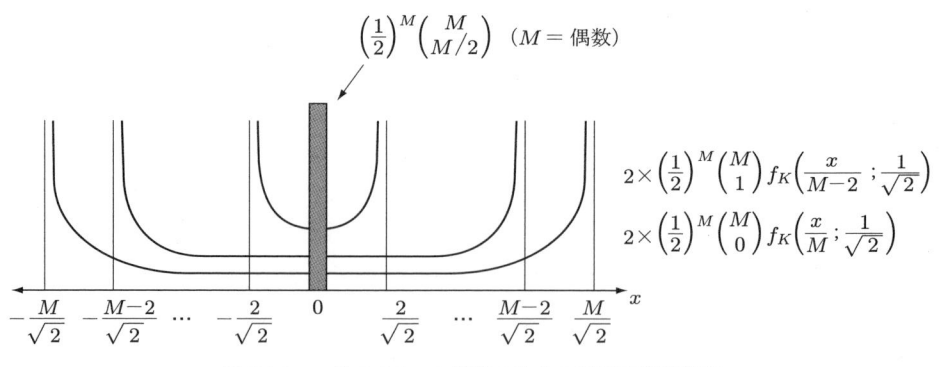

図 5.13　一般の $M+1$ 状態の場合の弱収束極限測度

$$\mu^{(4)}(dx) = \frac{3}{8}\delta_0(dx) + \frac{4}{8}f_K\left(\frac{x}{2}; \frac{1}{\sqrt{2}}\right)dx + \frac{1}{8}f_K\left(\frac{x}{4}; \frac{1}{\sqrt{2}}\right)dx$$

となる．一般に，以下の結果が得られる（図 5.13 参照）．

定理 5.3　初期状態を，原点で $^T[1,0]$ と $^T[0,1]$ をそれぞれ確率 $1/2$ で選ぶ，$M+1$ 状態の直積型アダマールウォーク $X^{(M)}$ を考える．このモデルでは，2×2 のユニタリ行列 U は H のアダマール行列である．このとき

$$\frac{X_n^{(M)}}{n} \Rightarrow Y^{(M)} \quad (n \to \infty)$$

が成り立つ．ただし，$Y^{(M)}$ は以下の測度 $\mu^{(M)}(dx)$ に従う確率変数である．

$$\mu^{(M)}(dx) = I_{\{M = 偶数\}} \left(\frac{1}{2}\right)^M \binom{M}{M/2} \delta_0(dx)$$

$$+ \left(\frac{1}{2}\right)^M \sum_{j=0,\, (j \neq M/2)}^{M} \binom{M}{j} f_K\left(\frac{x}{|M-2j|}; \frac{1}{\sqrt{2}}\right) dx$$

定理 5.3 より明らかなように，M が偶数のとき，すなわち，状態数 $M+1$ が奇数のときは局在化に対応するデルタ測度が存在し，一方，M が奇数のとき，すなわち，状態数 $M+1$ が偶数のときは局在化に対応するデルタ測度が存在しない（図 5.14 参照）．また，いずれの場合も，極限測度 $\mu^{(M)}(dx)$ は拡張されたユニヴァーサリティ・クラス $\widetilde{\mathcal{U}}$ に属するモデルである．

さて，式 (5.18) は，$p = p(k) = |\langle v_1(k)|\varphi\rangle|^2$, $q = q(k) = |\langle v_2(k)|\varphi\rangle|^2$ とおくと，表現が綺麗になる．実際，

$$E\left(\left(\frac{X_n^{(2)}}{n}\right)^r\right) = \int_{-\pi}^{\pi} \left\{(2h_1(k))^r p^2 + 2(h_1(k) + h_2(k))^r pq + (2h_2(k))^r q^2\right\} \frac{dk}{2\pi}$$

5.7 多状態モデルの場合

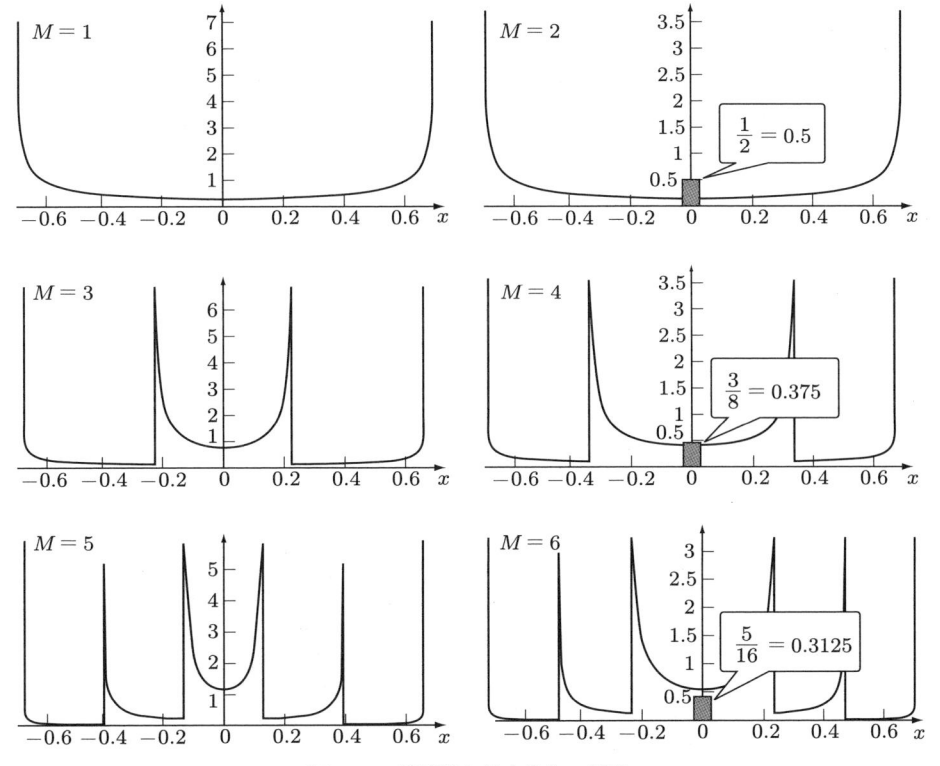

図5.14 状態数と局在化との関係

$$+ O(n^{-1})$$

となり，さらに，$h_2(k) = -h_1(k)$ を用いると，

$$E\left(\left(\frac{X_n^{(2)}}{n}\right)^r\right) = \int_{-\pi}^{\pi} \left\{\sum_{j=0}^{2}(2-2j)^r \binom{2}{j} p^{2-j} q^j \right\} h_1(k)^r \frac{dk}{2\pi} + O(n^{-1})$$

と書ける．ここで，$U(k)$ のユニタリ性から $p + q = p(k) + q(k) = 1$ $(k \in [-\pi, \pi))$ が成立していることにも注意してほしい．また，初期状態を $^T[1, 0]$ と $^T[0, 1]$ をそれぞれ確率 $1/2$ で選ぶときは，$p = q = 1/2$ に対応する．

このとき，式 (5.19) は，以下より導かれる．

$$P\left(Y^{(2)} \leq y\right) = \sum_{j=0}^{2} \int_{\{k \in [-\pi,\pi):(2-2j)h_1(k) \leq y\}} \binom{2}{j} p^{2-j} q^j \frac{dk}{2\pi}$$

$$= \int_{\{k \in [-\pi,\pi):2h_1(k) \leq y\}} p^2 \frac{dk}{2\pi} + 2 \int_{\{k \in [-\pi,\pi):0 \leq y\}} pq \frac{dk}{2\pi}$$

$$+ \int_{\{k \in \{[-\pi,\pi):-2h_1(k) \leq y\}\}} q^2 \frac{dk}{2\pi}$$

同様に，一般の M に対して,

$$E\left(\left(\frac{X_n^{(M)}}{n}\right)^r\right) = \int_{-\pi}^{\pi} \left\{\sum_{j=0}^{M}(M-2j)^r \binom{M}{j} p^{M-j} q^j\right\} h_1(k)^r \frac{dk}{2\pi} + O(n^{-1})$$

が得られる．

コラム5. 直感に反する？

　Inui, Konno and Segawa (2005)で，3状態のグローヴァーウォークの局在化と弱収束極限定理をはじめて証明したとき，最初は本当に，局在化と線形的な広がりが両立するのか，にわかには信じがたかった．どうしても，その相反する性質をうまく説明することができないのである．論文を投稿した後でも，実をいうと，論文が掲載された後も，確かにシミュレーションではそのような傾向はみられるのであるが，時刻 n を無限大にすると，アダマールウォークのように実は局在化は起こらないかもしれないという，疑心暗鬼な気分がしばらく続いた．

　しかし，それ以外のモデルでも同様のことが得られるという結果が蓄積するにつれて，むしろそのような現象の方が，よく起こることではないのかと考えを変えるようになった．そしてそれが，本章で紹介した，ユニヴァーサリティー・クラスの提唱とつながってくる．

　このように，量子ウォークの研究では，古典系のランダムウォークに比べて直感がはたらかない場合が多く，結果をわかりやすく説明できなかったりして悩ましい．本書でも現時点でその種の説明が少ないのはそのような理由にもよる．また，論文を投稿するときも，計算ミスが無いか，かなり神経を使う．怖いのは，計算ミスをしているにもかかわらず，得られた「結果」とにわか仕込みの量子ウォークに関する「直感」が合っているような気がして，そのミスに気がつかないことである．

第6章
空間依存型量子ウォーク

この章では，場所によって量子コインが異なるモデルを考える．一般に，すべての場所に依存して量子コインが異なる量子ウォークの挙動の解析は大変難しい．そこで，本章では，1次元2状態アダマールウォークに，原点だけ異なる量子コインを用いたモデルについて考える[†]．この6章以降の章では，最近着目されている，ほぼ独立な話題について各章ごとに解説を行う．ただし，7章と8章は関連性が強い．

6.1 モデルの設定

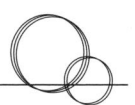

まずは，一般的な設定の $\mathbb{Z}$ 上の場所 x に依存する量子コイン $\{U_x : x \in \mathbb{Z}\}$ によって定まる2状態量子ウォークを考える（図 6.1 参照）．

図 6.1　空間依存型量子ウォーク

このとき，左右にそれぞれ1ステップ移動する2状態のモデルなので，U_x は以下のように与えられた 2×2 のユニタリ行列とする．

$$U_x = \begin{bmatrix} a_x & b_x \\ c_x & d_x \end{bmatrix}$$

ここで，$a_x, b_x, c_x, d_x \in \mathbb{C}$ である．このモデルのダイナミクスは，図 6.2 のようになる．ほかの場所も同様である．

一般の場合の解析は難しいので，この章では，原点以外はアダマール行列とし（すなわち，$U_x = H \; (x \neq 0)$），原点だけは，パラメータ $\omega \in [0, 2\pi)$ に依存する次の形のものを考える（図 6.3）．

$$U_0 = U_0(\omega) = \frac{1}{\sqrt{2}} \begin{bmatrix} 1 & e^{i\omega} \\ e^{-i\omega} & -1 \end{bmatrix} \tag{6.1}$$

[†] ここでの結果は Konno (2010a) で得られている．

134　第6章　空間依存型量子ウォーク

$$|L\rangle = \begin{bmatrix} 1 \\ 0 \end{bmatrix}, \quad |R\rangle = \begin{bmatrix} 0 \\ 1 \end{bmatrix}$$

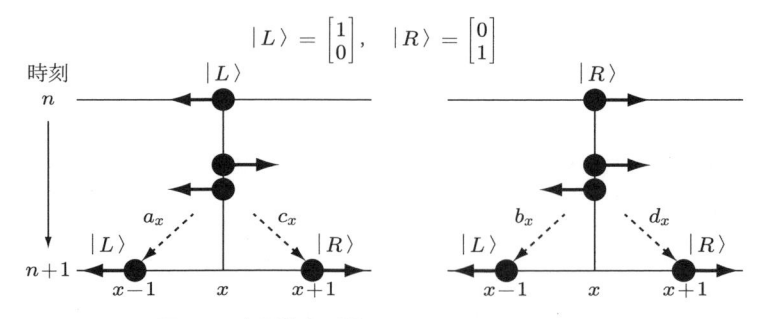

図 6.2　空間依存型量子ウォークのダイナミクス

$$U_0 = \frac{1}{\sqrt{2}} \begin{bmatrix} 1 & e^{i\omega} \\ e^{-i\omega} & -1 \end{bmatrix} \quad \omega \in [0, 2\pi)$$

$$U = \frac{1}{\sqrt{2}} \begin{bmatrix} 1 & 1 \\ 1 & -1 \end{bmatrix}$$

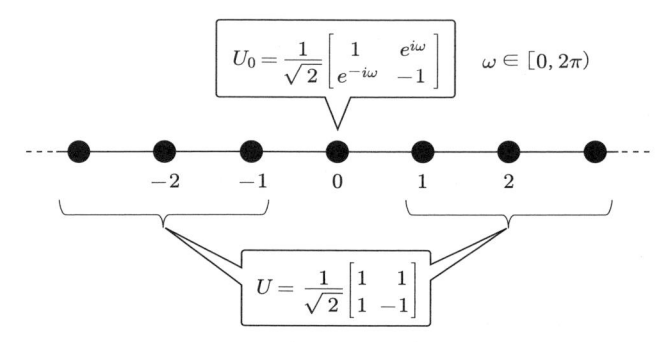

図 6.3　one defect モデルの説明

　このモデルは，原点にだけ位相 ω の偏りが存在するので，one defect（一欠陥）モデルといわれることもある．現在，このような一箇所だけ量子コインを変えた，1次元の one defect モデルの研究が盛んに行われているが，多次元の場合や一箇所だけでない場合などの拡張は一般に解析が難しく，今後の課題である．

　モデルの定義より，$\omega = 0$ のときだけ，量子コインが場所に依存しないモデルで，通常のアダマールウォークに一致する．また，簡単のために，原点だけから出発し，初期量子ビットは $\varphi_* = {}^T[1/\sqrt{2}, i/\sqrt{2}]$ とする．この初期条件のとき，アダマールウォークの確率分布は任意の時刻で原点対称であった（定理 3.2 参照）．

　X_n を時刻 n での量子ウォークとすると，この章では，以下の時刻 n での再帰確率を計算することを考える．

$$r_n(0) = P(X_n = 0)$$

奇数時刻では原点に戻れないので，$r_{2n+1}(0) = 0 \ (n \geq 0)$ であることに注意してほしい．

　まず，空間的に一様な，場所に依存しない $\omega = 0$ のアダマールウォークの場合には，2.7 節の再帰確率のところでも述べたように，以下のように計算できる．

$$r_2^{(H)}(0) = \frac{2}{2^2} = 0.5, \quad r_4^{(H)}(0) = \frac{2}{2^4} = 0.125, \quad r_6^{(H)}(0) = \frac{8}{2^6} = 0.125$$

$$r_8^{(H)}(0) = \frac{18}{2^8} = 0.07031\ldots, \quad r_{10}^{(H)}(0) = \frac{72}{2^{10}} = 0.07031\ldots$$

$$r_{12}^{(H)}(0) = \frac{200}{2^{12}} = 0.04882\ldots, \quad r_{14}^{(H)}(0) = \frac{800}{2^{14}} = 0.04882\ldots$$

添え字の (H) はアダマールウォークを表す．実は，系 2.1 でも示されているように，

$$\lim_{n\to\infty} \frac{r_{2n}(0)}{1/(\pi n)} = 1$$

が成り立つ．したがって，$\lim_{n\to\infty} r_{2n}(0) = 0$ がいえるので，パラメータ $\omega = 0$ のアダマールウォークの場合には局在化を示さないことがわかる．

一方，$\omega = \pi$ の原点だけ量子コインが異なる空間的に非一様な場合に，その再帰確率を計算してみると，以下になることがわかる．

$$r_2(0) = \frac{2}{2^2} = 0.5, \quad r_4(0) = \frac{10}{2^4} = 0.625, \quad r_6(0) = \frac{40}{2^6} = 0.625$$

$$r_8(0) = \frac{170}{2^8} = 0.66406\ldots, \quad r_{10}(0) = \frac{680}{2^{10}} = 0.66406\ldots$$

$$r_{12}(0) = \frac{2600}{2^{12}} = 0.63476\ldots, \quad r_{14}(0) = \frac{10400}{2^{14}} = 0.63476\ldots$$

この計算結果を眺めると，$\omega = 0$ のアダマールウォークの場合と異なり，n を大きくしても 0 に収束するかどうか，すぐには判断できない．実は，本章の主結果である，定理 6.1 より，$\lim_{n\to\infty} r_{2n}(0) = (4/5)^2 = 0.64$ であることがわかる．ゆえに，パラメータ $\omega = \pi$ のモデルは，アダマールウォークの場合とは異なり，局在化を示す．

では，$\omega = \pi$ 以外の $\omega \in (0, 2\pi)$ の場合はどうなるであろうか．それを明らかにするのが，本章の目的である．

6.2 空間依存度と局在化との関係

この節では，主結果（定理 6.1）を説明する．まず，時刻 $2n$ での確率振幅を

$$\Psi_{2n}(0) = \begin{bmatrix} \Psi_{2n}^{(L)}(0) \\ \Psi_{2n}^{(R)}(0) \end{bmatrix} \tag{6.2}$$

とおく．もちろん，奇数時刻では $\Psi_{2n+1}(0) = {}^T[\Psi_{2n+1}^{(L)}(0), \Psi_{2n+1}^{(R)}(0)] = {}^T[0, 0]$ となる．このとき，以下が成り立つ．

命題 6.1 $n \geq 1$ に対して，次が成り立つ．

$$\Psi_{2n}(0) = \frac{1}{\sqrt{2}} \sum_{k=1}^{n} \sum_{\substack{(a_1,\ldots,a_k) \in (\mathbb{Z}_>)^k: \\ a_1+\cdots+a_k=n}} \left(\prod_{j=1}^{k} r^*_{2a_j-1} \right)$$

$$\times \begin{bmatrix} \dfrac{1-\mu_+}{C_+^2} \left(\dfrac{\gamma_+}{2} \right)^k + \dfrac{1-\mu_-}{C_-^2} \left(\dfrac{\gamma_-}{2} \right)^k \\ -\left\{ \dfrac{\mu_+(1-\mu_+)}{C_+^2} \left(\dfrac{\gamma_+}{2} \right)^k + \dfrac{\mu_-(1-\mu_-)}{C_-^2} \left(\dfrac{\gamma_-}{2} \right)^k \right\} i \end{bmatrix}$$

ただし，$\mathbb{Z}_> = \{1, 2, \ldots\}$,

$$\gamma_{\pm} = -\cos\omega \pm i\sqrt{1+\sin^2\omega}, \quad \mu_{\pm} = \sin\omega \mp \sqrt{1+\sin^2\omega}$$

$$C_{\pm} = \sqrt{2\left\{ (1+\sin^2\omega) \mp \sin\omega\sqrt{1+\sin^2\omega} \right\}}$$

$$\sum_{n=1}^{\infty} r_n^* z^n = \frac{-1 - z^2 + \sqrt{1+z^4}}{z}$$

である．

この証明は 6.3 節で与える．この命題を用いると，次の主結果が得られる．その証明は 6.4 節で行う．

定理 6.1 パラメータ $\omega \in [0, 2\pi)$ に対して，時刻 $2n$ での再帰確率の極限 $c(\omega)$ は以下で与えられる．

$$c(\omega) = \lim_{n \to \infty} r_{2n}(0) = \left(\frac{2(1-\cos\omega)}{3-2\cos\omega} \right)^2$$

$c(\omega)$ の形は図 6.4 で与えられる．ここで，$c(\omega)$ の性質について述べる．(a) $c(\omega) = c(2\pi - \omega)$．すなわち，$\omega = \pi$ で対称である．(b) $c(\omega)$ は $\omega \in [0, \pi]$ で狭義単調増加で

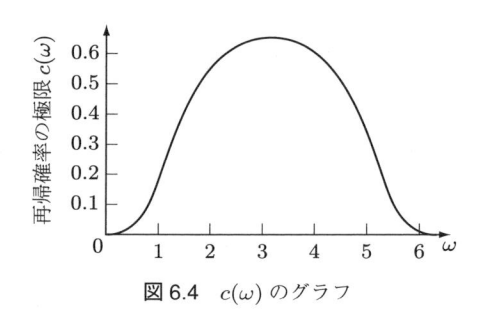

図 6.4 $c(\omega)$ のグラフ

ある．(c) 任意の $\omega \in [0, \pi]$ に対して，$c(0) = 0 \leq c(\omega) \leq c(\pi) = (4/5)^2$ である．つまり，(a)〜(c) より，$\omega = \pi$ のモデルが最も再帰確率の極限の値が大きいことがわかる．

さらに，一番興味深いこととして，少しでも空間的に非一様になると，つまり，$\omega \in (0, 2\pi)$ ならば，$c(\omega) > 0$ が成り立ち，局在化が起きることである．一方，$\omega = 0$ のアダマールウォークの場合には，$c(\omega) = 0$ となり局在化が起きないことも確かめられる．これに関しては，前節でも述べたが，系 2.1 の結果，$\lim_{n \to \infty} \pi n \, r_{2n}(0) = 1$ からも得られる．

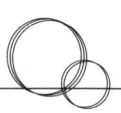

6.3 命題 6.1 の証明

この節では，組合せ論的な手法で命題 6.1 を示す．まず，そのために，原点 0 に吸収壁をもつ $\mathbb{Z}_\geq = \{0, 1, 2, \ldots\}$ の場所 $m \, (\geq 1)$ から出発するアダマールウォークを考える．このモデルでは，$\{U_x \equiv H : x \geq 1\}$ しか関係してこないので，原点でのドリフトの効果，P_0 と Q_0 にはよらない．ゆえに，任意の $x \geq 1$ に対して，

$$U_x = H = \frac{1}{\sqrt{2}} \begin{bmatrix} 1 & 1 \\ 1 & -1 \end{bmatrix}$$

なので，

$$P_x = P = \frac{1}{\sqrt{2}} \begin{bmatrix} 1 & 1 \\ 0 & 0 \end{bmatrix}, \quad Q_x = Q = \frac{1}{\sqrt{2}} \begin{bmatrix} 0 & 0 \\ 1 & -1 \end{bmatrix} \quad (x \geq 1)$$

であることに注意してほしい．次に，$\Xi_n^{(\infty, m)}$ を m から出発して，時刻 n で初めて原点に達するパスのすべての和とする．たとえば，

$$\Xi_5^{(\infty, 1)} = P^2 QPQ + P^3 Q^2$$

である（図 6.5 参照）．

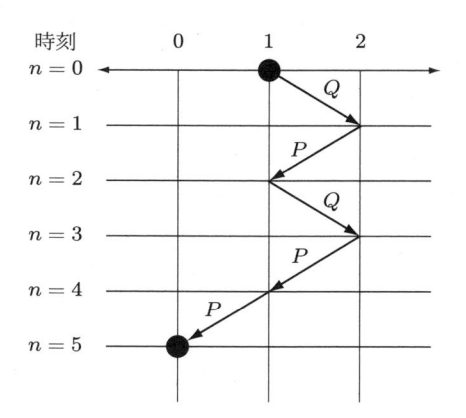

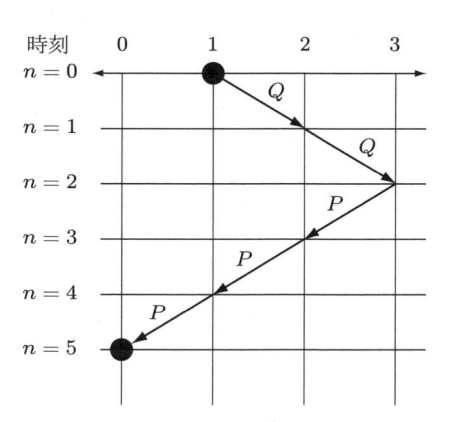

図 6.5　$\Xi_5^{(\infty, 1)}$ の二つのパス

ここで，以下の R と S を導入する．
$$R = \frac{1}{\sqrt{2}} \begin{bmatrix} 1 & -1 \\ 0 & 0 \end{bmatrix}, \quad S = \frac{1}{\sqrt{2}} \begin{bmatrix} 0 & 0 \\ 1 & 1 \end{bmatrix}$$

2.3 節の組合せ論的手法のところで説明したように，P, Q, R と S は，内積 $\langle A|B \rangle = \mathrm{tr}(A^*B)$ に関して，2×2 行列全体からなるベクトル空間の正規直交基底になっている．ゆえに，$\Xi_n^{(\infty,m)}$ は以下のように一意的に表される．
$$\Xi_n^{(\infty,m)} = p_n^{(\infty,m)} P + q_n^{(\infty,m)} Q + r_n^{(\infty,m)} R + s_n^{(\infty,m)} S$$
$\Xi_n^{(\infty,m)}$ の定義に注意すると，$m \geq 1$ に対して，
$$\Xi_n^{(\infty,m)} = \Xi_{n-1}^{(\infty,m-1)} P + \Xi_{n-1}^{(\infty,m+1)} Q$$
である．これを用いると，以下が得られる．
$$p_n^{(\infty,m)} = \frac{1}{\sqrt{2}} p_{n-1}^{(\infty,m-1)} + \frac{1}{\sqrt{2}} r_{n-1}^{(\infty,m-1)}$$
$$q_n^{(\infty,m)} = -\frac{1}{\sqrt{2}} q_{n-1}^{(\infty,m+1)} + \frac{1}{\sqrt{2}} s_{n-1}^{(\infty,m+1)}$$
$$r_n^{(\infty,m)} = \frac{1}{\sqrt{2}} p_{n-1}^{(\infty,m+1)} - \frac{1}{\sqrt{2}} r_{n-1}^{(\infty,m+1)}$$
$$s_n^{(\infty,m)} = \frac{1}{\sqrt{2}} q_{n-1}^{(\infty,m-1)} + \frac{1}{\sqrt{2}} s_{n-1}^{(\infty,m-1)}$$

また，$\Xi_n^{(\infty,m)}$ の定義から，考えるパスは，最後に左向きに移動して原点にヒットするので，$P \ldots P$ と $P \ldots Q$ のタイプの 2 種類しかない．したがって，$q_n^{(\infty,m)} = s_n^{(\infty,m)} = 0$ ($n \geq 1$) が導かれる．よって，$p_n^{(\infty,m)}$ と $r_n^{(\infty,m)}$ を計算するために，それぞれの母関数を導入する．
$$p^{(\infty,m)}(z) = \sum_{n=1}^{\infty} p_n^{(\infty,m)} z^n, \quad r^{(\infty,m)}(z) = \sum_{n=1}^{\infty} r_n^{(\infty,m)} z^n$$

ゆえに，
$$p^{(\infty,m)}(z) = \frac{z}{\sqrt{2}} p^{(\infty,m-1)}(z) + \frac{z}{\sqrt{2}} r^{(\infty,m-1)}(z)$$
$$r^{(\infty,m)}(z) = \frac{z}{\sqrt{2}} p^{(\infty,m+1)}(z) - \frac{z}{\sqrt{2}} r^{(\infty,m+1)}(z)$$

となる．これらを用い解くと，$p^{(\infty,m)}(z)$ と $r^{(\infty,m)}(z)$ は以下の同じ漸化式を満たすことがわかる．
$$p^{(\infty,m+2)}(z) + \sqrt{2}\left(\frac{1}{z} - z\right) p^{(\infty,m+1)}(z) - p^{(\infty,m)}(z) = 0$$

$$r^{(\infty,m+2)}(z) + \sqrt{2}\left(\frac{1}{z} - z\right) r^{(\infty,m+1)}(z) - r^{(\infty,m)}(z) = 0$$

これから,その特性方程式は次の2根をもつことが導かれる.
$$\lambda_{\pm} = \frac{-1 + z^2 \pm \sqrt{1+z^4}}{\sqrt{2}z}$$

次に,$\Xi_n^{(\infty,1)}$ の定義から,$p_n^{(\infty,1)} = 0$ ($n \geq 2$) と $p_1^{(\infty,1)} = 1$ がわかる.よって,$p^{(\infty,1)}(z) = z$ である.さらに,$\lim_{m \to \infty} p^{(\infty,m)}(z) = \lim_{m \to \infty} r^{(\infty,m)}(z) < \infty$ より,以下が得られる.

$$p^{(\infty,m)}(z) = z\lambda_+^{m-1}, \quad r^{(\infty,m)}(z) = \frac{-1 + \sqrt{1+z^4}}{z}\lambda_+^{m-1}$$

ゆえに,$m=1$ に対して,
$$r^{(\infty,1)}(z) = \frac{-1 + \sqrt{1+z^4}}{z}$$

となる.

同様にして,原点 0 に吸収壁をもつ $\mathbb{Z}_{\leq} = \{0, -1, -2, \ldots\}$ の場所 $m\ (\leq -1)$ から出発するアダマールウォークを考えると,
$$q^{(-\infty,m)}(z) = z\lambda_-^{m+1}, \quad s^{(-\infty,m)}(z) = \frac{1 - \sqrt{1+z^4}}{z}\lambda_-^{m+1}$$

となる.よって,$m=-1$ に対して,
$$s^{(-\infty,-1)}(z) = \frac{1 - \sqrt{1+z^4}}{z}$$

が得られる.ここで,$n \geq 1$ に対して,$r_n^{(\infty,1)} + s_n^{(-\infty,-1)} = 0$ に注意してほしい.さらに,$\Xi_n^+ = \Xi_n^{(\infty,1)} Q_0$ と $\Xi_n^- = \Xi_n^{(-\infty,-1)} P_0$ とそれぞれおく.ただし,

$$P_0 = \frac{1}{\sqrt{2}}\begin{bmatrix} 1 & e^{i\omega} \\ 0 & 0 \end{bmatrix}, \quad Q_0 = \frac{1}{\sqrt{2}}\begin{bmatrix} 0 & 0 \\ e^{-i\omega} & -1 \end{bmatrix}$$

である.つまり,Ξ_n^+ (Ξ_n^-) は領域 $\mathbb{Z}_{\geq}$ ($\mathbb{Z}_{\leq}$) に制限したとき,時刻 n で初めて原点に達するすべてのパスの和である.ゆえに,以下が得られる.

補題 6.1 (i) $n \geq 4$ かつ n が偶数ならば,次が成り立つ.

$$\Xi_n^+ = r_{n-1}^{(\infty,1)} RQ_0 = \frac{r_{n-1}^{(\infty,1)}}{2}\begin{bmatrix} -e^{-i\omega} & 1 \\ 0 & 0 \end{bmatrix}$$

$$\Xi_n^- = s_{n-1}^{(-\infty,-1)} SP_0 = \frac{s_{n-1}^{(-\infty,-1)}}{2}\begin{bmatrix} 0 & 0 \\ 1 & e^{i\omega} \end{bmatrix}$$

ただし,

140　第6章　空間依存型量子ウォーク

$$\sum_{n=1}^{\infty} r_n^{(\infty,1)} z^n = \frac{-1+\sqrt{1+z^4}}{z}, \quad \sum_{n=1}^{\infty} s_n^{(-\infty,-1)} z^n = \frac{1-\sqrt{1+z^4}}{z}$$

である.

(ii)
$$\Xi_2^+ = PQ_0 = \frac{-1}{2}\begin{bmatrix} -e^{-i\omega} & 1 \\ 0 & 0 \end{bmatrix}, \quad \Xi_2^- = QP_0 = \frac{1}{2}\begin{bmatrix} 0 & 0 \\ 1 & e^{i\omega} \end{bmatrix}$$

(iii) n が奇数ならば, 次が成り立つ.

$$\Xi_n^+ = \Xi_n^- = \begin{bmatrix} 0 & 0 \\ 0 & 0 \end{bmatrix}$$

ここで, $\Xi_n^* = \Xi_n^+ + \Xi_n^-$ とおくと, この補題と $s_n^{(-\infty,-1)} = -r_n^{(\infty,1)}$ $(n \geq 1)$ から,

$$\Xi_n^* = \frac{r_{n-1}^*}{2}\begin{bmatrix} -e^{-i\omega} & 1 \\ -1 & -e^{i\omega} \end{bmatrix}$$

が得られる. ただし,

$$r_n^* = \begin{cases} (-1)^{m-1}\dfrac{(2m-2)!}{2^{2m-1}(m-1)!\,m!} & (n = 4m-1,\ m \geq 1) \\ 0 & (n \neq 4m-1,\ n \geq 2,\ m \geq 1) \\ -1 & (n = 1) \end{cases}$$

である. 実際, 具体的に計算すると,

$$r_1^* = -1, \quad r_2^* = 0, \quad r_3^* = 1/2, \quad r_4^* = r_5^* = r_6^* = 0$$
$$r_7^* = -1/8, \quad r_8^* = r_9^* = r_{10}^* = 0, \quad \dots$$

が確かめられる. このとき, r_n^* の母関数は,

$$\sum_{n=1}^{\infty} r_n^* z^n = \frac{-1-z^2+\sqrt{1+z^4}}{z}$$

となる. Ξ_n^* の定義から,

$$\Psi_{2n}(0) = \sum_{k=1}^{n} \sum_{\substack{(a_1,\dots,a_k) \in (\mathbb{Z}_>)^k: \\ a_1+\cdots+a_k=n}} \left(\prod_{j=1}^{k} \Xi_{2a_j}^*\right) \varphi^*$$

となる. ただし, $\mathbb{Z}_> = \{1, 2, \dots\}$ である. さらに,

$$\begin{bmatrix} -e^{-i\omega} & 1 \\ -1 & -e^{i\omega} \end{bmatrix}^k \frac{1}{\sqrt{2}}\begin{bmatrix} 1 \\ i \end{bmatrix} = \frac{1}{\sqrt{2}}\begin{bmatrix} \dfrac{1-\mu_+}{C_+^2}\gamma_+^k + \dfrac{1-\mu_-}{C_-^2}\gamma_-^k \\ -\left\{\dfrac{\mu_+(1-\mu_+)}{C_+^2}\gamma_+^k + \dfrac{\mu_-(1-\mu_-)}{C_-^2}\gamma_-^k\right\}i \end{bmatrix}$$

が得られる．ただし，

$$\gamma_\pm = -\cos\omega \pm i\sqrt{1+\sin^2\omega}, \quad \mu_\pm = \sin\omega \mp \sqrt{1+\sin^2\omega}$$

$$C_\pm = \sqrt{2\left\{(1+\sin^2\omega) \mp \sin\omega\sqrt{1+\sin^2\omega}\right\}}$$

である．ここで，

$$\left(\prod_{j=1}^k \Xi^*_{2a_j}\right)\varphi^* = \left(\prod_{j=1}^k r^*_{2a_j-1}\right) \frac{1}{2^k} \begin{bmatrix} -e^{-i\omega} & 1 \\ -1 & -e^{i\omega} \end{bmatrix}^k \frac{1}{\sqrt{2}} \begin{bmatrix} 1 \\ i \end{bmatrix}$$

に注意すると，求めたい結論が得られる． □

6.4 定理 6.1 の証明

命題 6.1 を用いて，$\Psi_n^{(L)}(0)$ の母関数を計算する．まず，$x_n = r^*_{2n-1}$ と $u_\pm = \gamma_\pm/2$ とおく．このとき，以下が得られる．

$$\sum_{n=1}^\infty \Psi_{2n}^{(L)}(0) z^{2n}$$

$$= \frac{1}{\sqrt{2}} \Bigg[\frac{1-\mu_+}{C_+^2} \sum_{n=1}^\infty \Bigg\{ \sum_{k=1}^n \sum_{\substack{(a_1,\ldots,a_k)\in(\mathbb{Z}_>)^k: \\ a_1+\cdots+a_k=n}} \left(\prod_{j=1}^k x_{a_j}\right) u_+^k \Bigg\} z^{2n}$$

$$+ \frac{1-\mu_-}{C_-^2} \sum_{n=1}^\infty \Bigg\{ \sum_{k=1}^n \sum_{\substack{(a_1,\ldots,a_k)\in(\mathbb{Z}_>)^k: \\ a_1+\cdots+a_k=n}} \left(\prod_{j=1}^k x_{a_j}\right) u_-^k \Bigg\} z^{2n} \Bigg]$$

$$= \frac{1}{\sqrt{2}} \Bigg[\frac{1-\mu_+}{C_+^2} \sum_{k=1}^\infty \Bigg\{ \sum_{n=k}^\infty \sum_{\substack{(a_1,\ldots,a_k)\in(\mathbb{Z}_>)^k: \\ a_1+\cdots+a_k=n}} \left(\prod_{j=1}^k x_{a_j}\right) z^{2n} \Bigg\} u_+^k$$

$$+ \frac{1-\mu_-}{C_-^2} \sum_{k=1}^\infty \Bigg\{ \sum_{n=k}^\infty \sum_{\substack{(a_1,\ldots,a_k)\in(\mathbb{Z}_>)^k: \\ a_1+\cdots+a_k=n}} \left(\prod_{j=1}^k x_{a_j}\right) z^{2n} \Bigg\} u_-^k \Bigg]$$

$$= \frac{1}{\sqrt{2}} \Bigg[\frac{1-\mu_+}{C_+^2} \sum_{k=1}^\infty \left\{(-1-z^2+\sqrt{1+z^4})u_+\right\}^k$$

$$+ \frac{1-\mu_-}{C_-^2} \sum_{k=1}^\infty \left\{(-1-z^2+\sqrt{1+z^4})u_-\right\}^k \Bigg]$$

$$= \frac{1}{\sqrt{2}} \left\{ \frac{1-\mu_+}{C_+^2} \frac{(-1-z^2+\sqrt{1+z^4})u_+}{1-(-1-z^2+\sqrt{1+z^4})u_+} \right.$$
$$\left. + \frac{1-\mu_-}{C_-^2} \frac{(-1-z^2+\sqrt{1+z^4})u_-}{1-(-1-z^2+\sqrt{1+z^4})u_-} \right\}$$

最初の等式は，命題 6.1 から導かれる．3 番目の等式に関しては，たとえば $k=2$ のときには，

$$\sum_{n=2}^{\infty} \sum_{\substack{(a_1,a_2)\in(\mathbb{Z}_>)^2: \\ a_1+a_2=n}} x_{a_1} x_{a_2} z^{2n} = \left(\sum_{n=1}^{\infty} r_{2n-1}^* z^{2n-1} \right)^2 z^2 = \left(\sum_{n=1}^{\infty} r_n^* z^n \right)^2 z^2$$

$$= \left(\frac{-1-z^2+\sqrt{1+z^4}}{z} \right)^2 z^2$$

$$= (-1-z^2+\sqrt{1+z^4})^2$$

である．これと同様に，一般の $k \geq 1$ に対して，

$$\sum_{n=k}^{\infty} \sum_{\substack{(a_1,\ldots,a_k)\in(\mathbb{Z}_>)^k: \\ a_1+\cdots+a_k=n}} \left(\prod_{j=1}^{k} x_{a_j} \right) z^{2n} = (-1-z^2+\sqrt{1+z^4})^k$$

となる．初期条件 $\Psi_0^{(L)}(0) = 1/\sqrt{2}$ と

$$\frac{1-\mu_+}{C_+^2} + \frac{1-\mu_-}{C_-^2} = 1$$

に注意すると，以下が得られる．

$$\sum_{n=0}^{\infty} \Psi_n^{(L)}(0) z^n = \frac{1}{\sqrt{2}} \left(\frac{1-\mu_+}{C_+^2} \frac{1}{1-Zu_+} + \frac{1-\mu_-}{C_-^2} \frac{1}{1-Zu_-} \right)$$

ただし，$Z = -1-z^2+\sqrt{1+z^4}$ である．

次に，$\Psi_n^{(R)}(0)$ の母関数について考える．初期条件 $\Psi_0^{(R)}(0) = i/\sqrt{2}$ と

$$\frac{\mu_+(1-\mu_+)}{C_+^2} + \frac{\mu_-(1-\mu_-)}{C_-^2} = -1$$

に注意すると，同様にして，

$$\sum_{n=0}^{\infty} \Psi_n^{(R)}(0) z^n = \frac{-i}{\sqrt{2}} \left\{ \frac{\mu_+(1-\mu_+)}{C_+^2} \frac{1}{1-Zu_+} + \frac{\mu_-(1-\mu_-)}{C_-^2} \frac{1}{1-Zu_-} \right\}$$

が得られる．ゆえに，

$$\sum_{n=0}^{\infty} \Psi_n^{(L,\Re)}(0) z^n = \sum_{n=0}^{\infty} \Psi_n^{(R,\Im)}(0) z^n = \frac{2+Z\cos\omega}{\sqrt{2}(2+2Z\cos\omega+Z^2)}$$

$$\sum_{n=0}^{\infty} \Psi_n^{(L,\Im)}(0)z^n = \frac{(1+\sin\omega)Z}{\sqrt{2}(2+2Z\cos\omega+Z^2)}$$

$$\sum_{n=0}^{\infty} \Psi_n^{(R,\Re)}(0)z^n = -\frac{(1-\sin\omega)Z}{\sqrt{2}(2+2Z\cos\omega+Z^2)}$$

が導かれる．ただし，$\Psi_n^{(A,\Re)}(0)$ および $\Psi_n^{(A,\Im)}(0)$ $(A=L,\ R)$ は，$\Psi_n^{(A)}(0)$ の実部および虚部である．これを用いると，

$$\sum_{n=0}^{\infty} \Psi_n^{(L,\Re)}(0)z^n = \sum_{n=0}^{\infty} \Psi_n^{(R,\Im)}(0)z^n$$

$$= \frac{4-3\cos\omega+2(1-\cos\omega)^2z^2+(2-\cos\omega)z^4+(2-\cos\omega)(1+z^2)\sqrt{1+z^4}}{2\sqrt{2}\{3-2\cos\omega+2(1-\cos\omega)^2z^2+(3-2\cos\omega)z^4\}}$$

$$\sum_{n=0}^{\infty} \Psi_n^{(L,\Im)}(0)z^n = -\frac{(1+\sin\omega)\{1+2(1-\cos\omega)z^2+z^4+(-1+z^2)\sqrt{1+z^4}\}}{2\sqrt{2}\{3-2\cos\omega+2(1-\cos\omega)^2z^2+(3-2\cos\omega)z^4\}}$$

$$\sum_{n=0}^{\infty} \Psi_n^{(R,\Re)}(0)z^n = \frac{(1-\sin\omega)\{1+2(1-\cos\omega)z^2+z^4+(-1+z^2)\sqrt{1+z^4}\}}{2\sqrt{2}\{3-2\cos\omega+2(1-\cos\omega)^2z^2+(3-2\cos\omega)z^4\}}$$

となる．これより，次が得られる．

$$\Psi_{2n}^{(L,\Re)}(0) = \Psi_{2n}^{(R,\Im)}(0) \sim \frac{\sqrt{2}(1-\cos\omega)}{3-2\cos\omega}\cos(n\theta_0)$$

$$\Psi_{2n}^{(L,\Im)}(0) \sim -\frac{\sqrt{2}(1-\cos\omega)(1+\sin\omega)}{(3-2\cos\omega)\sqrt{1+\sin^2\omega}}\sin(n\theta_0)$$

$$\Psi_{2n}^{(R,\Re)}(0) \sim \frac{\sqrt{2}(1-\cos\omega)(1-\sin\omega)}{(3-2\cos\omega)\sqrt{1+\sin^2\omega}}\sin(n\theta_0)$$

ここで，$\sin\theta_0 = (2-\cos\omega)\sqrt{1+\sin^2\omega}/(3\cos\omega-2)$, $\cos\theta_0 = -(1-\cos\omega)^2/(3\cos\omega-2)$ で，$f(n) \sim g(n)$ は，$f(n)/g(n) \to 1\ (n\to\infty)$ を意味する．この導出は，たとえば，Flajolet and Sedgewick (2009) の pp.264–265 を参照のこと．ここまで用意すると，$r_{2n}(0)$ の定義より，

$$r_{2n}(0) = |\Psi_{2n}^{(L,\Re)}(0)|^2 + |\Psi_{2n}^{(L,\Im)}(0)|^2 + |\Psi_{2n}^{(R,\Re)}(0)|^2 + |\Psi_{2n}^{(R,\Im)}(0)|^2$$

であるので，求めたい結論が得られる．

以下，$\omega = \pi$ の場合に，計算の流れだけを説明する．このときは，

$$\sum_{n=0}^{\infty} \Psi_n^{(L,\Re)}(0)z^n = \sum_{n=0}^{\infty} \Psi_n^{(R,\Im)}(0)z^n = \frac{7+8z^2+3z^4+3(1+z^2)\sqrt{1+z^4}}{2\sqrt{2}(5+8z^2+5z^4)}$$

$$\sum_{n=0}^{\infty}\Psi_n^{(L,\Im)}(0)z^n = -\sum_{n=0}^{\infty}\Psi_n^{(R,\Re)}(0)z^n = -\frac{1+4z^2+z^4+(-1+z^2)\sqrt{1+z^4}}{2\sqrt{2}\,(5+8z^2+5z^4)}$$

なので，以下を示せばよい．

$$\Psi_{2n}^{(L,\Re)}(0) = \Psi_{2n}^{(R,\Im)}(0) \sim \frac{2\sqrt{2}}{5}\cos(n\theta_0)$$

$$\Psi_{2n}^{(L,\Im)}(0) = -\Psi_{2n}^{(R,\Re)}(0) \sim -\frac{2\sqrt{2}}{5}\sin(n\theta_0)$$

ここで，$\sin\theta_0 = 3/5$, $\cos\theta_0 = -4/5$.

まず，$\Psi_n^{(L,\Re)}(0)$ の場合に考える．偶数時刻にしか戻らないので，それに注意すると，

$$\sum_{n=0}^{\infty}\Psi_n^{(L,\Re)}(0)z^n = \sum_{n=0}^{\infty}\Psi_{2n}^{(L,\Re)}(0)z^{2n}$$

なので，$w = z^2$ と変換することにより，

$$\sum_{n=0}^{\infty}\Psi_{2n}^{(L,\Re)}(0)w^n = \frac{7+8w+3w^2+3(1+w)\sqrt{1+w^2}}{2\sqrt{2}\,(5+8w+5w^2)}$$

となる．したがって，n が大きいところの挙動を調べたいので，$(7+8w+3w^4)/\{2\sqrt{2}(5+8w+5w^2)\}$ と $3(1+w)\sqrt{1+w^2}/\{2\sqrt{2}(5+8w+5w^2)\}$ についての w^n の係数の n に関するオーダーを調べればよい．そのために，以下の記号を導入する．一般に，

$$f(z) = \sum_{n=0}^{\infty} f_n z^n$$

の級数展開をもつとき，$[z^n](f(z)) = f_n$ と表すことにする．ここで，

$$\gamma = e^{i\theta_0} = \frac{-4+3i}{5}$$

とおくと，以下のように計算できる．

$$\sum_{n=0}^{\infty}\Psi_{2n}^{(L,\Re)}(0)w^n = \frac{7+8w+3w^2+3(1+w)\sqrt{1+w^2}}{2\sqrt{2}\,(5+8w+5w^2)}$$

$$= \frac{7+8w+3w^2+3(1+w)\sqrt{1+w^2}}{10\sqrt{2}\,(1+8w/5+w^2)}$$

$$= \frac{7+8w+3w^2+3(1+w)\sqrt{1+w^2}}{10\sqrt{2}\,(w-\gamma)(w-\overline{\gamma})}$$

ここで，

$$\frac{1}{w-\gamma} = -\frac{1}{\gamma(1-w/\gamma)} = -\frac{1}{\gamma}\left(\frac{w}{\gamma}\right)^n$$

$$\frac{1}{w-\overline{\gamma}} = -\frac{1}{\overline{\gamma}(1-w/\overline{\gamma})} = -\frac{1}{\overline{\gamma}}\left(\frac{w}{\overline{\gamma}}\right)^n$$

なので,

$$[w^n]\left(\frac{1}{w-\gamma}\right) = -\gamma^{-(n+1)} = -e^{-i(n+1)\theta_0}$$

$$[w^n]\left(\frac{1}{w-\overline{\gamma}}\right) = -\overline{\gamma}^{-(n+1)} = -\gamma^{n+1} = -e^{i(n+1)\theta_0}$$

が得られる. これらと, $\gamma - \overline{\gamma} = 2i\sin\theta_0$ に注意すると,

$$[w^n]\left(\frac{7+8w+3w^2}{(w-\gamma)(w-\overline{\gamma})}\right)$$

$$\sim [w^n]\left(\frac{7+8\gamma+3\gamma^2}{(\gamma-\overline{\gamma})(w-\gamma)} + \frac{7+8\overline{\gamma}+3\overline{\gamma}^2}{(\overline{\gamma}-\gamma)(w-\overline{\gamma})}\right)$$

$$\sim \frac{7+8\gamma+3\gamma^2}{2i\sin\theta_0}(-e^{-i(n+1)\theta}) + \frac{7+8\overline{\gamma}+3\overline{\gamma}^2}{-2i\sin\theta_0}(-e^{i(n+1)\theta})$$

$$= 4\cos(n\theta_0)$$

がわかる. ゆえに,

$$[w^n]\left(\frac{7+8w+3w^2}{2\sqrt{2}\,(5+8w+5w^2)}\right) \sim \frac{\sqrt{2}}{5}\cos(n\theta_0) \tag{6.3}$$

同様に,

$$[w^n]\left(\frac{3(1+w)\sqrt{1+w^2}}{2\sqrt{2}\,(5+8w+5w^2)}\right) \sim \frac{\sqrt{2}}{5}\cos(n\theta_0) \tag{6.4}$$

なので, 式 (6.3) と式 (6.4) を合わせると, 下記の求めたい式が得られる.

$$\Psi_{2n}^{(L,\Re)}(0) \sim \frac{2\sqrt{2}}{5}\cos(n\theta_0)$$

次に, $\Psi_n^{(L,\Im)}(0)$ の場合に考えると, 同様の計算から,

$$[w^n]\left(-\frac{1+4w+w^2}{2\sqrt{2}\,(5+8w+5w^2)}\right) \sim -\frac{\sqrt{2}}{5}\sin(n\theta_0)$$

$$[w^n]\left(\frac{(1-w)\sqrt{1+w^2}}{2\sqrt{2}\,(5+8w+5w^2)}\right) \sim -\frac{\sqrt{2}}{5}\sin(n\theta_0)$$

を得るので,

$$\Psi_{2n}^{(L,\Im)}(0) \sim -\frac{2\sqrt{2}}{5}\sin(n\theta_0)$$

が導かれる. したがって, $\omega=\pi$ の場合に求めたい結果が得られた. 一般の $\omega \in [0, 2\pi)$ の場合も同様である. □

6.5 関連する話題の紹介

6.5.1 one defect モデル

6.1 節のモデルを拡張した，一点で量子コインが異なる one defect モデルというモデルでの，時間平均極限測度と弱収束極限定理は得られているが，導出は煩雑なので割愛する．詳細は，Konno, Luczak and Segawa (2013) を参照のこと．また，より一般的な one defect のある設定での局在化の判定条件について，Cantero, Grünbaum, Moral and Velázquez (2012) は調べている．

アダマールウォーク $\omega = 0$ の場合は，同様の議論から以下が得られる．なお，同じ結果は，第 4.5 節の母関数法によっても求めることが可能である（系 4.2 を参照のこと）．

$$\sum_{n=0}^{\infty} \Psi_n^{(L,\Re)}(0) z^n = \sum_{n=0}^{\infty} \Psi_n^{(R,\Im)}(0) z^n = \frac{1}{2\sqrt{2}} \left(1 + \frac{1+z^2}{\sqrt{1+z^4}} \right)$$

$$\sum_{n=0}^{\infty} \Psi_n^{(L,\Im)}(0) z^n = -\sum_{n=0}^{\infty} \Psi_n^{(R,\Re)}(0) z^n = -\frac{1}{2\sqrt{2}} \left(1 + \frac{-1+z^2}{\sqrt{1+z^4}} \right)$$

したがって，

$$r_{2n}^{(H)}(0) \sim \frac{1}{\pi n} \tag{6.5}$$

が，命題 4.2 を導いたのと同じように得られる．また，この結果は，系 2.1 と一致している．したがって，$\lim_{n \to \infty} r_{2n}^{(H)}(0) = 0$ となり，局在化を示さないことが確かめられる．

6.5.2 アダマールウォークの拡張

以下のユニタリ行列 U で定まる，アダマールウォークを拡張した，空間的に一様なモデルを考える．

$$U = H(\rho) = \begin{bmatrix} \sqrt{\rho} & \sqrt{1-\rho} \\ \sqrt{1-\rho} & -\sqrt{\rho} \end{bmatrix} \quad (0 < \rho < 1)$$

このモデルに関しては，停留位相法により，Xu (2010) が以下の結果を求めている．

$$r_{2n}(0) \sim \sqrt{\frac{1-\rho}{\rho}} \frac{1}{\pi n} \tag{6.6}$$

もちろん，$\rho = 1/2$ のときはアダマールウォークなので，式 (6.6) は式 (6.5) になる．

6.5.3 別タイプの空間依存型量子ウォーク

ここで，別のタイプの空間依存型量子ウォークを考えよう．この章で扱ったモデルは，非対角成分に位相を加えたが，逆に対角成分に位相を加えるとどうなるであろうか．

まず，数列 $\{\omega_x : x \in \mathbb{Z}\}$ を与える．ただし，$\omega_x \in [0, 2\pi)$ とする．これは，この量子ウォークの環境を与えることに相当する．このとき，場所 x に依存する量子コイン U_x を以下で与える．

$$U_x = U_x(\omega_x) = \frac{1}{\sqrt{2}} \begin{bmatrix} e^{i\omega_x} & 1 \\ 1 & -e^{-i\omega_x} \end{bmatrix} \quad (6.7)$$

ここで，$r_{2n}^*(0)$ を同じ初期状態（つまり，原点だけ量子ビット $^T[1/\sqrt{2}, i/\sqrt{2}]$ をおく）から出発した時刻 $2n$ での再帰確率とする．実はこのとき，アダマールウォークと再帰確率は一致すること，すなわち，$r_{2n}^*(0) = r_{2n}^{(H)}(0)$ となることが示せる（たとえば，Konno (2009) を参照）．よって，このモデルの場合には，どんな環境 $\{\omega_x : x \in \mathbb{Z}\}$ においても，局在化が起きないことを意味し，この章で扱ったモデルとまったく違う挙動をとる．

6.5.4 本章のモデルの一般の場合

本章で扱ったモデルの一般の場合，つまり，環境 $\{\omega_x : x \in \mathbb{Z}\}$ ($\omega_x \in [0, 2\pi)$) に対して，場所 x に依存する量子コイン U_x が

$$U_x = U_x(\omega_x) = \frac{1}{\sqrt{2}} \begin{bmatrix} 1 & e^{i\omega_x} \\ e^{-i\omega_x} & -1 \end{bmatrix}$$

の場合は解析が難しく，局在化についても，十分な結果が得られていない．今後の研究課題となり得るだろう．

6.5.5 対応するランダムウォーク

本章で考察した量子ウォークに対応する，原点だけ推移確率が異なる，$\mathbb{Z}$ 上の原点から出発する古典のランダムウォークの場合について考えよう．具体的には，場所 x でのランダムウォーカーは，左に確率 p_x で，右に q_x で移動する．ただし，任意の $x \in \mathbb{Z}$ に対して，$p_x, q_x \in (0, 1)$ かつ $p_x + q_x = 1$ で，さらに，$x \in \mathbb{Z} \setminus \{0\}$ では，$p_x = p$，$q_x = q$ とする（図 6.6 参照）．

このとき，同様にして，

$$f^{(c)}(z) = \sum_{n=0}^{\infty} r_n^{(c)}(0) z^n = \left\{ 1 - \left(\frac{p_0}{p} + \frac{q_0}{q} \right) \frac{1 - \sqrt{1 - 4pqz^2}}{2} \right\}^{-1} \quad (6.8)$$

が得られる．ただし，$r_n^{(c)}(0)$ は，時刻 n での再帰確率である．式 (6.8) より，

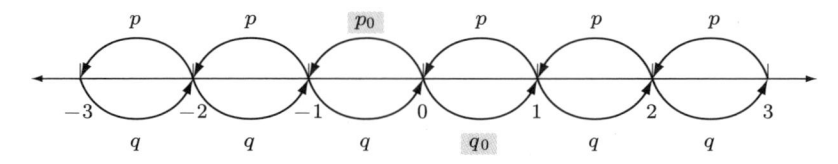

図6.6 対応するランダムウォークのダイナミクス

$$r_{2n}^{(c)}(0) \sim \frac{2}{\frac{p_0}{p} + \frac{q_0}{q}} \frac{(4pq)^n}{\sqrt{\pi n}}$$

となる．実際,

$$\gamma = \frac{2}{\frac{p_0}{p} + \frac{q_0}{q}}, \quad w = 4pqz^2$$

とおくと,

$$f^{(c)}(w) = \frac{1}{1-(1-\sqrt{1-w})/\gamma} = \frac{\gamma}{\gamma - 1 + \sqrt{1-w}} \sim \frac{\gamma}{\sqrt{1-w}}$$

なので,

$$[w^n]f^{(c)}(w) \sim \frac{\gamma}{\sqrt{\pi n}}$$

となり，求めたい結論が得られる．この結果より，$\lim_{n\to\infty} r_{2n}^{(c)}(0) = 0$ が得られるので，古典の場合には局在化は起こらない．さらに，非対称な場合 ($p \neq q$) のときは，$r_{2n}^{(c)}(0)$ は指数的に減少し，$p = q = 1/2$ の対称な場合は,

$$r_{2n}^{(c)}(0) \sim \frac{1}{\sqrt{\pi n}}$$

となり，本章で考えたモデルと対照的である．

6.5.6 ほかのモデルとの関係

さらに，ほかの関連する $\mathbb{Z}$ 上のモデルとの関係について述べる．

コイン作用素が場所に依存しない，空間的に一様な場合には，定理 3.3 より $abcd \neq 0$ の場合，また $b = 0$ の場合は局在化は起きない．既に述べたように，3 状態の空間的に一様な場合は Inui, Konno and Segawa (2005)で，4 状態の場合は Inui and Konno (2005)により局在化の存在が示された．Linden and Sharam (2009)では，コイン作用素が周期 $2k$ で変化する場合を研究し，k が偶数のときは有界に留まり，k が奇数のある場合には局在化が起きないことを示した．Shikano and Katsura (2010)では，コイン作用素が周期をもたないような場合には，有界に留まることを証明している．空間的にランダムなコインに関しては，Joye and Merkli (2010), Ahlbrecht, Scholz and Werner (2011), Joye (2012), Hamza and Joye (2014) の研究があり，アンダーソンの局在化との関連についても議論している．

6.5.7 時間に依存する場合

いままでのモデルは，コイン作用素の列 $\{U_x : x \in \mathbb{Z}\}$ が場所に依存する場合であったが，同様に，時間に依存する場合 $\{U_n : n = 0, 1, 2, \ldots\}$ も考えられる（図 6.7 参照）．実際に，ある種の独立な確率変数列の場合には，Mackay, Bartlett, Stephenson and Sanders (2002), Ribeiro, Milman and Mosseri (2004) はシミュレーションにより，ランダムウォークの分布に近づくことを報告し，Konno (2005b) により組合せ論的手法で証明された．Chandrashekar (2011) は別のクラスの独立な確率変数列の場合には局在化が起きることを示唆するシミュレーションの結果を報告している．2 周期の場合の極限定理に関しては，Machida and Konno (2010) で得られている．時間的にランダムなコインに関しては，Joye (2011), Ahlbrecht, Vogts, Werner and Werner (2011) の研究がある．

さらに，時空間的にランダムなコインの場合は，Ahlbrecht, Cedzich, Matjeschk, Scholz, Werner and Werner (2012) がある．このように，空間依存，時間依存，時空間依存の量子ウォークの数学的研究は今後の興味深い課題である．

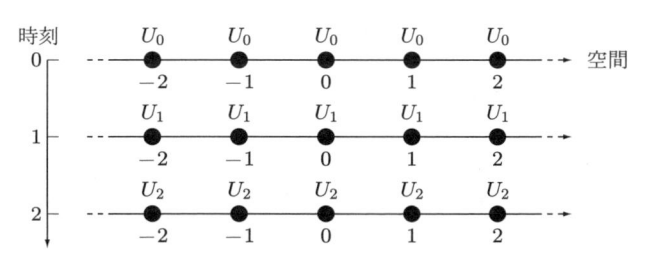

(a) 時間依存型量子ウォーク

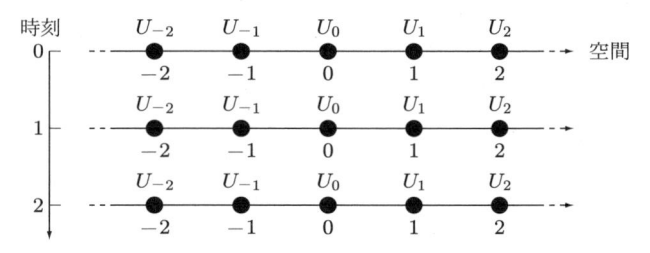

(b) 空間依存型量子ウォーク

図 6.7　時間依存型と空間依存型との違い

コラム 6. 境越する数理

今野研究室を中心に，過去 3 回の展示を行っている．以下で簡単に説明しよう．

最初は，2002 年 2 月 19～24 日の『越境するサイエンス―無限粒子系と非線形系から創出するアート』で，横浜元町にある「ギャラリー元町」で開催した．きっかけは，2001 年 7 月に母が急逝し，残された父を励ますため，父の趣味である絵の個展を開くべくギャラリー元町を予約した．しかし，近づくにつれ，諸事情で個展開催が難しい状況になってきた．たまたま研究室に多才な学生たちがたくさん集まっていた時期でもあり，急遽私も含め研究室メンバーで何か企画を行い，そちらをメインにしようと方向転換することにした．一度このような展示会を行ってみると，学生たちもそれぞれ達成感も得られるようであり，また私自身もこのような企画をやらないと精神的なバランスを保つために必要であるような状態になることがわかってきた．

そして，2 回目は，再び多才なメンバーがそろったほぼ 6 年後，2008 年 6 月 3～8 日，同じくギャラリー元町で，まさに『量子ウォークの世界―微細宇宙の酔っぱらい歩き』というタイトルで行った．前回の 2002 年は考えてみると，まだ量子ウォークの研究を始めたばかりで，展示の中に量子ウォークは登場しなかったが，この時期は量子ウォークがまさに研究室のメインな研究テーマになっていたからである．

3 回目は，2012 年 10 月 10～14 日の『境越する数理―時空間の深秘と暗喩』というタイトルで，同じ元町ではあるが，ギャラリー元町が予約で既に取れなかったため，場所を変えて，「横浜の隠れ家ギャラリー ZAIM CAFE ANNEX」で開催した（詳細は割愛するが，「ZAIM」は「財務局」の「財務」から取られているようだ）．私も 2 次元アダマールウォークのお気に入りの分布を墨で書いたり，「アダマール 分布はガウスと 大違い 台の端にて 値発散」という東日本大震災直後の呆けた状態のときに漏れ出来た「歌」を『分布歌』という作品にしたりと，何点か出品した．ほかにも今野研 OB を中心に，興味深い作品が出品されたが，たとえば，瀬川夫妻作の『量子紙幣』もその一つである．ガウスが掲載されている，ドイツの 10 マルク紙幣は 2001 年まで使われた．その中には，ガウス分布で知られる正規分布の形も描かれている．それに代わるものとして，「量子世界」では「i10 マルク」（i はもちろん虚数の意味である）が 2002 年から使用されたという洒落になっている．なぜ 2002 年かというと，ちょうどその年に本文でも紹介された 1 次元 2 状態の量子ウォークについて，ランダムウォークの中心極限定理に対応する弱収束極限定理（定理 3.3）が Konno (2002a) で得られたからである．実際に，その極限分布の形も量子世界の量子紙幣に描かれている．ガウスの顔に対応した顔が誰に似ているかは問わないことに．

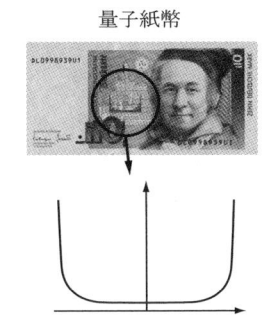

図6.8 マルク紙幣と量子紙幣

第 7 章
直交多項式

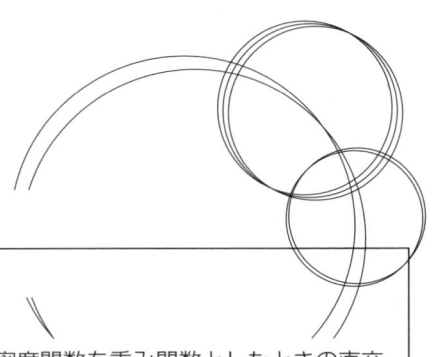

この章では，量子ウォーク X_n の弱収束極限の密度関数を重み関数としたときの直交多項式について考える．古典のランダムウォークの場合には，中心極限定理の密度関数はガウス分布で，重み関数をガウス分布とした直交多項式はエルミート多項式であった．

量子ウォークの極限の密度関数は一般には非対称であるが，ここでは対称な分布だけを扱う[†]．また，本章の内容は，次章を読むための準備の意味合いもある．

7.1 基本的性質

この節を含め，最初の 3 節では，直交多項式に関連する基本的な事項を学習する．適宜，明出伊・尾畑(2003)，尾畑(2012)を参照のこと．まず，$\mathbb{R}$ 上の確率測度全体の集合を $\mathcal{P}(\mathbb{R})$ とする．その部分集合で，下記を満たすものを $\mathcal{P}_{\mathrm{fm}}(\mathbb{R})$ とおく．

$$\mathcal{P}_{\mathrm{fm}}(\mathbb{R}) = \left\{ \mu \in \mathcal{P}(\mathbb{R}); \int_{\mathbb{R}} |x|^m \, d\mu(x) < \infty \quad (m = 1, 2, \ldots) \right\}$$

よって，$\mu \in \mathcal{P}_{\mathrm{fm}}(\mathbb{R})$ に対して，その m 次モーメントが以下で定められる．

$$s_m = s_m(\mu) = \int_{\mathbb{R}} x^m \, d\mu(x)$$

このとき，$\mathbf{s} = \mathbf{s}(\mu) = \{s_0 = 1, s_1, s_2, \ldots\}$ を μ のモーメント列という．

与えられた実数列 $\{c_0 = 1, c_1, c_2, \ldots\}$ に対して，ある確率測度 μ が存在して，任意の $m = 0, 1, 2, \ldots$ に対して，$c_m = s_m(\mu)$ となるかという問題は，**モーメント問題**とよばれる．さらに，その一意性まで成り立つとき，モーメント問題は**決定的である**という．モーメント問題が決定的であるための十分条件の一つとして，以下のカレルマンの定理が有名である．ただし，必要十分条件にはならない．

定理 7.1（カレルマンの定理） $\mu \in \mathcal{P}_{\mathrm{fm}}(\mathbb{R})$ のモーメント列 $\mathbf{s} = \mathbf{s}(\mu) = \{s_0 = 1, s_1, s_2, \ldots\}$ が，以下を満たすとき，そのモーメント問題は決定的である．

[†] 非対称など一般の場合は，Hamada, Konno and Mlotkowski (2009)を参照してほしい．

$$\sum_{m=1}^{\infty} s_{2m}^{-1/(2m)} = \infty$$

とくに，$\mu \in \mathcal{P}(\mathbb{R})$ がコンパクトな台をもてば，$\mu \in \mathcal{P}_{\mathrm{fm}}(\mathbb{R})$ で，さらに，そのモーメント列に対するモーメント問題は決定的である[†]．たとえば，7.5 節で扱う量子ウォークの弱収束極限の密度関数

$$f_K(x;r) = \frac{\sqrt{1-r^2}}{\pi(1-x^2)\sqrt{r^2-x^2}} I_{(-r,r)}(x) \quad (0 < r < 1)$$

をもつ $\mu \in \mathcal{P}(\mathbb{R})$ は，コンパクトな台 $[-r,r]$ をもつので決定的であり，色々と議論の見通しがよくなる．

$\mu \in \mathcal{P}_{\mathrm{fm}}(\mathbb{R})$ に対して，$L_\mu^2(\mathbb{R})$ を $\mathbb{R}$ 上の 2 乗可積分な関数よりなるヒルベルト空間とする．ここで，$f, g \in L_\mu^2(\mathbb{R})$ に対して，以下で内積を定める．

$$\langle f, g \rangle = \langle f, g \rangle_\mu = \int_{\mathbb{R}} \overline{f(x)} g(x) \, d\mu(x)$$

また，f のノルムは $\|f\| = \sqrt{\langle f, f \rangle}$ である．この内積において，$\{1, x, x^2, x^3, \ldots\}$ に対して，グラム–シュミットの直交化法を用いて得た $\mathbb{R}$ 上のモニックな（つまり，最高次数の係数が 1 の）直交化された n 次の多項式 $P_n(x)$ を，μ に付随する直交多項式という．具体的には，

$$\begin{aligned} P_0(x) &= 1 \\ P_n(x) &= x^n - \sum_{k=0}^{n-1} \langle x^n, P_k \rangle \frac{P_k(x)}{\|P_k\|^2} \quad (n \geq 1) \end{aligned} \tag{7.1}$$

である．ただし，ある自然数 N で $\|P_{N-1}\| \neq 0$，$\|P_N\| = 0$ となったときは，$P_0, P_1, \ldots, P_{N-1}$ の N 個の多項式が得られた段階で，その手続きを終える．

さらに，正規化された n 次の直交多項式を $p_n(x)$ とおく．したがって，$P_n(x) = x^n + $ (低次の項)，$p_n(x) = c_n x^n + $ (低次の項) で，c_n は，0 でない正の定数である．また，以下が成り立つ．

$$\langle P_n, P_m \rangle = c_n^{-2} \delta_{n,m}, \quad \langle p_n, p_m \rangle = \delta_{n,m}$$

このとき，定理 7.2 のような **3 項間漸化式**（three-term recurrence relation）が成立している．

定理 7.2 式 (7.1) で与えられる $P_n(x)$ に対し，正の実数列 $\{a_1, a_2, \ldots\}$ と実数列 $\{b_1, b_2, \ldots\}$ が存在して，次が成り立つ．

[†] 一般に，連続な密度関数 $f(x)$ をもつ場合，すなわち，$d\mu(x) = f(x) dx$ のとき，その台は $\{x \in \mathbb{R}; f(x) > 0\}$ の閉包と一致する．

$$P_0(x) = 1$$
$$P_1(x) = x - b_1$$
$$xP_n(x) = P_{n+1}(x) + b_{n+1}P_n(x) + a_n^2 P_{n-1}(x) \quad (n \geq 1)$$

さらに，$a_n \ (n \geq 1)$ は $\|P_n\| = a_n \|P_{n-1}\|$ を満たす．

このことから，
$$\|P_n\| = a_n a_{n-1} \cdots a_1, \quad c_n = (a_n a_{n-1} \cdots a_1)^{-1}$$
が導かれる．ゆえに，
$$p_n(x) = (a_n a_{n-1} \cdots a_1)^{-1} P_n(x)$$
なので，
$$p_0(x) = 1$$
$$p_1(x) = \frac{x - b_1}{a_1}$$
$$xp_n(x) = a_{n+1}p_{n+1}(x) + b_{n+1}p_n(x) + a_n p_{n-1}(x) \quad (n \geq 1)$$
が得られる．それに対応する下記の行列は**ヤコビ行列**（Jacobi matrix）とよばれ

$$J_\mu = \begin{bmatrix} b_1 & a_1 & 0 & 0 & 0 & \cdots \\ a_1 & b_2 & a_2 & 0 & 0 & \cdots \\ 0 & a_2 & b_3 & a_3 & 0 & \cdots \\ 0 & 0 & a_3 & b_4 & a_4 & \cdots \\ \vdots & \vdots & \vdots & \vdots & \vdots & \ddots \end{bmatrix}$$

以下の関係が成立している．
$$J_\mu \mathbf{p} = x\mathbf{p}$$

ただし，$\mathbf{p} = \mathbf{p}(x) = {}^T[p_0(x), p_1(x), p_2(x), \ldots]$．よって，$\mathbf{p}$ はヤコビ行列の固有値 x に対する固有ベクトルになっている．

また，$\alpha_k = b_k$, $\omega_k = a_k^2$ とおいて，

$$J_\mu = \begin{bmatrix} \alpha_1 & \sqrt{\omega_1} & 0 & 0 & 0 & \cdots \\ \sqrt{\omega_1} & \alpha_2 & \sqrt{\omega_2} & 0 & 0 & \cdots \\ 0 & \sqrt{\omega_2} & \alpha_3 & \sqrt{\omega_3} & 0 & \cdots \\ 0 & 0 & \sqrt{\omega_3} & \alpha_4 & \sqrt{\omega_4} & \cdots \\ \vdots & \vdots & \vdots & \vdots & \vdots & \ddots \end{bmatrix}$$

のように書かれることもある．

ここで，μ の台が有限個の場合を考えると，実は以下のように同様のことがいえる．

■定理 7.3 μ の台の個数が n_0 であるとき，正の実数列 $\{a_1, a_2, \ldots, a_{n_0-1}\}$ と実数列 $\{b_1, b_2, \ldots, b_{n_0}\}$ が存在して，次が成り立つ．
$$P_0(x) = 1$$
$$P_1(x) = x - b_1$$
$$xP_n(x) = P_{n+1}(x) + b_{n+1}P_n(x) + a_n^2 P_{n-1}(x) \quad (1 \leq n \leq n_0 - 1)$$

次章で扱うが，具体的な例として，$n_0 = 4$ で，
$$a_1 = \sqrt{p}, \quad a_2 = \sqrt{pq}, \quad a_3 = \sqrt{q}, \quad b_1 = b_2 = b_3 = b_4 = 0$$
の場合を考える．上の定理を用いて，$P_0(x), P_1(x), P_2(x), P_3(x), P_4(x)$ を順次求めると，以下が得られる．
$$P_0(x) = 1, \quad P_1(x) = x, \quad P_2(x) = x^2 - p$$
$$P_3(x) = x^3 - p(1+q)x, \quad P_4(x) = x^4 - (1+pq)x^2 + pq \tag{7.2}$$
このときのヤコビ行列は以下で与えられる．
$$J_\mu = \begin{bmatrix} 0 & \sqrt{p} & 0 & 0 \\ \sqrt{p} & 0 & \sqrt{pq} & 0 \\ 0 & \sqrt{pq} & 0 & \sqrt{q} \\ 0 & 0 & \sqrt{q} & 0 \end{bmatrix} \tag{7.3}$$
さて，$p_1 + \cdots + p_d = 1$ かつ $0 < p_k < 1 \ (k = 1, 2, \ldots, d)$ を満たす $\{p_k\}$ に対して，
$$\mu = \sum_{k=1}^{d} p_k \delta_{c_k}$$
とおく．μ の台は $\{c_1, c_2, \ldots, c_d\}$ である．この μ に対してグラム–シュミットの直交化法を用いて得られる直交多項式 $\{P_0(x), \ldots, P_{d-1}(x)\}$ とすると，$P_d(x)$ は，
$$P_d(x) = \prod_{k=1}^{d} (x - c_k)$$
で，$\|P_d\| = 0$ で特徴づけられる．

たとえば，$d = 2$ の場合は，
$$P_0(x) = 1, \quad P_1(x) = x - 1, \quad P_2(x) = (x - c_1)(x - c_2) \tag{7.4}$$
である．

■問題 7.1
式 (7.2) の $P_0(x), P_1(x), P_2(x), P_3(x), P_4(x)$ を確かめよ．

■問題 7.2
$0 < p, q < 1$ かつ $p + q = 1$ とし，

$$\mu = \frac{p^2}{2(1-pq)}(\delta_1 + \delta_{-1}) + \frac{q}{2(1-pq)}(\delta_{\sqrt{pq}} + \delta_{-\sqrt{pq}})$$

とおく．この μ に対してグラム－シュミットの直交化法を用いて得られる直交多項式 $\{P_0(x), P_1(x), P_2(x), P_3(x)\}$ が，式 (7.2) の $\{P_n\}$ と一致することを確かめよ．したがって，式 (7.3) を与える確率測度 μ は，この問題で与えられた確率測度であることがわかる．

■問題 7.3

式 (7.4) を確かめよ．

7.2 半円則の場合

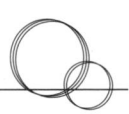

この節では例として，ヤコビ行列が $a_n \equiv 1$, $b_n \equiv 0$ の簡単な場合を考える．この行列は，**自由ヤコビ行列** (free Jacobi matrix) ともよばれる．

まず，$n \geq 1$ に対して，
$$(2\cos\theta)\{\sin(n\theta)\} = \sin((n+1)\theta) + \sin((n-1)\theta)$$
なので，$P_n(x)$ $(x \in [-2, 2])$ を
$$P_n(2\cos\theta) = \frac{\sin((n+1)\theta)}{\sin\theta}$$
で定める．$x = 2\cos\theta$ とおけば，$\{P_n\}$ は，
$$P_0(x) = 1$$
$$P_1(x) = x$$
$$xP_n(x) = P_{n+1}(x) + P_{n-1}(x) \quad (n \geq 1)$$
を満足する．よって，$P_n(x)$ は次数 n のモニックな多項式で，$a_n \equiv 1$, $b_n \equiv 0$ の 3 項間漸化式を満たしていることが確かめられる．一方，
$$\int_0^\pi \sin(n\theta)\sin(m\theta) \frac{d\theta}{\pi} = \frac{1}{2}\delta_{n,m}$$
なので，$x = 2\cos\theta$ とおき，
$$d\mu(x) = \frac{1}{2\pi}\sqrt{4 - x^2}\, dx \quad (x \in [-2, 2])$$
とすると，
$$\int_{-2}^2 P_n(x)P_m(x)\, d\mu(x) = \delta_{n,m}$$
が確かめられる．したがって，半円則 μ の場合には，そのヤコビ行列は自由ヤコビ行列であることがわかる．また，直交多項式 P_n は，

$$U_n(\cos\theta) = \frac{\sin((n+1)\theta)}{\sin\theta}$$

で定義される，第2種チェビシェフ多項式 $U_n(x)$ を用いると，$P_n(x) = U_n(x/2)$ と簡単に表せる．ただし，$a_n \equiv 1/2$，$b_n \equiv 0$ の場合には，$P_n(x) = U_n(x)$ と完全に一致することに注意．ここで，$U_n(x)$ は具体的に，以下で与えられる．

$$U_0(x) = 1, \quad U_1(x) = 2x, \quad U_2(x) = 4x^2 - 1, \quad U_3(x) = 8x^3 - 4x, \quad \ldots$$

そして，以下の3項間漸化式を満たしている．

$$2xU_n(x) = U_{n+1}(x) + U_{n-1}(x) \quad (n \geq 1)$$

また，直交関係は，

$$\int_{-1}^{1} U_n(x) U_m(x) \frac{\sqrt{1-x^2}}{\pi} dx = \frac{1 + \delta_{n,0}}{2} \delta_{n,m} = \begin{cases} \delta_{n,m} & (n = 0) \\ \dfrac{1}{2} \delta_{n,m} & (n \geq 1) \end{cases} \tag{7.5}$$

である．

■問題 7.4
式 (7.5) を確かめよ．

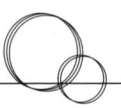

7.3 逆正弦則の場合

次に，第1種チェビシェフ多項式 $\{T_n(x)\}$ に対応する場合について考える．$\{T_n(x)\}$ は，$\cos(n\theta)$ を $x = \cos\theta$ とおいて得られる多項式 $T_n(x)$ で定義される．つまり，

$$T_n(x) = \cos(n\arccos x) \quad (x \in [-1, 1])$$

である．具体的に，以下で与えられる．

$$T_0(x) = 1, \quad T_1(x) = x, \quad T_2(x) = 2x^2 - 1, \quad T_3(x) = 4x^3 - 3x, \quad \ldots$$

たとえば，$\cos 2\theta = 2\cos^2\theta - 1$ なので，$x = \cos\theta$ とおき，$T_2(x) = 2x^2 - 1$ となる．また，

$$\cos((n+1)\theta) + \cos((n-1)\theta) = 2\cos(\theta)\cos(n\theta)$$

を用いると，以下の3項間漸化式を満たしていることがわかる．

$$2xT_n(x) = T_{n+1}(x) + T_{n-1}(x) \quad (n \geq 1) \tag{7.6}$$

つまり，第2種チェビシェフ多項式 $\{U_n(x)\}$ と同じ3項間漸化式が成立している．違いは，第1項の $T_1(x) = x$ と $U_1(x) = 2x$ から生じる．また，直交関係は，次のようになる．

$$\int_{-1}^{1} T_n(x) T_m(x) \frac{dx}{\pi\sqrt{1-x^2}} = \frac{1+\delta_{n,0}}{2}\delta_{n,m} = \begin{cases} \delta_{n,m} & (n=0) \\ \frac{1}{2}\delta_{n,m} & (n \geq 1) \end{cases} \quad (7.7)$$

ここで，モニックな直交多項式にするために，

$$P_0(x) = 1, \quad P_n(x) = \left(\frac{1}{\sqrt{2}}\right)^{n-2} T_n\left(\frac{x}{\sqrt{2}}\right) \quad (n \geq 1)$$

とおく．このとき，式 (7.6) より，

$$P_0(x) = 1, \quad P_1(x) = x$$
$$xP_1(x) = P_2(x) + P_0(x)$$
$$xP_n(x) = P_{n+1}(x) + \frac{1}{2}P_{n-1}(x) \quad (n \geq 2)$$

が得られる．したがって，

$$a_1 = 1, \quad a_n = 1/\sqrt{2} \quad (n \geq 2), \quad b_n = 0 \quad (n \geq 1)$$

が成り立つ．これに対応する確率測度は，式 (7.7) より，逆正弦則で以下で与えられる．

$$d\mu(x) = \frac{dx}{\pi\sqrt{2-x^2}} \quad (x \in (-\sqrt{2}, \sqrt{2}))$$

■ 問題 7.5

式 (7.7) を確かめよ．

7.4 量子ウォークの場合

まず，記法などを整理しよう．ここで考える量子ウォーク X_n は，以下の量子コイン U で定められる．

$$U = \begin{bmatrix} a & b \\ c & d \end{bmatrix}$$

初期条件は，原点に量子ビット $\varphi = {}^T[\alpha, \beta]$ をおくと，定理 3.3 より，$abcd \neq 0$ のとき，以下が成り立つ．

$$\lim_{n \to \infty} P\left(u \leq \frac{X_n}{n} \leq v\right) = \int_u^v \{1 - c(a,b;\varphi)x\} f_K(x; |a|) \, dx$$

ただし，

$$c(a,b;\varphi) = |\alpha|^2 - |\beta|^2 + \frac{a\alpha\overline{b\beta} + \overline{a\alpha}b\beta}{|a|^2}$$

$$f_K(x; r) = \frac{\sqrt{1-r^2}}{\pi(1-x^2)\sqrt{r^2-x^2}} I_{(-r,r)}(x) \quad (0 < r < 1)$$

である．ここで，$I_A(x) = 1$ $(x \in A)$, $= 0$ $(x \notin A)$ である．

したがって，X_n/n の極限密度関数 $f_\infty(x)$ は，$f_\infty(x) = \{1 - c(a,b;\varphi)x\} f_K(x;|a|)$ である．本節では対称な場合，すなわち，$c(a,b;\varphi) = 0$ のときを考えるので，$f_\infty(x) = f_K(x;|a|)$ となる．すなわち，$d\mu(x) = d\mu_r(x) = f_K(x;r)dx$ である．非対称など一般の場合も同様の議論が成り立つ．詳細は，Hamada, Konno and Mlotkowski (2009) を参照してほしい．

まず，$0 < r < 1$ とし，$\mu = \mu_r$ を密度関数 $f_K(x;r)$ をもつ $\mathbb{R}$ 上の確率測度とする．このとき，以下が成り立つ．

定理 7.4 $G_\mu(z) = \int_\mathbb{R} 1/(z-x)\, d\mu(x)$ を $\mu = \mu_r$ の**スチルチェス変換**（Stielties transform）とすると，

$$G_\mu(z) = \frac{z(z^2 - r^2) - \sqrt{1-r^2}\sqrt{z^2 - r^2}}{(z^2 - 1)(z^2 - r^2)}$$

が成り立つ．さらに，G_μ は以下の連分数展開をもつ．

$$G_\mu(z) = \cfrac{1}{z - \cfrac{1 - \sqrt{1-r^2}}{z - \cfrac{(\sqrt{1-r^2} - 1 + r^2)/2}{z - \cfrac{r^2/4}{z - \cfrac{r^2/4}{\ddots}}}}}$$

次節で与えるその証明の前に，本節の後半では，この定理から得られるいくつかの結論を紹介する．$G_\mu(z)$ の連分数展開より，以下が導かれる．

系 7.1 正の実数列 $\{a_1, a_2, \ldots\}$ と実数列 $\{b_1, b_2, \ldots\}$ は，定理 7.2 で示されているように，$\mu = \mu_r$ に付随する直交多項式に対して定まるものとする．このとき，

$$a_1^2 = 1 - \sqrt{1-r^2}, \quad a_2^2 = \frac{\sqrt{1-r^2}(1 - \sqrt{1-r^2})}{2}$$

$$a_n^2 = \frac{r^2}{4} \quad (n \geq 3), \quad b_n = 0 \quad (n \geq 1)$$

が得られる．とくに，アダマールウォークの場合は，$r = 1/\sqrt{2}$ に対応し，

$$f_K\left(x; \frac{1}{\sqrt{2}}\right) = \frac{1}{\pi(1-x^2)\sqrt{1-2x^2}} I_{(-1/\sqrt{2}, 1/\sqrt{2})}(x)$$

であり，以下が成り立つ．

$$a_1 = \frac{\sqrt{4 - 2\sqrt{2}}}{2}, \quad a_2 = \frac{\sqrt{\sqrt{2} - 1}}{2}, \quad a_n = \frac{\sqrt{2}}{4} \quad (n \geq 3), \quad b_n = 0 \quad (n \geq 1)$$

表 7.1 μ と $\{a_n\}$, $\{b_n\}$ との関係

半円則（第2種チェビシェフ多項式）	$a_1 = a_2 = a_3 = a_4 = \cdots$	$b_n \equiv 0$
逆正弦則（第1種チェビシェフ多項式）	$a_1,\ a_2 = a_3 = a_4 = \cdots$	$b_n \equiv 0$
量子ウォークの極限測度	$a_1,\ a_2,\ a_3 = a_4 = \cdots$	$b_n \equiv 0$

いままでの説明を簡単にまとめると，表 7.1 のようになる．μ が半円則のときは，第2種チェビシェフ多項式と関係し，a_n は n に依存せず定数である．一方，μ が逆正弦則のときは，第1種チェビシェフ多項式と関係し，a_n は，最初の第1項 a_1 だけ異なり，第2項から先は n に依存せず定数である．さらに，量子ウォークの弱収束定理から得られる極限確率測度 $\mu = \mu_r$ の場合には，a_n は，最初の第1項と第2項 a_1, a_2 だけ異なり，第3項から先は n に依存せず定数となっている．

また，系 7.1 より，次が成り立つ．

系 7.2 $\mu = \mu_r$ に対するモニックな直交多項式は以下で与えられる．

$$P_0(x) = 1, \quad P_1(x) = x$$
$$xP_1(x) = P_2(x) + (1 - \sqrt{1-r^2})P_0(x)$$
$$xP_2(x) = P_3(x) + \frac{\sqrt{1-r^2}(1-\sqrt{1-r^2})}{2}P_1(x)$$
$$xP_n(x) = P_{n+1}(x) + \frac{r^2}{4}P_{n-1}(x) \quad (n \geq 3)$$

とくに，アダマールウォークの場合（$r = 1/\sqrt{2}$）に，具体的に最初のいくつかの直交多項式を計算してみると，以下のようになる．

$$P_0(x) = 1, \quad P_1(x) = x$$
$$P_2(x) = x^2 + \frac{-2+\sqrt{2}}{2}$$
$$P_3(x) = x^3 + \frac{-3+\sqrt{2}}{2^2}x$$
$$P_4(x) = x^4 + \frac{-7+2\sqrt{2}}{2^3}x^2 + \frac{2-\sqrt{2}}{2^4}$$
$$P_5(x) = x^5 + \frac{-4+\sqrt{2}}{2^2}x^3 + \frac{7-3\sqrt{2}}{2^5}x$$
$$P_6(x) = x^6 + \frac{-9+2\sqrt{2}}{2^3}x^4 + \frac{21-8\sqrt{2}}{2^6}x^2 + \frac{-2+\sqrt{2}}{2^7}$$

さて，系 7.2 を用いると，以下の母関数が求められる．

$$Q(x,z) = \sum_{n=0}^{\infty} P_n(x) z^n$$

実際，次の結果が導かれる．

系 7.3

$$(4 - 4xz + r^2 z^2) Q(x,z) = 4 + \left(r^2 - 4 + 4\sqrt{1-r^2}\right) z^2 \\ + \left(2 - r^2 - 2\sqrt{1-r^2}\right) xz^3$$

ここで，第 1 種チェビシェフ多項式 $T_n(x)$，第 2 種チェビシェフ多項式 $U_n(x)$ の母関数と比較すると，以下のようになる．

$$\sum_{n=0}^{\infty} T_n(x) z^n = \frac{1 - xz}{1 - 2xz + z^2}$$

$$\sum_{n=0}^{\infty} U_n(x) z^n = \frac{1}{1 - 2xz + z^2}$$

$$Q(x,z) = \sum_{n=0}^{\infty} P_n(x) z^n = \frac{4 + (r^2 - 4 + 4\sqrt{1-r^2}) z^2 + (2 - r^2 - 2\sqrt{1-r^2}) xz^3}{4 - 4xz + r^2 z^2}$$

とくに，アダマールウォークの場合は，

$$Q(x,z) = \frac{8 + (-7 + 4\sqrt{2}) z^2 + (3 - 2\sqrt{2}) xz^3}{8 - 8xz + z^2}$$

となる．

7.5 定理 7.4 の証明

次の事実は，スチルチェス変換 $G_\mu(z)$ を計算するのに有益である．

補題 7.1 $\mathbb{C}^+ = \{z \in \mathbb{C} : \Im z > 0\}$，$\mathbb{C}^- = \{z \in \mathbb{C} : \Im z < 0\}$ とおく．関数 $A \colon \mathbb{C}^+ \to \mathbb{C}^-$ を，次の連分数展開で定められる関数とする．

$$A(z) = \cfrac{1}{z - \cfrac{r^2/4}{z - \cfrac{r^2/4}{\ddots}}}$$

このとき，平方根を適宜選ぶことにより，以下が成立する．

$$A(z) = \frac{2z}{r^2} - \frac{2}{r^2} \sqrt{z^2 - r^2}$$

証明 $A(z)$ の定義から，
$$A(z) = \frac{1}{z - r^2 A(z)/4}$$
なので，
$$r^2 A(z)^2 - 4zA(z) + 4 = 0$$
が成り立ち，求めたい結論が得られる． □

さて，定理 7.4 の証明に戻る．$G(z)$ の連分数展開を仮定すると，
$$G(z) = \cfrac{1}{z - \cfrac{1-\sqrt{1-r^2}}{z - \cfrac{(\sqrt{1-r^2}-1+r^2)/2}{z - A(z)r^2/4}}} = \cfrac{1}{z - \cfrac{1-\sqrt{1-r^2}}{z - \cfrac{\sqrt{1-r^2}-1+r^2}{z+\sqrt{z^2-r^2}}}}$$
$$= \cfrac{1}{z - \cfrac{1-\sqrt{1-r^2}}{z - (\sqrt{1-r^2}-1+r^2)(z-\sqrt{z^2-r^2})/r^2}}$$
$$= \frac{z + \sqrt{1-r^2}\sqrt{z^2-r^2}}{z^2 - r^2 + z\sqrt{1-r^2}\sqrt{z^2-r^2}} = \frac{z(z^2-r^2) - \sqrt{1-r^2}\sqrt{z^2-r^2}}{(z^2-1)(z^2-r^2)}$$
が得られ，求めたかった最初の表式と一致している．

一方，$G(z)$ の表式を用いると，詳細は省くが，
$$\mu_r(x) = -\frac{1}{\pi} \lim_{y \to +0} \Im(G(x+iy))$$
の関係式より[†]，$\mu_r(x)$ が得られるので，$G(z)$ の表式が正しいことを確かめることができる．ここで，$\Im(z)$ は複素数 z の虚部を表す．以上より，定理 7.4 が導かれる． □

最後に，定理 7.4 を用いて，確率測度 $\mu = \mu_r$ の，以下で定義される m 次モーメント $s_m(\mu)$ を計算しよう．
$$s_m(\mu) = \int_{\mathbb{R}} x^m f_K(x;r)\,dx \int_{-r}^{r} \frac{x^m \sqrt{1-r^2}}{\pi(1-x^2)\sqrt{r^2-x^2}}\,dx$$
既に，アダマールウォーク ($r = 1/\sqrt{2}$) の場合には，別の方法を用いて求めた（命題 3.1 参照）．

定理 7.5 $m \geq 0$ に対して，$s_{2m+1}(\mu) = 0$，かつ，
$$s_{2m}(\mu) = 1 - \sqrt{1-r^2} \sum_{k=0}^{m-1} \binom{2k}{k} \left(\frac{r^2}{4}\right)^k$$

[†] たとえば，明出伊・尾畑 (2003) の p.194.

が成り立つ. さらに, **モーメント母関数** (moment generating function) $M_\mu(z)$ は,

$$M_\mu(z) = \sum_{m=0}^{\infty} s_m(\mu) z^m = \frac{1 - r^2 z^2 - z^2 \sqrt{1-r^2} \sqrt{1-r^2 z^2}}{(1-z^2)(1-r^2 z^2)}$$

となる.

証明 最初に, 以下の関係に注意する.

$$M_\mu(z) = \frac{G_\mu(1/z)}{z} = \frac{1 - r^2 z^2 - z^2 \sqrt{1-r^2} \sqrt{1-r^2 z^2}}{(1-z^2)(1-r^2 z^2)}$$

最初の等号は $M_\mu(z)$ と $G_\mu(z)$ の定義から, 2 番目の等号は定理 7.4 から, それぞれ導かれる. s_m に関する表式を用いると,

$$\begin{aligned}
M(z) &= \sum_{n=0}^{\infty} \left\{ 1 - \sqrt{1-r^2} \sum_{k=0}^{n-1} \binom{2k}{k} \left(\frac{r^2}{4}\right)^k \right\} z^{2n} \\
&= \frac{1}{1-z^2} - \sqrt{1-r^2} \sum_{k=0}^{\infty} \sum_{n=k+1}^{\infty} \binom{2k}{k} \left(\frac{r^2}{4}\right)^k z^{2n} \\
&= \frac{1}{1-z^2} - \sqrt{1-r^2} \sum_{k=0}^{\infty} \binom{2k}{k} \left(\frac{r^2}{4}\right)^k \frac{z^{2k+2}}{1-z^2} \\
&= \frac{1}{1-z^2} - \frac{z^2 \sqrt{1-r^2}}{(1-z^2) \sqrt{1 - 4 \dfrac{r^2 z^2}{4}}} \\
&= \frac{1 - r^2 z^2 - z^2 \sqrt{1-r^2} \sqrt{1-r^2 z^2}}{(1-z^2)(1-r^2 z^2)}
\end{aligned}$$

となり, まさに求めたかった $M_\mu(z)$ の表現を得る. 4 番目の等号で, 次の結果を用いた.

$$\sum_{k=0}^{\infty} \binom{2k}{k} x^k = \frac{1}{\sqrt{1-4x}}$$

□

具体的に, $m=1, 2$ とすると, 以下の 2 次と 4 次モーメント $s_2(\mu), s_4(\mu)$ が得られる.

系 7.4

$$s_2(\mu) = 1 - \sqrt{1-r^2}, \quad s_4(\mu) = 1 - \sqrt{1-r^2}\left(1 + \frac{r^2}{2}\right)$$

コラム 7. この世界

　本書脱稿直前に『クラウドアトラス』という，過去・未来が交錯しつつ，いくつかの物語が展開するという 2013 年日本公開の映画を DVD で観た．その直後に，私が認識している宇宙とは，ただ私一人しか関わりえない唯一の宇宙で，私が存在しなくなったら，その宇宙すらも同時に無くなるのではないか，という奇妙な感情にとらわれた．

　この感情とは直接にはつながらないかもしれないが，量子ウォークの研究をしていて思うのは，観測すると確率測度が計算できる我々が「存在している」と思っている現実の世界より，観測しないでも「存在している」と仮定されている世界の方が，より自然な世界なのではという感覚だ．確かに，観測しない世界では，たとえば，量子ウォークがどのように時間発展しているかも知り得ないところが残る．しかし，その世界の方が，ユニタリ性があるので時間に関して「可逆」であり，そのことにより対称性がよく，解析が容易であったりするのが不思議だ．また，観測によって得られた確率分布からもとの量子ウォークがどの程度推測されるかという「逆問題」も，まだよくわかっていない．

第8章
区間上の量子ウォーク

6章までは無限個の頂点からなる $\mathbb{Z}$ 上の量子ウォークを扱った．では，有限個の頂点からなる区間の場合はどうなるのであろうか．

前章で学んだ直交多項式に関する準備の下で，区間上の量子ウォークについて解説する．まず，左に確率 p で移動し，右に確率 q で移動する，区間上の反射壁ランダムウォークを考え，次に，それに対応する量子ウォークを導入する．本書では，その種の量子ウォークを Szegedy ウォークとよぶことにする．その後，ヤコビ行列を仲介役として，区間のシステムサイズを無限大にしたときの量子ウォークに関する挙動を考察する[†]．

8.1 Szegedy ウォーク

区間 P_{N+2} を，$N+2$ 個の頂点からなる頂点集合 $V_{N+2} = \{0, 1, \ldots, N, N+1\}$ とその辺の集合 $E_{N+2} = \{(i, i+1) : i = 0, 1, \ldots, N, N+1\}$ からなるものとする．以下，総頂点数は $N+2$ であるが，添え字には N を用いることがあるので，注意を要する．

8.1.1 反射壁ランダムウォーク

最初に左に確率 p で移動し，右に確率 q で移動する，区間上の反射壁ランダムウォークを考える．ただし，$0 < p, q < 1$，$p + q = 1$ を満たすとする（図 8.1 参照）．
$N = 2$ の場合には，その推移確率行列 $P^{(2)}$ は以下で与えられる．

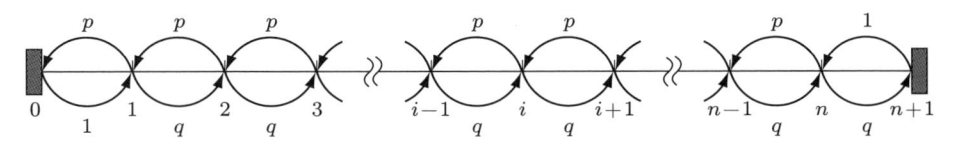

図 8.1　区間 P_{N+2} 上の反射壁ランダムウォーク

[†] 本章の内容は，Ide, Konno and Segawa (2012) の結果の解説である．同じ区間上を扱った関連する論文として，Xu, Zhang, Ide and Konno (2014) がある．

$$P^{(2)} = \begin{bmatrix} 0 & p & 0 & 0 \\ 1 & 0 & p & 0 \\ 0 & q & 0 & 1 \\ 0 & 0 & q & 0 \end{bmatrix}$$

たとえば，(1,2) 成分はランダムウォーカーが場所 1 から場所 0 へ移動する確率 p を，(2,1) 成分は場所 0 から場所 1 へ移動する確率 1 をそれぞれ表す（図 8.2 参照）．

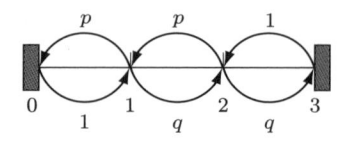

図 8.2 $N=2$ の場合の反射壁ランダムウォーク

このとき，
$$\mathrm{Spec}(P^{(2)}) = \{[1]^1, [-1]^1, [\sqrt{pq}]^1, [-\sqrt{pq}]^1\} \tag{8.1}$$
が成り立つ．ただし，正方行列 A の異なる固有値 $\lambda_1, \lambda_2, \ldots, \lambda_m$ に対してそれぞれの重複度が $n_1, n_2, \ldots, n_m$ のとき，$\mathrm{Spec}(A) = \{[\lambda_1]^{n_1}, [\lambda_2]^{n_2}, \ldots, [\lambda_m]^{n_m}\}$ と表すことにする．

▊問題 8.1
式 (8.1) を確かめよ．

ここで，λ_m ($m=0, 1, 2, 3$) を $P^{(2)}$ の固有値とし，
$$\lambda_0 = 1, \quad \lambda_1 = \sqrt{pq}, \quad \lambda_2 = -\sqrt{pq}, \quad \lambda_3 = -1$$
とおく．$m=0, 1, 2, 3$ に対して，$\mathbf{v}_m$ で固有値 λ_m に対応し正規直交する固有ベクトルを表すと，以下が得られる．

$$\begin{aligned}
{}^T\mathbf{v}_0 &= \frac{1}{\sqrt{2(1-3pq+p^2q^2)}} \left[p^2, p, q, q^2\right] \\
{}^T\mathbf{v}_1 &= \frac{1}{\sqrt{2}} \left[\sqrt{p}, \sqrt{q}, -\sqrt{p}, -\sqrt{q}\right] \\
{}^T\mathbf{v}_2 &= \frac{1}{\sqrt{2}} \left[\sqrt{p}, -\sqrt{q}, -\sqrt{p}, \sqrt{q}\right] \\
{}^T\mathbf{v}_3 &= \frac{1}{\sqrt{2(1-3pq+p^2q^2)}} \left[p^2, -p, q, -q^2\right]
\end{aligned} \tag{8.2}$$

▊問題 8.2
式 (8.2) を確かめよ．

8.1.2 Szegedy ウォーク

次に，上記の反射壁ランダムウォークに対応する量子ウォークを定義するために，正規直交基底 $\{|0,R\rangle, |1,L\rangle, |1,R\rangle, \ldots, |N,L\rangle, |N,R\rangle, |N+1,L\rangle\}$ によって張られるヒルベルト空間を以下のように表す．

$$\mathcal{H}_N = \mathrm{span}\{|0,R\rangle, |1,L\rangle, |1,R\rangle, \ldots, |N,L\rangle, |N,R\rangle, |N+1,L\rangle\}^\dagger$$

ただし，$|i,J\rangle = |i\rangle \otimes |J\rangle$ ($i \in V_{N+2}$, $J \in \{L,R\}$)．

量子ウォークの系全体でのダイナミクスを定める $\mathcal{H}_N$ 上のユニタリ作用素 $U^{(N)}$ は $U^{(N)} = S^{(N)} C^{(N)}$ で定義される．ここで，コイン作用素 $C^{(N)}$ とシフト作用素 $S^{(N)}$ は以下で与えられる．

$$C^{(N)} = |0\rangle\langle 0| \otimes |R\rangle\langle R| + \sum_{j=1}^{N} |j\rangle\langle j| \otimes (2|\phi\rangle\langle\phi| - I_2)$$
$$+ |N+1\rangle\langle N+1| \otimes |L\rangle\langle L|$$

$$S^{(N)}|i,J\rangle = \begin{cases} |i+1, L\rangle & (J=R) \\ |i-1, R\rangle & (J=L) \end{cases}$$

ただし，$|\phi\rangle = \sqrt{p}|L\rangle + \sqrt{q}|R\rangle$ ($0 < p, q < 1$, $p+q=1$) かつ I_m は，$m \times m$ 単位行列である．

区間上に限らず，量子ウォークの定義で $2|\phi\rangle\langle\phi| - I_m$ の形をしたモデルは，Szegedy (2004) が導入し研究したことにより，Szegedy ウォークとよばれることもある．

$U^{(N)}$ の行列表示はわかりづらいが，たとえば $N=2$ の場合には，以下で与えられる．ただし，$\mathcal{H}_2 = \mathrm{span}\{|0,R\rangle, |1,L\rangle, |1,R\rangle, |2,L\rangle, |2,R\rangle, |3,L\rangle\}$ である．

$$U^{(2)} = \begin{bmatrix} 0 & 2p-1 & 2\sqrt{pq} & 0 & 0 & 0 \\ 1 & 0 & 0 & 0 & 0 & 0 \\ 0 & 0 & 0 & 2p-1 & 2\sqrt{pq} & 0 \\ 0 & 2\sqrt{pq} & 2q-1 & 0 & 0 & 0 \\ 0 & 0 & 0 & 0 & 0 & 1 \\ 0 & 0 & 0 & 2\sqrt{pq} & 2q-1 & 0 \end{bmatrix}$$

たとえば，(1,2) 成分は量子ウォーカーが $|1,L\rangle$ から $|0,R\rangle$ へ移動する確率振幅 $2p-1$ を，(2,1) 成分は $|0,R\rangle$ から $|1,L\rangle$ へ移動する確率振幅 1 をそれぞれ表す．

ここで，$\mathcal{H}_2$ に $|0,L\rangle$ と $|3,R\rangle$ を加えて，$\mathrm{span}\{|0,L\rangle, |0,R\rangle, |1,L\rangle, |1,R\rangle, |2,L\rangle, |2,R\rangle, |3,L\rangle, |3,R\rangle\}$ のように拡張して考えると，図 8.3 のように 2×2 の行列 P と Q を用いた解釈も出来る．この場合は，2.2 節で説明した 3 番目のダイナミクス，つまり，移動してから向きを変えるので，フリップ–フロップ型である．

このとき，

---

† 一般に $\mathrm{span}\{x_1, \ldots, x_n\}$ は，$x_1, \ldots, x_n$ の線形結合で表されるベクトル全体のこと．

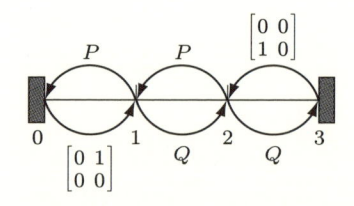

ただし，$P = \begin{bmatrix} 0 & 0 \\ 2p-1 & 2\sqrt{pq} \end{bmatrix}$, $Q = \begin{bmatrix} 2\sqrt{pq} & 2q-1 \\ 0 & 0 \end{bmatrix}$

図 8.3 $N=2$ の場合の Szegedy ウォーク

$$\text{Spec}\left(U^{(2)}\right) = \{[1]^1, [-1]^1, [\sqrt{pq} + i\sqrt{1-pq}]^1, [\sqrt{pq} - i\sqrt{1-pq}]^1,$$
$$[-\sqrt{pq} + i\sqrt{1-pq}]^1, [-\sqrt{pq} - i\sqrt{1-pq}]^1\} \tag{8.3}$$

が得られる．

▌問題 8.3

式 (8.3) を確かめよ．

ここで，$U^{(2)}$ の固有値を実軸へ射影すると，それが $P^{(2)}$ の固有値になっていることに注意しよう．実は，このことは後の結果，補題 8.1 と補題 8.2 よりわかるように，一般の N に対しても成立している．別の見方をすると，そのような性質をもつような量子ウォークを導入したともいえる．

さて，μ_m ($m = 0, \pm 1, \pm 2, 3$) を $U^{(2)}$ の固有値とし，

$$\mu_0 = 1, \quad \mu_{\pm 1} = \sqrt{pq} \pm i\sqrt{1-pq}, \quad \mu_{\pm 2} = -\sqrt{pq} \pm i\sqrt{1-pq}, \quad \mu_3 = -1$$

とおく．$m = 0, \pm 1, \pm 2, 3$ に対して，$\mathbf{u}_m$ で固有値 μ_m に対応し正規直交する固有ベクトルを表すと，以下が得られる．

$${}^T\mathbf{u}_0 = \frac{1}{\sqrt{2(1-pq)}} \left[p, p, \sqrt{pq}, \sqrt{pq}, q, q \right]$$

$${}^T\mathbf{u}_{\pm 1} = \frac{1}{2\sqrt{1-pq}} \left[\sqrt{q}\mu_{\pm 1}, \sqrt{q}, \sqrt{q}\mu_{\pm 1} - \sqrt{p}, \sqrt{q} - \sqrt{p}\mu_{\pm 1}, -\sqrt{p}, -\sqrt{p}\mu_{\pm 1} \right]$$

$${}^T\mathbf{u}_{\pm 2} = \frac{1}{2\sqrt{1-pq}} \left[\sqrt{q}\mu_{\pm 2}, \sqrt{q}, -\sqrt{q}\mu_{\pm 2} - \sqrt{p}, -\sqrt{q} - \sqrt{p}\mu_{\pm 2}, \sqrt{p}, \sqrt{p}\mu_{\pm 2} \right]$$

$${}^T\mathbf{u}_3 = \frac{1}{\sqrt{2(1-pq)}} \left[p, -p, -\sqrt{pq}, \sqrt{pq}, q, -q \right] \tag{8.4}$$

▌問題 8.4

式 (8.4) を確かめよ．

そして，$X_n^{(N)}$ を時刻 n での量子ウォークとする．初期状態 $|\psi\rangle$ の量子ウォーカー

が時刻 n で場所 x に存在する確率は，

$$\mathbb{P}_{|\psi\rangle}(X_n^{(N)} = x) = \left\| (|x\rangle\langle x| \otimes I_2)\left(U^{(N)}\right)^n |\psi\rangle \right\|^2$$

で与えられる．この章では，初期状態として，$i \in V_N$ から出発し，しかもその初期のカイラリティ状態を等しい確率で選ぶこととする．すなわち，$k = 0$ に対しては，$|\psi\rangle_0 = |0\rangle \otimes |R\rangle$ で，$1 \leq k \leq N$ に対しては，$|\psi\rangle_k = |k\rangle \otimes |L\rangle$ と $|\psi\rangle_k = |k\rangle \otimes |R\rangle$ をそれぞれ確率 $1/2$ で選び，$k = N+1$ に対しては，$|\psi\rangle_{N+1} = |N+1\rangle \otimes |L\rangle$ とする．

8.2 極限定理の紹介

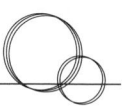

確率的な初期状態を決めるごとの $X_n^{(N)}$ の分布を，簡単のために，$\mathbb{P}_{|\psi\rangle_i}(X_n^{(N)} = x)$ のかわりに $\mathbb{P}_i(X_n^{(N)} = x)$ と表す．さらに，

$$\overline{p}_i^{(N)}(x) = \lim_{T \to \infty} \mathbb{E}\left[\frac{1}{T} \sum_{n=0}^{T-1} \mathbb{P}_i(X_n^{(N)} = x) \right]$$

とおき，その時間平均極限を考える．ここで，期待値は初期条件を決める確率に関してとることにする．

まず，$\overline{p}_i^{(N)}$ の分布に従う確率変数を $\overline{X}_i^{(N)}$ とおく．すなわち，$\mathbb{P}(\overline{X}_n^{(N)} = x) = \overline{p}_i^{(N)}(x)$ となることに注意してほしい．このとき，$\overline{X}_i^{(N)}$ に関して以下の弱収束極限定理が得られる．

定理 8.1 (i) 出発点 i を固定すると，

$$\frac{\overline{X}_i^{(N)}}{N} \Rightarrow c_i \cdot \delta_0 + (1 - c_i) \cdot U(0,1) \quad (N \to \infty)$$

が成り立つ．ただし，$U(0,1)$ は $[0,1]$ 上の一様分布で，δ_0 は場所 0 にマスをもつデルタ測度である．さらに，c_i は，

$$c_i = \begin{cases} I_{\{q<p\}} \cdot \left(1 - \dfrac{q}{p}\right) & (i = 0) \\ I_{\{q<p\}} \cdot \dfrac{1}{2p}\left(1 - \dfrac{q}{p}\right)\left(\dfrac{q}{p}\right)^{i-1} & (1 \leq i < \infty) \end{cases}$$

である．ここで，I_A は A の定義関数で，A が成り立つとき，$I_A = 1$，また，成り立たないときは，$I_A = 0$ である．また，$\Rightarrow$ は弱収束を表す．

(ii) $f(m) \to \infty \ (m \to \infty)$ を満たす関数 $f(m)$ で，出発点 $i = i(m)$ が $m \to \infty$ としたとき，$0 < r < 1$ が存在して，$i/f(m) \to r$ となるとき，

$$\frac{\overline{X}_i^{(N)}}{N} \Rightarrow U(0,1) \quad (N \to \infty)$$

が成り立つ.

この定理 8.1 の証明は Szegedy (2004) に基づいている．次節で，その証明の鍵である，相互に対応するランダムウォークと量子ウォークとの関係を説明したい．

8.3 ランダムウォークと量子ウォークとの対応

定理 8.1 の証明において，左に移動する確率が p で，右に移動する確率が q の P_{N+2} 上の反射壁のランダムウォークから導かれる $(N+2) \times (N+2)$ の以下で表される有限ヤコビ行列 J_{N+2} が重要な役割をする．実際，$P^{(N)}$ と J_{N+2} の固有値が一致し，さらに，J_{N+2} と $U^{(N)}$ の固有値は密接な関係にある．したがって，$P^{(N)} \leftrightarrow J_{N+2} \leftrightarrow U^{(N)}$ のように J_{N+2} を仲介役として，ランダムウォークの推移確率行列 $P^{(N)}$ と Szegedy ウォークのユニタリ行列 $U^{(N)}$ との関係が明確になる．ここで，J_{N+2} は以下で与えられる．

$$J_{N+2} = \begin{bmatrix} 0 & \sqrt{p} & & & & & \\ \sqrt{p} & 0 & \sqrt{pq} & & & O & \\ & \sqrt{pq} & \ddots & \ddots & & & \\ & & \ddots & \ddots & \sqrt{pq} & & \\ & & & \sqrt{pq} & 0 & \sqrt{q} \\ & O & & & & \sqrt{q} & 0 \end{bmatrix}$$

たとえば，$N=2$ の場合には，そのヤコビ行列 J_4 は以下である．

$$J_4 = \begin{bmatrix} 0 & \sqrt{p} & 0 & 0 \\ \sqrt{p} & 0 & \sqrt{pq} & 0 \\ 0 & \sqrt{pq} & 0 & \sqrt{q} \\ 0 & 0 & \sqrt{q} & 0 \end{bmatrix}$$

このとき，

$$\mathrm{Spec}(J_4) = \{[1]^1, [-1]^1, [\sqrt{pq}]^1, [-\sqrt{pq}]^1\} \tag{8.5}$$

となる．

■問題 8.5

上式 (8.5) を確かめよ．

この結果より，$\mathrm{Spec}(J_4) = \mathrm{Spec}(P^{(2)})$ がわかる．実は，この節の後で説明するように，一般に，$\mathrm{Spec}(J_{N+2}) = \mathrm{Spec}(P^{(N)})$ が成立している．

多少先走るが，図 8.4 で，$N=2$ の場合の $P^{(N)} \leftrightarrow J_{N+2} \leftrightarrow U^{(N)}$ の関係についてまとめておく．とくに，$P^{(2)}$ と J_4 の固有値が重複度も含め一致し，また，複素平面で

8.3 ランダムウォークと量子ウォークとの対応　171

$$P^{(2)} = \begin{array}{c} \\ 0 \\ 1 \\ 2 \\ 3 \end{array} \begin{array}{c} \overset{0\quad 1\quad 2\quad 3}{} \\ \begin{bmatrix} * & p & * & * \\ 1 & * & p & * \\ * & q & * & * \\ * & * & q & 1 \end{bmatrix} \end{array}$$ ランダムウォークの推移確率行列 $(*=0)$

$\updownarrow$

$$J_4 = \begin{array}{c} \\ 0 \\ 1 \\ 2 \\ 3 \end{array} \begin{array}{c} \overset{0\quad 1\quad 2\quad 3}{} \\ \begin{bmatrix} * & \sqrt{p} & * & * \\ \sqrt{p} & * & \sqrt{pq} & * \\ * & \sqrt{pq} & * & \sqrt{q} \\ * & * & \sqrt{q} & * \end{bmatrix} \end{array}$$ ヤコビ行列

$\updownarrow$

$U^{(2)} = $

	$\lvert 0R\rangle$	$\lvert 1L\rangle$	$\lvert 1R\rangle$	$\lvert 2L\rangle$	$\lvert 2R\rangle$	$\lvert 3L\rangle$
$\lvert 0R\rangle$	*	$2p-1$	$2\sqrt{pq}$	*	*	*
$\lvert 1L\rangle$	1	*	*	*	*	*
$\lvert 1R\rangle$	*	*	*	$2p-1$	$2\sqrt{pq}$	*
$\lvert 2L\rangle$	*	$2\sqrt{pq}$	$2q-1$	*	*	*
$\lvert 2R\rangle$	*	*	*	*	*	1
$\lvert 3L\rangle$	*	*	*	$2\sqrt{pq}$	$2q-1$	*

Szegedy ウォーク

$\mathrm{Spec}(P^{(2)}) = \mathrm{Spec}(J_4) = \{[1]^1,\ [-1]^1,\ [\sqrt{pq}]^1,\ [-\sqrt{pq}]^1\}$

$\mathrm{Spec}(U^{(2)}) = \{[1]^1,\ [-1]^1,\ [\sqrt{pq}+i\sqrt{1-pq}]^1,\ [\sqrt{pq}-i\sqrt{1-pq}]^1,$
$\qquad [-\sqrt{pq}+i\sqrt{1-pq}]^1,\ [-\sqrt{pq}-i\sqrt{1-pq}]^1\}$

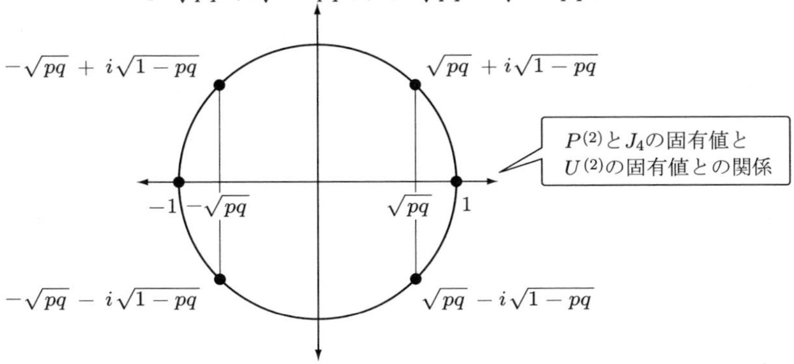

$P^{(2)}$とJ_4の固有値と $U^{(2)}$の固有値との関係

図 8.4　$N=2$ の場合の $P^{(N)} \leftrightarrow J_{N+2} \leftrightarrow U^{(N)}$ の関係

見ると，$U^{(2)}$ の固有値を実軸に射影したものが，$P^{(2)}$ の固有値に一致している．

ここで，λ_m ($m=0, 1, 2, 3$) を J_4 の固有値とし，
$$\lambda_0 = 1, \quad \lambda_1 = \sqrt{pq}, \quad \lambda_2 = -\sqrt{pq}, \quad \lambda_3 = -1 \tag{8.6}$$
とおく．Hora and Obata (2007) の定理 1.95 により，ヤコビ行列 J_4 に対応する確率測度 μ は
$$\mu = \frac{p^2}{2(1-pq)}(\delta_1 + \delta_{-1}) + \frac{q}{2(1-pq)}(\delta_{\sqrt{pq}} + \delta_{-\sqrt{pq}}) \tag{8.7}$$
となることがわかる．とくに，対称な $p = q = 1/2$ の場合は，
$$\mu = \frac{1}{6}(\delta_1 + \delta_{-1}) + \frac{1}{3}(\delta_{1/2} + \delta_{-1/2})$$
となる．この μ に対する直交多項式 $\{P_0, P_1, \ldots, P_4\}$ は
$$P_0(x) = 1, \quad P_1(x) = x, \quad P_2(x) = x^2 - p$$
$$P_3(x) = x^3 - p(1+q)x, \quad P_4(x) = x^4 - (1+pq)x^2 + pq \tag{8.8}$$
となる．ただし，$P_4(x) = \det(xI_4 - J_4)$．実際，Hora and Obata (2007) の定理 1.95 によると，一般の N に対して，
$$\mu = \sum_{\lambda : P_{N+2}(\lambda)=0} \|f(\lambda)\|^{-2} \delta_\lambda \tag{8.9}$$
がわかる．ただし，
$$\|f(\lambda)\|^2 = \sum_{j=0}^{N+1} \frac{P_j(\lambda)}{\omega_j \cdots \omega_1} \tag{8.10}$$
で，
$$f(\lambda) = {}^T\left[P_0(\lambda), \frac{P_1(\lambda)}{\sqrt{\omega_1}}, \cdots, \frac{P_{N+1}(\lambda)}{\sqrt{\omega_{N+1} \cdots \omega_1}}\right] \tag{8.11}$$
いまの場合は，$N = 2$ で，
$$\omega_1 = p, \quad \omega_2 = pq, \quad \omega_3 = q, \quad \alpha_1 = \cdots = \alpha_4 = 0 \tag{8.12}$$
に対応する．

■**問題 8.6**
式 (8.8)～(8.12) を用いて，式 (8.7) を確かめよ．

さて，$m = 0, 1, 2, 3$ に対して，$\tilde{\mathbf{v}}_m$ で固有値 λ_m に対応し正規直交する固有ベクトルを表すと，以下が得られる．

$$\left.\begin{aligned}
{}^T\tilde{\mathbf{v}}_0 &= \frac{1}{\sqrt{2(1-pq)}} \left[p, \sqrt{p}, \sqrt{q}, q\right] \\
{}^T\tilde{\mathbf{v}}_1 &= \frac{1}{\sqrt{2(1-pq)}} \left[\sqrt{q}, q, q-1, -\sqrt{p}\right] \\
{}^T\tilde{\mathbf{v}}_2 &= \frac{1}{\sqrt{2(1-pq)}} \left[\sqrt{q}, -q, q-1, \sqrt{p}\right] \\
{}^T\tilde{\mathbf{v}}_3 &= \frac{1}{\sqrt{2(1-pq)}} \left[p, -\sqrt{p}, \sqrt{q}, -q\right]
\end{aligned}\right\} \tag{8.13}$$

■ 問題 8.7

上式 (8.13) を確かめよ.

ここで, ランダムウォークとの対応について述べる. 定理 8.1 の c_i は対応するランダムウォークの定常測度と密接な関係がある. 実際, $\pi_N(i)$ $(i=0,\ldots,N+1)$ を P_{N+2} 上の反射壁ランダムウォークの定常測度 (実は, 可逆測度になっている) とすると, $p \neq q$ のときは,

$$\pi_N(i) = \begin{cases} \dfrac{1-q/p}{2\{1-(q/p)^{N+1}\}} & (i=0) \\ \dfrac{1-q/p}{2q\{1-(q/p)^{N+1}\}} (q/p)^i & (i=1,\ldots,N) \\ \dfrac{1-q/p}{2\{1-(q/p)^{N+1}\}} (q/p)^N & (i=N+1) \end{cases}$$

が成り立つ. このことは, たとえば, シナジ (2012) 第 II 章 (II.2 節可逆測度) より得られる. 実際, $r = q/p$ とすると,

$$\pi_N(i) = \frac{r^i}{q} \pi_N(0) \quad (1 \leq i \leq N), \quad \pi_N(N+1) = r^N \pi_N(0)$$

の関係が成立する. ただし, $r = q/p$. ここで, $\sum_{i=0}^{N+1} \pi_N(i) = 1$ より,

$$\pi_N(0) = \frac{1-r}{2(1-r^{N+1})}$$

が導かれ, 求めたい結果が得られた. 同様に, $p = q = 1/2$ のときは,

$$\pi_N(i) = \begin{cases} \dfrac{1}{2(N+1)} & (i=0, N+1) \\ \dfrac{1}{N+1} & (i=1,\ldots,N) \end{cases}$$

が成立する. これより, $c_0/2 = \lim_{N\to\infty} \pi_N(0)$, $c_i = \lim_{N\to\infty} \pi_N(i)$ $(i \geq 1)$ が導かれる.

174　第8章　区間上の量子ウォーク

この節の先に触れたように，$\text{Spec}(J_4) = \text{Spec}(P^{(2)})$ が成立していた．実は一般に，$\text{Spec}(J_{N+2}) = \text{Spec}(P^{(N)})$ が成り立つことが，以下のようにして示される．
　$D^{(N)}$ を対角行列とし，その (i,i) 成分を上記の定常測度 $\pi_N(i)$ とすると，

$$J_{N+2} = (D^{(N)})^{-1/2} \, P^{(N)} \, (D^{(N)})^{1/2} \tag{8.14}$$

が成り立つ．したがって，$\text{Spec}(J_{N+2}) = \text{Spec}(P^{(N)})$ が導かれる．
　以下，$N=2$ で $p \neq q$ の場合に，式 (8.14) を確かめてみよう．計算すると，

$$D^{(2)} = \begin{bmatrix} \pi_2(0) & 0 & 0 & 0 \\ 0 & \pi_2(1) & 0 & 0 \\ 0 & 0 & \pi_2(2) & 0 \\ 0 & 0 & 0 & \pi_2(3) \end{bmatrix} = C \begin{bmatrix} p^2 & 0 & 0 & 0 \\ 0 & p & 0 & 0 \\ 0 & 0 & q & 0 \\ 0 & 0 & 0 & q^2 \end{bmatrix}$$

ただし，$C = (1-q/p)/\{2p^2(1-(q/p)^3)\}$．ゆえに，

$$(D^{(2)})^{-1/2} \, P^{(2)} \, (D^{(2)})^{1/2} = \begin{bmatrix} 1/p & 0 & 0 & 0 \\ 0 & 1/\sqrt{p} & 0 & 0 \\ 0 & 0 & 1/\sqrt{q} & 0 \\ 0 & 0 & 0 & 1/q \end{bmatrix} \begin{bmatrix} 0 & p & 0 & 0 \\ 1 & 0 & p & 0 \\ 0 & q & 0 & p \\ 0 & 0 & q & 0 \end{bmatrix} \begin{bmatrix} p & 0 & 0 & 0 \\ 0 & \sqrt{p} & 0 & 0 \\ 0 & 0 & \sqrt{q} & 0 \\ 0 & 0 & 0 & q \end{bmatrix}$$

$$= \begin{bmatrix} 0 & \sqrt{p} & 0 & 0 \\ \sqrt{p} & 0 & \sqrt{pq} & 0 \\ 0 & \sqrt{pq} & 0 & \sqrt{q} \\ 0 & 0 & \sqrt{q} & 0 \end{bmatrix} = J_4$$

となり，式 (8.14) が確認できる．ほかの場合は省略する．

8.4　定理 8.1 の証明（アドバンスド）

本節では，証明の詳細には触れず流れだけを記す．まず，定理 8.1 を証明するために，最初にヤコビ行列 J_{N+2} の固有値と固有ベクトルを考える．とくに，固有ベクトルは第2種チェビシェフ多項式を用いて表すことができる．

補題 8.1　(i) λ_m $(m=0,1,\ldots,N,N+1)$ を J_{N+2} の固有値とする．このとき，
$$\lambda_0 = 1, \quad \lambda_m = 2\sqrt{pq}\cos\theta_m \quad (m=1,\ldots,N), \quad \lambda_{N+1} = -1$$
が成り立つ．ただし，$\theta_m = m\pi/(N+1)$．

(ii) $m=0,1,\ldots,N+1$ に対して，$\tilde{\mathbf{v}}_m$ で固有値 λ_m に対応し正規直交する固有ベクトルを表す．このとき，次が成り立つ．

$${}^T\tilde{\mathbf{v}}_0 = \sqrt{\frac{1-q/p}{2\{1-(q/p)^{N+1}\}}}$$

$$\times \left[1, \frac{1}{\sqrt{p}}, \frac{\sqrt{q/p}}{\sqrt{p}}, \frac{\left(\sqrt{q/p}\right)^2}{\sqrt{p}}, \ldots, \frac{\left(\sqrt{q/p}\right)^{N-1}}{\sqrt{p}}, \left(\sqrt{q/p}\right)^N \right]$$

$$^T\tilde{\mathbf{v}}_m = C_m \times \left[1, \frac{\lambda_m}{\sqrt{p}}, \left(\frac{\lambda_m \tilde{U}_1^{(m)}}{\sqrt{p}} - \frac{\tilde{U}_0^{(m)}}{\sqrt{q}} \right), \right.$$

$$\left. \ldots, \left(\frac{\lambda_m \tilde{U}_{N-1}^{(m)}}{\sqrt{p}} - \frac{\tilde{U}_{N-2}^{(m)}}{\sqrt{q}} \right), \sqrt{p}\left(\frac{\lambda_m \tilde{U}_N^{(m)}}{\sqrt{p}} - \frac{\tilde{U}_{N-1}^{(m)}}{\sqrt{q}} \right) \right]$$

$$\left(\text{ただし}, \ C_m = \frac{1}{\sqrt{\dfrac{N+1}{2q}\dfrac{\sin^2\varphi_m}{\sin^2\theta_m}}}, \ \tilde{U}_j^{(m)} = \frac{\sin(j+1)\theta_m}{\sin\theta_m}, \right.$$

$$\left. \text{かつ} \ \cos\varphi_m = \lambda_m \quad (1 \leq m \leq N) \right)$$

$$^T\tilde{\mathbf{v}}_{N+1} = \sqrt{\frac{1-q/p}{2\{1-(q/p)^{N+1}\}}}$$

$$\times \left[1, \frac{-1}{\sqrt{p}}, \frac{\sqrt{q/p}}{\sqrt{p}}, \frac{-\left(\sqrt{q/p}\right)^2}{\sqrt{p}}, \ldots, \frac{(-1)^N\left(\sqrt{q/p}\right)^{N-1}}{\sqrt{p}}, (-1)^{N+1}\left(\sqrt{q/p}\right)^N \right]$$

▌問題 8.8

補題 8.1 の $N=2$ の場合が，式 (8.6) と式 (8.13) にそれぞれ一致することを確かめよ．

補題 8.1 の証明 $D_k = \det(\lambda I_k - J_k)$ と $E_k = \det(\lambda I_k - \sqrt{pq}A_k) = (\sqrt{pq})^k \det(\lambda/\sqrt{pq}\,I_k - A_k)$ とおく．ただし，A_k はパス P_k の隣接行列である．このとき，

$$D_{k+2} = \lambda(\lambda E_k - pE_{k-1}) - q(\lambda E_{k-1} - pE_{k-2})$$

より，次の漸化式が得られる．

$$D_{k+2} = \lambda^2 E_k - \lambda E_{k-1} + pqE_{k-2} \tag{8.15}$$

他方，以下の漸化式が簡単な計算より導かれる．

$$\frac{E_0}{(\sqrt{pq})^0} = 1$$

$$\frac{E_1}{(\sqrt{pq})^1} = \frac{\lambda}{\sqrt{pq}}$$

$$\frac{(\lambda/\sqrt{pq})E_k}{(\sqrt{pq})^k} = \frac{E_{k+1}}{(\sqrt{pq})^{k+1}} + \frac{E_{k-1}}{(\sqrt{pq})^{k-1}} \quad (k=2, 3, \ldots)$$

ここで，$0 < p, q < 1$ かつ $p + q = 1$ より，**ペロン-フロベニウスの定理**（Perron-Frobenius theorem）を用いて，$|\lambda| \leq 1$ が得られるが，これより，

$$E_k = \begin{cases} \dfrac{\lambda^k(q^{k+1} - p^{k+1})}{q - p} & (|\lambda| = 1) \\ (\sqrt{pq})^k \tilde{U}_k\left(\dfrac{\lambda}{\sqrt{pq}}\right) & (|\lambda| < 1) \end{cases} \quad (8.16)$$

となる．ただし，$\tilde{U}_k(x)$ は第 2 種のモニックなチェビシェフ多項式で，$\tilde{U}_k(x) = \sin(k+1)\theta/\sin\theta$ が成り立つ．ここで，$x = 2\cos\theta$ である．

式 (8.15) と式 (8.16) を組み合わせることにより，$|\lambda| = 1$ に対して，$D_{k+2} = 0$ を得る．一方，$|\lambda| < 1$ に対しては，

$$D_{N+2} = (\sqrt{pq})^N (\lambda^2 - 1) \frac{\sin(N+1)\theta}{\sin\theta}, \quad \text{ただし，} \quad \cos\theta = \frac{\lambda}{2\sqrt{pq}}$$

このとき，$D_{N+2} = 0$ の解は，$\theta = m\pi/(N+1)$ $(m = 1, \ldots, N)$ となる．ゆえに，求めたい結果を得る．

次に，固有ベクトルを求める．まず，$P_0(\lambda) = 1$, $P_1(\lambda) = \lambda$, $P_2(\lambda) = \det(\lambda I_2 - \sqrt{p}A_2) = \lambda P_1(\lambda) - pP_0(\lambda) = \lambda^2 - p$ とし，

$$P_k(\lambda) = \det \begin{bmatrix} \lambda & -\sqrt{p} & & & & \\ -\sqrt{p} & \lambda & -\sqrt{pq} & & O & \\ & -\sqrt{pq} & \ddots & \ddots & & \\ & & \ddots & \ddots & -\sqrt{pq} & \\ O & & & -\sqrt{pq} & \lambda \end{bmatrix} \quad (2 \leq k \leq N) \quad (8.17)$$

とおく．ここで，$P_k(\lambda)$ は $k \times k$ 行列である．このとき，正規化された固有ベクトル $\tilde{\mathbf{v}}_m = \mathbf{v}_m/\|\mathbf{v}_m\|$ は以下のように得られる（たとえば，Hora and Obata (2007) の補題 1.91 を参照のこと）．

$$^T\mathbf{v}_m = \left[P_0(\lambda_m), \frac{P_1(\lambda_m)}{\sqrt{p}}, \frac{P_2(\lambda_m)}{\sqrt{p(pq)}}, \ldots, \right.$$
$$\left. \frac{P_N(\lambda_m)}{\sqrt{p(pq)^{N-1}}}, \frac{P_{N+1}(\lambda_m)}{\sqrt{(pq)^N}} \right]$$

最後の項の分母だけ，$\sqrt{(pq)^N}$ となっていることに注意してほしい．

したがって，$3 \leq k \leq N+1$ に対して，式 (8.17) により，$P_k(\lambda_m) = \lambda_m E_{k-1}(\lambda_m) - pE_{k-2}(\lambda_m)$ を得る．この結果と式 (8.16) より，

$$P_k(\lambda_m) = \begin{cases} q^{k-1} & (m=0) \\ \lambda_m(\sqrt{pq})^{k-1}\tilde{U}_{k-1}\left(\dfrac{\lambda_m}{\sqrt{pq}}\right) - p(\sqrt{pq})^{k-2}\tilde{U}_{k-2}\left(\dfrac{\lambda_m}{\sqrt{pq}}\right) & (1 \leq m \leq N) \\ -(-q)^{k-1} & (m=N+1) \end{cases}$$

が得られる．ここで，

$$\mathbf{v}_m(k) = \frac{\lambda_m}{\sqrt{p}}\tilde{U}_{k-1}\left(\frac{\lambda_m}{\sqrt{pq}}\right) - \frac{1}{\sqrt{q}}\tilde{U}_{k-2}\left(\frac{\lambda_m}{\sqrt{pq}}\right)$$

の関係に注意してほしい．

最後に，正規化定数を求めるために，$\|\mathbf{v}_m\|^2$ を計算する．まず，$m=0$，$N+1$ のときは，

$$\|\mathbf{v}_m\|^2 = \frac{2\{1-(q/p)^{N+1}\}}{1-q/p}$$

が確かめられる．

次に，$1 \leq m \leq N$ と $0 \leq k \leq N$ に対して，$\tilde{U}_k^{(m)} \equiv \tilde{U}_k(\lambda_m/\sqrt{pq}) = \sin(k+1)\theta_m/\sin\theta_m$ とおく．ただし，$\theta_m = m\pi/(N+1)$ である．$\tilde{U}_0^{(m)} = 1$，$\tilde{U}_{-1}^{(m)} = \tilde{U}_N^{(m)} = 0$ に注意すると，以下を得る．

$$\|\mathbf{v}_m\|^2 = 1 + \sum_{j=0}^{N-1}\left(\frac{\lambda_m \tilde{U}_j^{(m)}}{\sqrt{p}} - \frac{\tilde{U}_{j-1}^{(m)}}{\sqrt{q}}\right)^2 + p\left(\frac{\lambda_m \tilde{U}_N^{(m)}}{\sqrt{p}} - \frac{\tilde{U}_{N-1}^{(m)}}{\sqrt{q}}\right)^2$$

$$= 1 + \frac{q\lambda_m^2 + p}{pq}\sum_{j=0}^{N-1}\left(\tilde{U}_j^{(m)}\right)^2 - \frac{2\lambda_m}{\sqrt{pq}}\sum_{j=1}^{N-1}\tilde{U}_j^{(m)}\tilde{U}_{j-1}^{(m)} - \left(\tilde{U}_{N-1}^{(m)}\right)^2$$

また，$\lambda_m \tilde{U}_j^{(m)}/\sqrt{pq} = \tilde{U}_{j+1}^{(m)} + \tilde{U}_{j-1}^{(m)}$ と $\tilde{U}_{-1}^{(m)} = \tilde{U}_N^{(m)} = 0$ より，

$$\frac{\lambda_m}{\sqrt{pq}}\sum_{j=0}^{N-1}\left(\tilde{U}_j^{(m)}\right)^2 = 2\sum_{j=1}^{N-1}\tilde{U}_j^{(m)}\tilde{U}_{j-1}^{(m)}$$

となる．これと，$\tilde{U}_{N-1}^{(m)} = (-1)^{m-1}$，$\cos\varphi_m = \lambda_m$ を用いると，

$$\|\mathbf{v}_m\|^2 = \frac{1-\lambda_m^2}{q}\sum_{j=0}^{N-1}\left(\tilde{U}_j^{(m)}\right)^2 = \frac{\sin^2\varphi_m}{q}\sum_{j=0}^{N-1}\left(\tilde{U}_j^{(m)}\right)^2$$

が導かれる．

$$\sum_{j=0}^{N-1}\left(\tilde{U}_j^{(m)}\right)^2 = \sum_{j=0}^{N-1}\frac{\sin^2(j+1)\theta_m}{\sin^2\theta_m} = \frac{1}{2\sin^2\theta_m}\left(N - \sum_{j=0}^{N}\cos 2j\theta_m\right)$$

$$= \frac{1}{2\sin^2\theta_m}\left(N+1 - \tilde{U}_N^{(m)}\cos N\theta_m\right) = \frac{N+1}{2\sin^2\theta_m}$$

が成り立つので，補題 8.1 が導かれる． □

ここで,繰り返しになるが,少しいままでの流れを整理をする.J_{N+2} の固有値は,
$$\lambda_0 = 1$$
$$\lambda_m = 2\sqrt{pq}\cos\theta_m \quad (m=1,\ldots,N)$$
$$\lambda_{N+1} = -1$$
であった.ただし,$\theta_m = m\pi/(N+1)$ である.そして,$k=1,2,\ldots,N+1,N+2$ に対して,

$$P_k(\lambda) = \det \begin{bmatrix} z & -\sqrt{\omega_1} & & & & \\ -\sqrt{\omega_1} & \lambda & -\sqrt{\omega_2} & & O & \\ & -\sqrt{\omega_2} & \ddots & \ddots & & \\ & & \ddots & \ddots & -\sqrt{\omega_{k-1}} & \\ & O & & -\sqrt{\omega_{k-1}} & z & \end{bmatrix}$$

となり,とくに,このモデルでは,
$$\omega_1 = p, \quad \omega_2 = \omega_3 = \cdots = \omega_N = pq, \quad \omega_{N+1} = q$$
となる.したがって,
$$P_{N+2}(z) = \det(zI_{N+2} - J_{N+2})$$
このとき,$P_{N+2}(z)$ の零点は重複度が 1 で,実数解をもつことが知られている.また,以下の事実が成り立つ.

命題 8.1 $\lambda \in \mathrm{Spec}(J_{N+2})$ に対して,
$$f(\lambda) = {}^T\!\left[P_0(\lambda), \frac{P_1(\lambda)}{\sqrt{\omega_1}}, \ldots, \frac{P_N(\lambda)}{\sqrt{\omega_N \cdots \omega_1}}, \frac{P_{N+1}(\lambda)}{\sqrt{\omega_{N+1} \cdots \omega_1}}\right]$$
は,λ に対する固有ベクトルで,
$$\|f(\lambda)\|^2 = \sum_{j=0}^{N+1} \frac{P_j(\lambda)}{\omega_j \cdots \omega_1}$$
である.ただし,$\omega_1 = p, \omega_2 = \omega_3 = \cdots = \omega_N = pq, \omega_{N+1} = q$ とする.

したがって,具体的に次が導かれる.
$$P_0(\lambda) = 1, \quad P_1(\lambda) = \lambda$$
$$P_2(\lambda) = \lambda P_1(\lambda) - \omega_1 P_0(\lambda) = \lambda^2 - p$$
$$P_3(\lambda) = \lambda P_2(\lambda) - \omega_2 P_1(\lambda) = \lambda^3 - p(1+q)\lambda$$
$$\vdots$$

$$P_{N+1}(\lambda) = \lambda P_N(\lambda) - \omega_N P_{N-1}(\lambda) = \lambda P_N(\lambda) - pq P_{N-1}(\lambda)$$
$$0 = \lambda P_{N+1}(\lambda) - \omega_{N+1} P_N(\lambda) = \lambda P_{N+1}(\lambda) - q P_N(\lambda)$$

ここで, $m = 0, 1, \ldots, N, N+1$ に対して,

$$\mathbf{v}_m = f(\lambda_m) = {}^T\!\left[P_0(\lambda_m), \frac{P_1(\lambda_m)}{\sqrt{\omega_1}}, \ldots, \frac{P_N(\lambda_m)}{\sqrt{\omega_N \cdots \omega_1}}, \frac{P_{N+1}(\lambda_m)}{\sqrt{\omega_{N+1} \cdots \omega_1}}\right]$$

$$\tilde{\mathbf{v}}_m = \frac{\mathbf{v}_m}{\|\mathbf{v}_m\|}$$

である. したがって, 次の命題が得られる.

命題 8.2 $m = 0, 1, \ldots, N, N+1$ に対して, 次が成り立つ.

$$\tilde{\mathbf{v}}_m(1) = \frac{\lambda_m}{\sqrt{p}} \tilde{\mathbf{v}}_m(0) \tag{8.18}$$

$$\tilde{\mathbf{v}}_m(2) = \frac{\lambda_m}{\sqrt{pq}} \tilde{\mathbf{v}}_m(1) - \frac{1}{\sqrt{q}} \tilde{\mathbf{v}}_m(0) \tag{8.19}$$

$$\tilde{\mathbf{v}}_m(k) + \tilde{\mathbf{v}}_m(k-2) = \frac{\lambda_m}{\sqrt{pq}} \tilde{\mathbf{v}}_m(k-1) \quad (k = 3, 4, \ldots, N) \tag{8.20}$$

$$\tilde{\mathbf{v}}_m(N+1) = \frac{\lambda_m}{\sqrt{q}} \tilde{\mathbf{v}}_m(N) - \sqrt{p}\, \tilde{\mathbf{v}}_m(N-1) \tag{8.21}$$

$$\tilde{\mathbf{v}}_m(N) = \frac{\lambda_m}{\sqrt{q}} \tilde{\mathbf{v}}_m(N+1) \tag{8.22}$$

ただし,

$$J_{N+2} \tilde{\mathbf{v}}_m = \lambda_m \tilde{\mathbf{v}}_m \quad (m = 0, 1, \ldots, N, N+1), \quad \langle \tilde{\mathbf{v}}_j, \tilde{\mathbf{v}}_k \rangle = \delta_{jk}$$
$$\tilde{\mathbf{v}}_m = {}^T[\tilde{\mathbf{v}}_m(0), \tilde{\mathbf{v}}_m(1), \ldots, \tilde{\mathbf{v}}_m(N), \tilde{\mathbf{v}}_m(N+1)]$$
$$\lambda_0 = 1, \quad \lambda_m = 2\sqrt{pq} \cos\left(\frac{m\pi}{N+1}\right) \quad (m = 1, \ldots, N), \quad \lambda_{N+1} = -1$$

である.

さて, 次に $U^{(N)}$ の固有空間について考える. ここで, $2N+2$ 個の固有値があることに注意する. 以下の補題から, ヤコビ行列 J_{N+2} とユニタリ行列 $U^{(N)}$ との固有値と固有ベクトルの密接な関係がわかる.

補題 8.2 (i) μ_k ($k = 0, \pm 1, \pm 2, \ldots, \pm N, N+1$) を $U^{(N)}$ の固有値とする. このとき, 以下が成り立つ.

$$\mu_0 = 1$$
$$\mu_{\pm m} = e^{\pm i\varphi_m} \quad (m = 1, 2, \ldots, N)$$

$$\mu_{N+1} = -1$$

ただし, $i = \sqrt{-1}$ かつ $\cos\varphi_m = \lambda_m \in \mathrm{Spec}(J_{N+2}) \setminus \{[1]^1, [-1]^1\}$ である. ここで, $\varphi_m \in (0, \pi)$ とする.

(ii) 各 $k = 0, \pm 1, \pm 2, \ldots, \pm N, N+1$ に対して, $\mathbf{u}_k$ を固有値 μ_k に対応する固有ベクトルとする. このとき,

$$\mathbf{u}_k = \sum_{j=0}^{N+1} |j\rangle \otimes \left(u_{j,L}^{(k)} |L\rangle + u_{j,R}^{(k)} |R\rangle \right)$$

が成り立つ. ただし, $u_{j,L}^{(k)}$, $u_{j,R}^{(k)}$ は次のようなものとする.

$$u_{j,L}^{(k)} = \begin{cases} \sqrt{\dfrac{1-q/p}{2\{1-(q/p)^{N+1}\}}} \cdot \left(\mu_k \sqrt{q/p}\right)^{j-1} \\ \qquad\qquad (1 \le j \le N+1,\ k = 0,\ N+1) \\ (-i)\left(\tilde{U}_{j-1}^{(k)} - \mu_k \sqrt{p/q}\, \tilde{U}_{j-2}^{(k)}\right) \Big/ \sqrt{\dfrac{N+1}{q}\dfrac{\sin^2\varphi_k}{\sin^2\theta_k}} \\ \qquad\qquad (1 \le j \le N+1,\ k = \pm 1, \pm 2, \ldots, \pm N) \\ 0 \qquad\qquad (その他) \end{cases}$$

$$u_{j,R}^{(k)} = \begin{cases} \mu_k \sqrt{\dfrac{1-q/p}{2\{1-(q/p)^{N+1}\}}} \cdot \left(\mu_k \sqrt{q/p}\right)^{j} \\ \qquad\qquad (0 \le j \le N,\ k = 0,\ N+1) \\ (-i)\left(\mu_k \tilde{U}_{j}^{(k)} - \sqrt{p/q}\, \tilde{U}_{j-1}^{(k)}\right) \Big/ \sqrt{\dfrac{N+1}{q}\dfrac{\sin^2\varphi_k}{\sin^2\theta_k}} \\ \qquad\qquad (0 \le j \le N,\ k = \pm 1, \pm 2, \ldots, \pm N) \\ 0 \qquad\qquad (その他) \end{cases}$$

証明 $m = 0, 1, \ldots, N, N+1$ とする. $\tilde{\mathbf{v}}_m(j)$ ($j = 0, 1, \ldots, N, N+1$) を, J_{N+2} の固有値 λ_m に対応し正規直交する固有ベクトル $\tilde{\mathbf{v}}_m$ の第 j 成分とする. このとき, 次のベクトルを導入する.

$$\mathbf{a}_m = \tilde{\mathbf{v}}_m(0)|0, R\rangle + \sum_{j=1}^{N} \tilde{\mathbf{v}}_m(j)|j\rangle \otimes (\sqrt{p}|L\rangle + \sqrt{q}|R\rangle) + \tilde{\mathbf{v}}_m(N+1)|N+1, L\rangle$$

$$\mathbf{b}_m = S^{(N)} \mathbf{a}_m$$

この表現はわかりづらいので, $\mathbf{a}_m$ と $\mathbf{b}_m$ を表 8.1, 8.2 を用いて表す.

ここで, $C^{(N)}, S^{(N)}$ は, 次で定義されていたことを思い出そう. また, $U^{(N)} = S^{(N)} C^{(N)}$

8.4 定理 8.1 の証明（アドバンスド）

表 8.1 $\mathbf{a}_m$ の表現

場所	0	1	2	$\cdots$	N	$N+1$
$\|L\rangle$		$\sqrt{p}\tilde{\mathbf{v}}_m(1)$	$\sqrt{p}\tilde{\mathbf{v}}_m(2)$	$\cdots$	$\sqrt{p}\tilde{\mathbf{v}}_m(N)$	$\tilde{\mathbf{v}}_m(N+1)$
$\|R\rangle$	$\tilde{\mathbf{v}}_m(0)$	$\sqrt{q}\tilde{\mathbf{v}}_m(1)$	$\sqrt{q}\tilde{\mathbf{v}}_m(2)$	$\cdots$	$\sqrt{q}\tilde{\mathbf{v}}_m(N)$	

表 8.2 $\mathbf{b}_m$ の表現

場所	0	1	2	$\cdots$	N	$N+1$
$\|L\rangle$		$\tilde{\mathbf{v}}_m(0)$	$\sqrt{q}\tilde{\mathbf{v}}_m(1)$	$\cdots$	$\sqrt{q}\tilde{\mathbf{v}}_m(N-1)$	$\sqrt{q}\tilde{\mathbf{v}}_m(N)$
$\|R\rangle$	$\sqrt{p}\tilde{\mathbf{v}}_m(1)$	$\sqrt{p}\tilde{\mathbf{v}}_m(2)$	$\sqrt{p}\tilde{\mathbf{v}}_m(3)$	$\cdots$	$\tilde{\mathbf{v}}_m(N+1)$	

であった．

$$C^{(N)} = |0\rangle\langle 0| \otimes |R\rangle\langle R| + \sum_{k=1}^{N} |k\rangle\langle k| \otimes (2|\phi\rangle\langle\phi| - I_2)$$
$$+ |N+1\rangle\langle N+1| \otimes |L\rangle\langle L|$$

$$S^{(N)}|k, J\rangle = \begin{cases} |k+1, L\rangle & (J = R) \\ |k-1, R\rangle & (J = L) \end{cases}$$

ただし，$|\phi\rangle = \sqrt{p}|L\rangle + \sqrt{q}|R\rangle$ $(0 < p, q < 1, p+q = 1)$ である．

さて，以下のことに注意しよう．

まず，$C^{(N)}$ の定義から，その $|0, R\rangle$ 成分と第 $|N+1, L\rangle$ 成分は変わらない．また，$C^{(N)}\mathbf{a}_m$ の場所 $|k\rangle$ $(k = 1, 2, \ldots, N)$ では，

$$\tilde{\mathbf{v}}_m(k)|k\rangle \otimes (2|\phi\rangle\langle\phi| - I_2)|\phi\rangle = \tilde{\mathbf{v}}_m(k)|k\rangle \otimes (2|\phi\rangle - |\phi\rangle) = \tilde{\mathbf{v}}_m(k)|k\rangle \otimes |\phi\rangle$$

となるので，結局，場所 $|k\rangle$ でも変わらず，$C^{(N)}\mathbf{a}_m = \mathbf{a}_m$ が成り立つ．ここで，Szegedy ウォークの定義より，

$$(2|\phi\rangle\langle\phi| - I_2)|\phi\rangle = |\phi\rangle$$

の式変形がきいている．次に，$S^{(N)}$ の作用は，表を使って説明すると，左下と右上の交換であるで，$\mathbf{a}_m$ の表 8.1 から $\mathbf{b}_m$ の表 8.2 が得られる．また，$S^{(N)}$ の作用を 2 度行うともとに戻ることから，$(S^{(N)})^2$ は恒等作用素である．以上のことから，

$$U^{(N)}\mathbf{a}_m = \mathbf{b}_m$$

がわかる．さらに，

$$U^{(N)}\mathbf{b}_m = 2\lambda_m \mathbf{b}_m - \mathbf{a}_m$$

が成り立つ．以下，これを確かめよう．最初に，$U^{(N)}\mathbf{b}_m = S^{(N)}C^{(N)}\mathbf{b}_m$ であることに注意．

$U^{(N)}\mathbf{b}_m$ の $|0, R\rangle$ 成分は，$S^{(N)}$ で「$C^{(N)}$ を作用した後の $|1, L\rangle$ 成分」と交換するので，「$C^{(N)}$ を作用した後の $|1, L\rangle$ 成分」を計算する必要がある．まず，$|\phi\rangle = \sqrt{p}|L\rangle + \sqrt{q}|R\rangle$ なので，

に注意する. よって,

$$2|\phi\rangle\langle\phi| - I_2 = \begin{bmatrix} 2p-1 & 2\sqrt{pq} \\ 2\sqrt{pq} & 2q-1 \end{bmatrix}$$

$$\begin{bmatrix} 2p-1 & 2\sqrt{pq} \\ 2\sqrt{pq} & 2q-1 \end{bmatrix} \begin{bmatrix} \tilde{\mathbf{v}}_m(0) \\ \sqrt{p}\tilde{\mathbf{v}}_m(2) \end{bmatrix} = \begin{bmatrix} (2p-1)\tilde{\mathbf{v}}_m(0) + 2\sqrt{pq}\sqrt{p}\tilde{\mathbf{v}}_m(2) \\ 2\sqrt{pq}\tilde{\mathbf{v}}_m(0) + (2q-1)\tilde{\mathbf{v}}_m(2) \end{bmatrix}$$

となる. 次に, 式 (8.19) を用いると, 上式は,

$$\begin{bmatrix} 2\lambda_m\sqrt{p}\tilde{\mathbf{v}}_m(1) - \tilde{\mathbf{v}}_m(0) \\ 2\lambda_m\sqrt{q}\tilde{\mathbf{v}}_m(1) - \sqrt{p}\tilde{\mathbf{v}}_m(2) \end{bmatrix}$$

となる. 上の成分は, $U^{(N)}\mathbf{b}_m$ の $|0, R\rangle$ 成分であり, $2\lambda_m\mathbf{b}_m - \mathbf{a}_m$ の $|0, R\rangle$ 成分と一致することが確かめられる. 同時に, 下の成分は, $U^{(N)}\mathbf{b}_m$ の $|2, L\rangle$ 成分であり, $2\lambda_m\mathbf{b}_m - \mathbf{a}_m$ の $|2, L\rangle$ 成分と一致することが確かめられる.

同様にして, $|1, L\rangle$ 成分は, $S^{(N)}$ で「$C^{(N)}$ を作用した後の $|0, R\rangle$ 成分」と交換するので,「$C^{(N)}$ を作用した後の $|0, R\rangle$ 成分」を計算する必要がある. これは, $C^{(N)}$ の定義から, その $|0, R\rangle$ 成分は変わらないので, $\sqrt{p}\tilde{\mathbf{v}}_m(1)$ である. 一方, 式 (8.18) を用いると, $\sqrt{p}\tilde{\mathbf{v}}_m(1) = 2\lambda_m\tilde{\mathbf{v}}_m(0) - \sqrt{p}\tilde{\mathbf{v}}_m(1)$ が得られ, $2\lambda_m\mathbf{b}_m - \mathbf{a}_m$ の $|1, L\rangle$ 成分と一致することがわかる. ほかの成分も, 同様に命題 8.2 を適宜用いることにより, 確かめられる.

以上から,

$$U^{(N)}\mathbf{a}_m = \mathbf{b}_m, \quad U^{(N)}\mathbf{b}_m = 2\lambda_m\mathbf{b}_m - \mathbf{a}_m \quad (8.23)$$

が成り立つ. このことから, $U^{(N)}$ は, 二つのベクトル $\mathbf{a}_m$ と $\mathbf{b}_m$ によって張られるヒルベルト空間上の線形変換であることがわかる.

さらに, 以下が成立する.

$$\langle \mathbf{a}_m, \mathbf{b}_m \rangle = \lambda_m$$

なぜならば, $\mathbf{a}_m$ と $\mathbf{b}_m$ の定義より,

$$\langle \mathbf{a}_m, \mathbf{b}_m \rangle$$
$$= 2\left\{\sqrt{p}\tilde{\mathbf{v}}_m(0)\tilde{\mathbf{v}}_m(1) + \sqrt{pq}\sum_{k=1}^{N-1}\tilde{\mathbf{v}}_m(k)\tilde{\mathbf{v}}_m(k+1) + \sqrt{q}\tilde{\mathbf{v}}_m(N)\tilde{\mathbf{v}}_m(N+1)\right\} \quad (8.24)$$

が成り立つからである. 一方,

$$S_n = \sum_{k=1}^{N-1} \tilde{\mathbf{v}}_m(k)\tilde{\mathbf{v}}_m(k+1)$$

とおくと, 式 (8.20) を用いることにより,

$$\frac{\lambda_m}{\sqrt{pq}} \sum_{k=3}^{N} \{\tilde{\mathbf{v}}_m(k-1)\}^2 = \sum_{k=3}^{N} \left\{ \tilde{\mathbf{v}}_m(k-2)\tilde{\mathbf{v}}_m(k-1) + \tilde{\mathbf{v}}_m(k-1)\tilde{\mathbf{v}}_m(k) \right\}$$
$$= 2S_n - \tilde{\mathbf{v}}_m(1)\tilde{\mathbf{v}}_m(2) - \tilde{\mathbf{v}}_m(N-1)\tilde{\mathbf{v}}_m(N)$$

がわかる.上式と式 (8.18), (8.19), (8.21), (8.22) より,式 (8.24) を整理すると,求めたかった結論

$$\langle \mathbf{a}_m, \mathbf{b}_m \rangle = \lambda_m \sum_{k=0}^{N+1} (\tilde{\mathbf{v}}_m(k))^2 = \lambda_m$$

が得られる.そして,$\mathbf{a}_m$ と $\mathbf{b}_m$ の成分表示より明らかに,

$$\|\mathbf{a}_m\| = \|\mathbf{b}_m\| = \|\tilde{\mathbf{v}}_m\| = 1$$

なので,

$$\langle \mathbf{a}_m, \mathbf{b}_m \rangle = \lambda_m \|\mathbf{a}_m\| \|\mathbf{b}_m\|$$

となる.ただし,$\lambda_m = \cos \varphi_m$ である.

ゆえに,$m = 0$ に対して,すなわち,$\lambda_0 = 1$ の場合,$\mathbf{b}_0 = \lambda_0 \mathbf{a}_0$ を得る.$m = N+1$ のときは,$\lambda_{N+1} = -1$ に対応し,同じ結論を得る.したがって,$\lambda_0 = 1$ は固有ベクトル $\mathbf{a}_0$ の固有値で,$\lambda_{N+1} = -1$ は固有ベクトル $\mathbf{a}_{N+1}$ の固有値である.

$m \neq 0, N+1$ ($\lambda_m \neq \pm 1$) の場合は,$\{\mathbf{a}_m, \mathbf{b}_m\}$ が $\mathbf{a}_m$ と $\mathbf{b}_m$ によって張られるヒルベルト空間のある基底になっている.$\mathbf{c}_m = A\mathbf{a}_m + B\mathbf{b}_m$ とおくと,式 (8.23) より,

$$U^{(N)} \mathbf{c}_m = -B\mathbf{a}_m + (A + 2\lambda_m B)\mathbf{b}_m$$

となり,一方,

$$\mu_m \mathbf{c}_m = \mu_m A \mathbf{a}_m + \mu_m B \mathbf{b}_m$$

この 2 式から,$U^{(N)} \mathbf{c}_m = \mu_m \mathbf{c}_m$ を解くことを考えると,

$$\begin{bmatrix} -\mu_m & -1 \\ 1 & -\mu_m + 2\lambda_m \end{bmatrix} \begin{bmatrix} A \\ B \end{bmatrix} = \begin{bmatrix} 0 \\ 0 \end{bmatrix}$$

が非自明な解をもつ必要がある.したがって,

$$\det \left(\begin{bmatrix} \mu_m & 1 \\ -1 & \mu_m - 2\lambda_m \end{bmatrix} \right) = \mu_m^2 - 2\lambda_m \mu_m + 1 = 0$$

に注意し,μ_m の 2 次方程式を解くと,以下が得られる.

$$\mu_{\pm m} = \lambda_m \pm \sqrt{1 - \lambda^2}\, i = \cos \varphi_m \pm \sin \varphi_m = e^{\pm i \varphi_m}$$

また,$A = 1$ とおくと,$B = -\mu_m$ となるので,求める $U^{(N)}$ の固有ベクトルは

$$\mathbf{c}_m = \mathbf{a}_m - \mu_m \mathbf{b}_m$$

である.以上から,固有値は $e^{\pm i \varphi_m}$ で対応する固有ベクトルは $\mathbf{a}_m - e^{\pm i \varphi_m} \mathbf{b}_m$ であることがわかる.すなわち,これが $U^{(N)}$ の固有ベクトルとなる.

さらに，$\|\mathbf{a}_m - e^{\pm i\varphi_m}\mathbf{b}_m\|^2 = 2(1-\lambda_m^2) = 2\sin^2\varphi_m$ が確かめられる．これらの結果と補題 8.1 より，固有ベクトルの具体的な形を，かなり煩雑な計算の後，得ることができ，証明が得られる． □

ここから，確率変数 $\overline{X}_i^{(N)}$ の分布 $\overline{p}_i^{(N)}$ を評価する．初期状態の仮定より，

$$\overline{p}_i^{(N)}(x) = \begin{cases} \displaystyle\lim_{T\to\infty}\frac{1}{T}\sum_{n=0}^{T-1}\left\|(|x\rangle\langle x|\otimes I_2)(U^{(N)})^n(|0\rangle\otimes|R\rangle)\right\|^2 \\ \hfill (i=0) \\ \displaystyle\lim_{T\to\infty}\frac{1}{T}\sum_{n=0}^{T-1}\left\{\frac{1}{2}\sum_{J=L,R}\left\|(|x\rangle\langle x|\otimes I_2)(U^{(N)})^n(|i\rangle\otimes|J\rangle)\right\|^2\right\} \\ \hfill (1\le i\le N) \\ \displaystyle\lim_{T\to\infty}\frac{1}{T}\sum_{n=0}^{T-1}\left\|(|x\rangle\langle x|\otimes I_2)(U^{(N)})^n(|n+1\rangle\otimes|L\rangle)\right\|^2 \\ \hfill (i=N+1) \end{cases}$$

が得られる．スペクトル分解 $(U^{(N)})^n = \sum_k \mu_k^n \mathbf{u}_k \mathbf{u}_k^*$ と

$$\lim_{T\to\infty}\frac{1}{T}\sum_{n=0}^{T-1}e^{i\theta n} = \delta_0(\theta) \pmod{2\pi}$$

を用いると，$U^{(N)}$ のすべての固有値は退化していないので，以下を得る．

$$\overline{p}_i^{(N)}(x) = \begin{cases} \displaystyle\sum_k\left\{(|u_{x,L}^{(k)}|^2+|u_{x,R}^{(k)}|^2)\times|u_{0,R}^{(k)}|^2\right\} & (i=0) \\ \displaystyle\frac{1}{2}\sum_{J=L,R}\left[\sum_k\left\{(|u_{x,L}^{(k)}|^2+|u_{x,R}^{(k)}|^2)\times|u_{i,J}^{(k)}|^2\right\}\right] & (1\le i\le N) \\ \displaystyle\sum_k\left\{(|u_{x,L}^{(k)}|^2+|u_{x,R}^{(k)}|^2)\times|u_{n+1,L}^{(k)}|^2\right\} & (i=N+1) \end{cases}$$

実は，$\overline{p}_i^{(N)}(x)$ の最初の二つの場合だけ扱えば十分である．補題 8.2 より，$i=0$ に対して，次の表現を得る．

$$\begin{aligned}&\overline{p}_0^{(N)}(j)\\&= 2\left(\frac{1-q/p}{2\{1-(q/p)^{N+1}\}}\right)^2\left\{\delta_0(j)+(1-\delta_0(j))\frac{1}{p}(q/p)^{j-1}\right\}\\&\quad + \frac{2q}{(N+1)^2}\sum_{m=1}^{N}\left(\frac{\sin\theta_m}{\sin\varphi_m}\right)^4\left\{q\left(\tilde{U}_j^{(m)}\right)^2 - \cos 2\varphi_m\left(\tilde{U}_{j-1}^{(m)}\right)^2 + p\left(\tilde{U}_{j-2}^{(m)}\right)^2\right\}\end{aligned}$$
(8.25)

同様にして，$1\le i\le N$ に対して，以下の表現が導かれる．

$$\overline{p}_i^{(N)}(j)$$
$$= \frac{1}{p}\left(\frac{1-q/p}{2\{1-(q/p)^{N+1}\}}\right)^2 (q/p)^{i-1}\left\{\delta_0(j) + (1-\delta_0(j))\frac{1}{p}(q/p)^{j-1}\right\}$$
$$+ \frac{1}{(N+1)^2}\sum_{m=1}^{N}\left(\frac{\sin\theta_m}{\sin\varphi_m}\right)^4\left\{q\left(\tilde{U}_j^{(m)}\right)^2 - \cos 2\varphi_m\left(\tilde{U}_{j-1}^{(m)}\right)^2 + p\left(\tilde{U}_{j-2}^{(m)}\right)^2\right\}$$
$$\times \left\{q\left(\tilde{U}_i^{(m)}\right)^2 - \cos(2\varphi_m)\left(\tilde{U}_{i-1}^{(m)}\right)^2 + p\left(\tilde{U}_{i-2}^{(m)}\right)^2\right\} \quad (8.26)$$

次に，$\mathbb{P}(\overline{X}_i^{(N)} \leq aN) = \sum_{j=0}^{\lfloor aN \rfloor} \overline{p}_i^{(N)}(j)$ $(0 < a < 1)$ を評価する．ここで，$\lfloor z \rfloor$ は z より大きくない最大の整数を表す．はじめに，式 (8.25) と式 (8.26) の第 1 項を考える．このとき，容易に以下がわかる．

$$\sum_{j=0}^{\lfloor aN \rfloor}\left\{\delta_0(j) + (1-\delta_0(j))\frac{1}{p}(q/p)^{j-1}\right\} = 1 + \frac{1}{p} \times \frac{1-(q/p)^{\lfloor aN \rfloor}}{1-q/p}$$

ゆえに，$N \to \infty$ としたとき，$q < p$ で $i = 0$ のとき，式 (8.25) の第 1 項は $1 - q/p$ に，$1 \leq i < \infty$ のときは，式 (8.26) の第 1 項は $(1-q/p)(q/p)^{i-1}/(2p)$ に収束する．また，$q \geq p$ で $0 \leq i < \infty$ のとき，あるいは，$i/f(N) \to r \in (0, 1)$ なる $f(N) \to \infty$ が存在するとき，式 (8.25) と式 (8.26) の第 1 項はともに 0 に収束する．

ここからは，式 (8.25) の第 2 項について考えよう．このとき，以下の和について考える．

$$\frac{1}{(N+1)^2}\sum_{j=0}^{\lfloor aN \rfloor}\sum_{m=1}^{N}\left(\frac{\sin\theta_m}{\sin\varphi_m}\right)^4\left\{q\left(\tilde{U}_j^{(m)}\right)^2 - \cos 2\varphi_m\left(\tilde{U}_{j-1}^{(m)}\right)^2 + p\left(\tilde{U}_{j-2}^{(m)}\right)^2\right\}$$

和は有限なので，順序交換可能であることに注意してほしい．

$$\sum_{j=0}^{l}\left(\tilde{U}_j^{(m)}\right)^2 = \frac{1}{2\sin^2\theta_m}\left\{l + 1 - \cos(l\theta_m)\tilde{U}_l^{(m)}\right\}$$

の関係を用いると，

$$\frac{1}{(N+1)^2}\sum_{m=1}^{N}\sum_{j=0}^{\lfloor aN \rfloor}\left(\frac{\sin\theta_m}{\sin\varphi_m}\right)^4\left\{q\left(\tilde{U}_j^{(m)}\right)^2 - \cos 2\varphi_m\left(\tilde{U}_{j-1}^{(m)}\right)^2 + p\left(\tilde{U}_{j-2}^{(m)}\right)^2\right\}$$
$$\sim \frac{1}{(N+1)^2}\sum_{m=1}^{N}\left(\frac{\sin\theta_m}{\sin\varphi_m}\right)^4\left\{\frac{1-\cos(2\varphi_m)}{2(\sin\theta_m)^2}\right\}\left\{\lfloor aN \rfloor - \cos(\lfloor aN \rfloor \theta_m)\tilde{U}_{\lfloor aN \rfloor}^{(m)}\right\}$$
$$\sim a\sum_{m=1}^{N}\left(\frac{\sin\theta_m}{\sin\varphi_m}\right)^2\frac{1}{N} \sim a\int_0^{\pi}\left(\frac{\sin k}{\sin\varphi(k)}\right)^2\frac{dk}{\pi}$$

が得られる．ただし，$f(n) \sim g(n)$ は $\lim_{n \to \infty} f(n)/g(n) = 1$ を表し，$\cos\varphi(k) = 2\sqrt{pq}\cos k$ である．さらに，$\theta_m = k$ とおき，$\cos\varphi(k) = 2\sqrt{pq}\cos k$ の両辺を微分することにより，

$$\left(\frac{\sin\theta_m}{\sin\varphi_m}\right)^2 = \left(\frac{\sin k}{\sin\varphi(k)}\right)^2 = \frac{1}{4pq}\left(\frac{d\varphi(k)}{dk}\right)^2$$

が導かれる．よって，$r = 2\sqrt{pq} \in (0,1)$ とおくと，

$$\int_0^\pi \left(\frac{\sin k}{\sin\varphi(k)}\right)^2 \frac{dk}{\pi} = \int_0^\pi \frac{1}{4pq}\left(\frac{d\varphi(k)}{dk}\right)^2 \frac{dk}{\pi} = \int_0^\pi \frac{\sin^2 k}{\pi(1 - 4pq\cos^2 k)}\,dk$$

$$= \int_{-1}^1 \frac{1-x^2}{\pi(1-4pqx^2)\sqrt{1-x^2}}\,dx$$

$$= \frac{1}{\sqrt{1-r^2}}\int_{-r}^r \frac{\sqrt{1-r^2}\,(1-y^2/r^2)}{\pi(1-y^2)\sqrt{r^2-y^2}}\,dy$$

となる．ここで，2番目の等式は，$\varphi(k) = \arccos(2\sqrt{pq}\cos k)$ を微分して得られる，

$$\frac{d\varphi(k)}{dk} = \frac{2\sqrt{pq}}{\sqrt{1-4pq\cos^2 k}}\sin k$$

の関係を使った．ここで，量子ウォークの弱収束極限定理の密度関数

$$f_K(x;r) = \frac{\sqrt{1-r^2}}{\pi(1-x^2)\sqrt{r^2-x^2}}\,I_{(-r,r)}(x)$$

を用いると，与式は

$$\frac{1}{\sqrt{1-r^2}}\int_{\mathbb{R}}\left(1 - \frac{y^2}{r^2}\right)f_K(y;r)\,dy$$

となる．さらに，系 7.4 の 2 次モーメントの結果 $s_2(\mu) = 1 - \sqrt{1-r^2}$ を代入すると，

$$\frac{1-\sqrt{1-r^2}}{r^2}$$

が導かれる．ここで，$\sqrt{1-r^2} = |2p-1|$ に注意すると，

$$\frac{1-|2p-1|}{4pq} = \begin{cases} \dfrac{1}{2p} & (q < p) \\ \dfrac{1}{2q} & (q > p) \end{cases}$$

が得られる．これより，式 (8.25) の第 2 項は，全体に $2q$ 倍する必要があるので，

$$2q \times \left(\frac{1-|2p-1|}{4pq}\right) = \begin{cases} \dfrac{q}{p} & (q < p) \\ 1 & (q > p) \end{cases}$$

となり，一様分布 $U(0,1)$ に収束し，その重みは，$1-c_0$ に等しいことがわかる．なぜ

なら，c_0 は，$q<p$ のとき $1-q/p$ に等しく，$q>p$ のときは 0 であったからである．また，式 (8.26) の第 2 項も同様の議論で，以下のように評価できる．

$$\frac{1}{(N+1)^2}\sum_{m=1}^{N}\left(\frac{\sin\theta_m}{\sin\varphi_m}\right)^4\left\{q\left(\tilde{U}_j^{(m)}\right)^2-\cos(2\varphi_m)\left(\tilde{U}_{j-1}^{(m)}\right)^2+p\left(\tilde{U}_{j-2}^{(m)}\right)^2\right\}$$
$$\times\left\{q\left(\tilde{U}_i^{(m)}\right)^2-\cos(2\varphi_m)\left(\tilde{U}_{i-1}^{(m)}\right)^2+p\left(\tilde{U}_{i-2}^{(m)}\right)^2\right\}$$
$$\sim a\int_0^\pi\frac{q\{\sin((i+1)k)\}^2-\cos(2\varphi(k))\{\sin(ik)\}^2+p\{\sin((i-1)k)\}^2}{\sin\varphi(k)^2}\frac{dk}{\pi}$$

最後の積分を計算するのは難しいが，$1-c_i$ に等しい．以上より，定理 8.1 が導かれる．
□

コラム 8. ジャズピアノ

2013 年 2 月 23 日に横浜国立大学で『文化を発信する数学』が開催された．講師は，私のほかに，ジャズピアニストの中島さち子さん，サイエンスナビゲータの桜井進さん，そして企画された横浜国立大学の根上生也教授である．第 2 部の 4 名によるパネルディスカッションの中で，研究も含め，さまざまな活動の中で「感性」が一番大事であるということで，議論が盛り上がった．そして，日本人女性初の数学オリンピック金メダリストでもある中島さち子さんのジャズピアノ演奏を聴きながら，横浜の関内にあったジャズバーでの男性ピアニストの演奏を思い出した．実は，その演奏を聴くと，その翌日，二日酔いの朦朧とした頭ながら，なぜか懸案の問題の証明が思いつくということが数回起こった．不思議に思い，自宅に来ていただき弾いてもらったことがある．そのときに初めて踏み込んだ話をしたが，楽譜を数学的に分析して演奏していることを聞いた途端，なぜ彼の演奏を聴くと，透明な数個のルービックキューブが頭の中でくるくると回転しているようなイメージが湧き，証明の糸口が見つかる理由がわかったような気がした．残念ながら，その店は数年前に閉店して，いまはない．

第9章
半直線上の量子ウォーク

この章では，半直線上の量子ウォークについて学ぶ．まず，CMV 行列を量子ウォークと対応させた CGMV 法を紹介する．その後，具体的なモデル，自由量子ウォーク，Bernstein-Szegő ウォークなどに関して説明する．本章の内容は，必要があれば，Simon (2005) を参照してほしい．

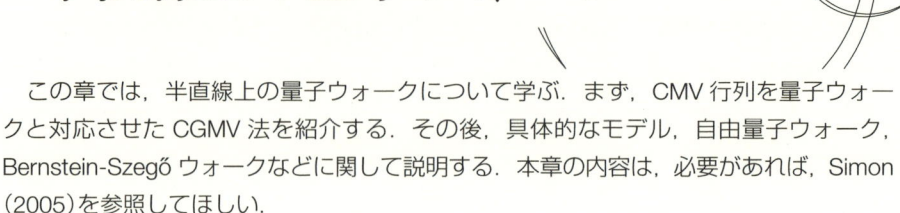

9.1 CGMV 法

半直線上の量子ウォークを考える前に，この節では準備として，Cantero, Grünbaum, Moral and Velázquez (2010) によって導入された新しい手法について簡単に紹介する．この手法は，彼らの頭文字をとって **CGMV 法**（CGMV method）とよばれ，場所に依存する量子コインをもつ量子ウォークの解析にも役立つ．

まず，$\mathbb{D} = \{z \in \mathbb{C} : |z| < 1\}$ とおく．そして，$\partial \mathbb{D} = \{z \in \mathbb{C} : |z| = 1\}$ 上の確率測度 μ を与える．その確率測度が有限の点の上にあるとき，自明（trivial）といい，そうでないとき，非自明（nontrivial）とよぶことにする．以下この章では，確率測度 μ は非自明と仮定する．$L^2_\mu(\partial \mathbb{D})$ を $\partial \mathbb{D}$ 上の 2 乗可積分な関数よりなるヒルベルト空間とする．ここで，$f, g \in L^2_\mu(\partial \mathbb{D})$ に対して，以下で内積を定める．

$$\langle f, g \rangle = \int_{\partial \mathbb{D}} \overline{f(z)} g(z) \, d\mu(z)$$

この内積において，$\{1, z, z^{-1}, z^2, z^{-2}, \ldots\}$ に対して，グラム−シュミットの直交化法を用いて得た $\partial \mathbb{D}$ 上の直交多項式である，**ローラン多項式**（Laurent polynomial）を $\{\chi_j(z)\}_{j=0}^\infty$ とおく．このとき，正規直交性から，$\langle \chi_l, \chi_m \rangle = \delta_{lm}$ が成り立つ．

同様に，$\{1, z^{-1}, z, z^{-2}, z^2, \ldots\}$ に対して，グラム−シュミットの直交化法を用いて得た $\partial \mathbb{D}$ 上の直交多項式であるローラン多項式を $\{x_j(z)\}_{j=0}^\infty$ とおく．このとき，正規直交性より，$\langle x_l, x_m \rangle = \delta_{lm}$．また，$\chi_j(z)$ と $x_j(z)$ との間には，$x_j(z) = \overline{\chi_j(1/\bar{z})}$ の関係が成立する．

この後で詳しく説明するが，その直交多項式達の漸化式から得られるパラメータ

9.1 CGMV法

として,Verblunsky パラメータ $\alpha = (\alpha_0, \alpha_1, \alpha_2, \ldots)$ がある[†]. ここで,$\alpha_j \in \mathbb{C}$ は,$|\alpha_j| < 1$ を満たす. さらに,$\rho_j = \sqrt{1 - |\alpha_j|^2}$ とおく. そして,以下で解説するように,Verblunsky パラメータから量子ウォークが定義される.

まず,$\mathcal{C} = \mathcal{C}_{(\alpha_0, \alpha_1, \ldots)}$ を,Verblunsky パラメータ $(\alpha_0, \alpha_1, \ldots)$ から次のように定まる CMV 行列とする. この **CMV 行列**(CMV matrix)は,Cantero, Moral and Velázquez (2003) が導入したので,彼らの頭文字をとってそのようによばれている.

$$\mathcal{C} = \mathcal{C}_{(\alpha_0, \alpha_1, \ldots)} = \begin{bmatrix} \overline{\alpha}_0 & \rho_0\overline{\alpha}_1 & \rho_0\rho_1 & 0 & 0 & 0 & 0 & 0 & \cdots \\ \rho_0 & -\alpha_0\overline{\alpha}_1 & -\alpha_0\rho_1 & 0 & 0 & 0 & 0 & 0 & \cdots \\ 0 & \rho_1\overline{\alpha}_2 & -\alpha_1\overline{\alpha}_2 & \rho_2\overline{\alpha}_3 & \rho_2\rho_3 & 0 & 0 & 0 & \cdots \\ 0 & \rho_1\rho_2 & -\alpha_1\rho_2 & -\alpha_2\overline{\alpha}_3 & -\alpha_2\rho_3 & 0 & 0 & 0 & \cdots \\ 0 & 0 & 0 & \rho_3\overline{\alpha}_4 & -\alpha_3\overline{\alpha}_4 & \rho_4\overline{\alpha}_5 & \rho_4\rho_5 & 0 & \cdots \\ 0 & 0 & 0 & \rho_3\rho_4 & -\alpha_3\rho_4 & -\alpha_4\overline{\alpha}_5 & -\alpha_4\rho_5 & 0 & \cdots \\ \vdots & \vdots & \vdots & \vdots & \vdots & & \ddots & & \end{bmatrix}$$

この行列はユニタリ行列であることに注意. また,後で見るように量子ウォークと対応させることができる. 実は,$j, k = 0, 1, 2, \ldots$ に対して,$\mathcal{C} = \mathcal{C}_{(\alpha_0, \alpha_1, \ldots)}$ の (j, k) 成分 $\mathcal{C}_{jk}$ は以下で与えられる.

$$\mathcal{C}_{jk} = \langle \chi_j, z\chi_k \rangle = \int_{\partial \mathbb{D}} \overline{\chi_j(z)} z \chi_k(z) d\mu(z)$$

一方,$\mathcal{C}$ の転置行列 $\widetilde{\mathcal{C}} = {}^T\mathcal{C}$ の (j, k) 成分 $\widetilde{\mathcal{C}}_{jk}$ は,$\{x_j(z)\}_{j=0}^{\infty}$ を用いて,

$$\widetilde{\mathcal{C}}_{jk} = \langle x_j, zx_k \rangle = \int_{\partial \mathbb{D}} \overline{x_j(z)} z x_k(z) d\mu(z)$$

と表される. よって,次が成り立つ.

$$\mathcal{C}_{jk} = \widetilde{\mathcal{C}}_{kj} = \langle x_k, zx_j \rangle = \int_{\partial \mathbb{D}} \overline{x_k(z)} z x_j(z) d\mu(z)$$

量子ウォークを定めるときに,転置の形も使うことがあるので,具体的に記しておく.

$$\widetilde{\mathcal{C}} = \widetilde{\mathcal{C}}_{(\alpha_0, \alpha_1, \ldots)} = \begin{bmatrix} \overline{\alpha}_0 & \rho_0 & 0 & 0 & 0 & 0 & 0 & 0 & \cdots \\ \rho_0\overline{\alpha}_1 & -\alpha_0\overline{\alpha}_1 & \rho_1\overline{\alpha}_2 & \rho_1\rho_2 & 0 & 0 & 0 & 0 & \cdots \\ \rho_0\rho_1 & -\alpha_0\rho_1 & -\alpha_1\overline{\alpha}_2 & -\alpha_1\rho_2 & 0 & 0 & 0 & 0 & \cdots \\ 0 & 0 & \rho_2\overline{\alpha}_3 & -\alpha_2\overline{\alpha}_3 & \rho_3\overline{\alpha}_4 & \rho_3\rho_4 & 0 & 0 & \cdots \\ 0 & 0 & \rho_2\rho_3 & -\alpha_2\rho_3 & -\alpha_3\overline{\alpha}_4 & -\alpha_3\rho_4 & 0 & 0 & \cdots \\ 0 & 0 & 0 & 0 & \rho_4\overline{\alpha}_5 & -\alpha_4\overline{\alpha}_5 & \rho_5\overline{\alpha}_6 & \rho_5\rho_6 & \cdots \\ \vdots & \vdots & \vdots & \vdots & \vdots & \vdots & & \ddots & \end{bmatrix}$$

[†] Verblunsky 係数,反射係数など,種々のよび名がある. また,$\alpha = (\alpha_0, \alpha_1, \alpha_2, \ldots)$ の α は省略することもある.

さて，先のローラン多項式 $\{\chi_j(z)\}_{j=0}^\infty$ を用いると，以下が成り立つことがわかる．
$$\chi(z)\mathcal{C} = z\chi(z)$$
ただし，$\chi(z) = [\chi_0(z), \chi_1(z), \ldots]$ である．よって，両辺の転置をとると，
$$\widetilde{\mathcal{C}}({}^T\chi(z)) = z({}^T\chi(z))$$
なので，${}^T\chi(z)$ は $\widetilde{\mathcal{C}}$ の固有値 z の固有ベクトルとも思える．そして，n 乗すると，
$$\widetilde{\mathcal{C}}^n({}^T\chi(z)) = z^n({}^T\chi(z))$$
の関係が得られる．このとき，次が導かれる．
$$\widetilde{\mathcal{C}}_{jk}^n = \langle x_j, z^n x_k \rangle = \int_{\partial\mathbb{D}} \overline{x_j(z)} z^n x_k(z)\, d\mu(z) = \langle \chi_k, z^n \chi_j \rangle$$
同様に，$\{x_j(z)\}_{j=0}^\infty$ を用いると，以下が成立することがわかる．
$$\mathcal{C}x(z) = zx(z) \tag{9.1}$$
ただし，$x(z) = {}^T[x_0(z), x_1(z), \ldots]$ である．よって，$x(z)$ は $\mathcal{C}$ の固有値 z の固有ベクトルとも思える．そして，n 乗すると，
$$\mathcal{C}^n x(z) = z^n x(z)$$
の関係が得られる．このとき，次が導かれる．
$$\mathcal{C}_{jk}^n = \langle \chi_j, z^n \chi_k \rangle = \int_{\partial\mathbb{D}} \overline{\chi_j(z)} z^n \chi_k(z)\, d\mu(z) = \langle x_k, z^n x_j \rangle$$

一方，$\{1, z, z^2, \ldots\}$ に対して，グラム–シュミットの直交化法を用いて得られる正規直交多項式を $\{\varphi_j\}_{j=0}^\infty$ とおく．これは，**セゲー多項式** (Szegő polynomial) ともよばれる．このとき，正規直交性より，$\langle \varphi_l, \varphi_m \rangle = \delta_{lm}$．このとき，以下の関係が成立している．
$$\chi_{2j}(z) = z^{-j}\varphi_{2j}^*(z), \quad \chi_{2j+1}(z) = z^{-j}\varphi_{2j+1}(z)$$
$$x_{2j}(z) = z^{-j}\varphi_{2j}(z), \quad x_{2j+1}(z) = z^{-j-1}\varphi_{2j+1}^*(z)$$
ただし，$\varphi_j^*(z) = z^j \overline{\varphi_j(1/\overline{z})}$ である．具体的には，
$$\varphi_j(z) = q_0 + q_1 z + q_2 z^2 + \cdots + q_{j-1} z^{j-1} + q_j z^j$$
の場合に，
$$\varphi_j^*(z) = \overline{q_j} + \overline{q_{j-1}} z + \overline{q_{j-2}} z^2 + \cdots + \overline{q_1} z^{j-1} + \overline{q_0} z^j$$
となる．さらに，以下の漸化式が成立する．
$$\rho_j \varphi_{j+1}(z) = z\varphi_j(z) - \overline{\alpha}_j \varphi_j^*(z) \tag{9.2}$$
ただし，$\varphi_0(z) \equiv 1$ である．このときの $\{\alpha_j\}_{j=0}^\infty$ が Verblunsky パラメータで，$\rho_j = \sqrt{1 - |\alpha_j|^2}$ である．したがって，そのモニックな，しかも，必ずしも正規化されていない直交多項式 $\{\Phi_j\}_{j=0}^\infty$ に関しては，

$$\Phi_{j+1}(z) = z\Phi_j(z) - \overline{\alpha}_j \Phi_j^*(z)$$

が得られる．ここで，$\Phi_0(z) \equiv 1$ とする．ゆえに，上式で $z=0$ とすることにより，

$$\alpha_j = -\overline{\Phi_{j+1}(0)}$$

なる表現も得られる．

さらに，**カラテオドリ関数**（Carathéodory function）F とは，$z \in \mathbb{D}$ に対して，

$$F(z) = \int_{\partial \mathbb{D}} \frac{t+z}{t-z} d\mu(t) = \int_{-\pi}^{\pi} \frac{e^{i\theta}+z}{e^{i\theta}-z} d\mu(\theta)$$

で定まる関数で，以下のように展開される．

$$F(z) = 1 + 2\sum_{n=1}^{\infty} c_n z^n$$

ただし，

$$c_n = \langle z^n, 1 \rangle = \int_{-\pi}^{\pi} e^{-in\theta} d\mu(\theta)$$

である．さらに，

$$F(z) = \lim_{n \to \infty} \frac{\widetilde{\varphi}_n^*(z)}{\varphi_n^*(z)}$$

とも表される．ここで，$\{\widetilde{\varphi}_n^*\}_{n=0}^{\infty}$ は Verblunsky パラメータが $\{-\alpha_n\}_{n=0}^{\infty}$ に対応するセゲー多項式である．

また，**シューア関数**（Schur function）f を，

$$f(z) = \frac{1}{z}\frac{F(z)-1}{F(z)+1}$$

で与える．

上記のカラテオドリ関数を用いると，逆に μ が求められる．実際，$\theta \in [-\pi, \pi)$ に対して，

$$d\mu(e^{i\theta}) = w(\theta)\frac{d\theta}{2\pi} + d\mu_{\mathrm{s}}(e^{i\theta})$$

とする．ここで，μ_{s} は右辺第1項の $d\theta$ に対して絶対連続な部分以外の特異（singular）な部分である．このとき，絶対連続な部分の $w(\theta)$ は，

$$w(\theta) = \lim_{r \uparrow 1} \Re\bigl(F(re^{i\theta})\bigr) \tag{9.3}$$

で得られる．ただし，$\Re(z)$ は $z \in \mathbb{C}$ の実部である．また，μ_{s} の台は，

$$\{e^{i\theta} : \lim_{r \uparrow 1} \Re F(re^{i\theta}) = \infty\} \tag{9.4}$$

の上にある．とくに，$e^{i\theta_\circ}$ が μ の**マスポイント**（mass point）のとき，その**マス**（mass）$\mu(\{e^{i\theta_\circ}\})$ は，以下で与えられる．

$$\mu(\{e^{i\theta_o}\}) = \lim_{r\uparrow 1} \frac{1-r}{2} F(re^{i\theta_o}) \quad (\neq 0) \tag{9.5}$$

この $\mathcal{C}_{(\alpha_0,\alpha_1,\dots)}$ と $\widetilde{\mathcal{C}} = \widetilde{\mathcal{C}}_{(\alpha_0,\alpha_1,\dots)}$ を量子ウォークと対応させる方法は，実は何種類か存在する．いきなり一般的な場合を考えると煩雑なので，次節で簡単な場合から考えてみよう．

9.2 自由量子ウォークの場合

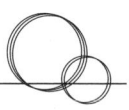

この節では，Verblunsky パラメータがすべて 0 の場合，すなわち，$\alpha_j = 0 \ (j \geq 0)$ のモデルについて考える．

このとき，量子ウォークの時間発展は，以下のタイプ I とタイプ II の 2 種類が考えられる．

9.2.1 タイプ I：$\mathcal{C}_{(\alpha_0,\alpha_1,\dots)}$ の転置との対応

一つは，$\mathcal{C}_{(\alpha_0,\alpha_1,\dots)}$ の転置を対応させるもので，本書ではタイプ I とよぼう．具体的には，

$$U^{(s,\mathrm{I})} = \widetilde{\mathcal{C}}_{(0,0,0,\dots)} = \begin{bmatrix} R_0 & Q & O & O & O & \cdots \\ P & O & Q & O & O & \cdots \\ O & P & O & Q & O & \cdots \\ O & O & P & O & Q & \cdots \\ O & O & O & P & O & \cdots \\ \vdots & \vdots & \vdots & \vdots & \vdots & \ddots \end{bmatrix}$$

である．ここで，

$$R_0 = \begin{bmatrix} 0 & 1 \\ 0 & 0 \end{bmatrix}, \quad P = \begin{bmatrix} 1 & 0 \\ 0 & 0 \end{bmatrix}, \quad Q = \begin{bmatrix} 0 & 0 \\ 0 & 1 \end{bmatrix}, \quad O = \begin{bmatrix} 0 & 0 \\ 0 & 0 \end{bmatrix}$$

である．この P と Q の形より，このモデルを自由量子ウォークとよぶことにする．後で紹介するタイプ II の場合も，P と Q の形は同じである．また，タイプ I の自由量子ウォークのダイナミクスは図 9.1 のようになる．

実は，一般に，$\mathcal{C}_{(\alpha_0,\alpha_1,\dots)}$ の転置を同様に対応させることができる．具体的には，

$$U^{(s,\mathrm{I})} = \begin{bmatrix} R_0 & Q_1 & O & O & O & \cdots \\ P_0 & O & Q_2 & O & O & \cdots \\ O & P_1 & O & Q_3 & O & \cdots \\ O & O & P_2 & O & Q_4 & \cdots \\ O & O & O & P_3 & O & \cdots \\ \vdots & \vdots & \vdots & \vdots & \vdots & \ddots \end{bmatrix}$$

9.2 自由量子ウォークの場合　193

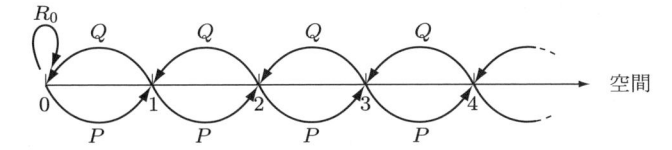

図 9.1　タイプ I の自由量子ウォークのダイナミクス

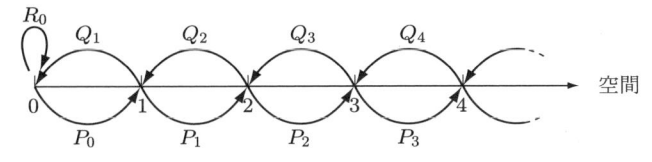

図 9.2　一般のタイプ I のダイナミクス

である．ここで，

$$R_0 = \begin{bmatrix} 0 & 1 \\ 0 & 0 \end{bmatrix}, \quad P_x = \begin{bmatrix} \rho_x & -\alpha_x \\ 0 & 0 \end{bmatrix}, \quad Q_x = \begin{bmatrix} 0 & 0 \\ \overline{\alpha_x} & \rho_x \end{bmatrix}, \quad O = \begin{bmatrix} 0 & 0 \\ 0 & 0 \end{bmatrix}$$

場所に依存する一般のタイプ I の量子ウォークのダイナミクスは図 9.2 のようになる．

ここで，図 9.3 のように偶数時刻では $U^{(s,\mathrm{I})}$ の R_0 だけを Q_0 に変えた $U_\mathrm{e}^{(s,\mathrm{I})}$ で時間発展し，奇数時刻では $U^{(s,\mathrm{I})}$ で時間発展する 2 状態空間依存型量子ウォークを考える．ただし，空間に関しては $2x$ を x とみなし，偶数頂点だけに制限し，時刻に関しては $2n$ を n とみなし，2 ステップごとだけに制限する．そうすると，このようにして定められた 2 状態空間依存型量子ウォークの偶数頂点上の 2 ステップごとの挙動が，CMV 行列の転置 $\widetilde{C}$ で記述されることがわかる．式でかくと，以下のようになる．

$$\left(U^{(s,\mathrm{I})}\right)\left(U_\mathrm{e}^{(s,\mathrm{I})}\right)_{偶数頂点} = \widetilde{C}_{(\alpha_0, \alpha_1, \ldots)}$$

自由量子ウォークの場合に戻ると，この場合は $(\alpha_0, \alpha_1, \alpha_2, \ldots) = (0, 0, 0, \ldots)$ なので，2×2 行列の対角成分が，左上の行列以外はゼロ行列になるため，2 状態の量子

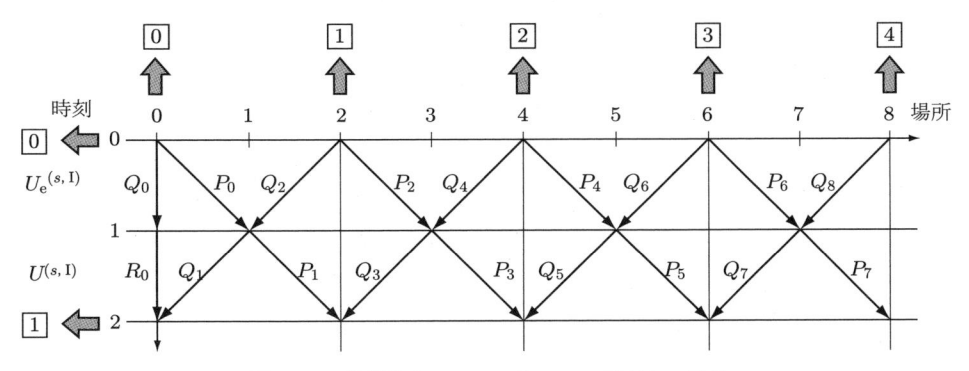

図 9.3　2 状態量子ウォークと CMV 行列との関係

ウォークと解釈するために，このような2ステップごとに考える必要がない．

さて，時刻 n での自由量子ウォークの確率振幅の状態ベクトルは，以下のように与えられることがわかる．
$$\Psi_n = (U^{(s,\mathrm{I})})^n \Psi_0$$
以下のように，原点だけから出発する初期状態を考える．
$$\Psi_0 = {}^T\left[\begin{bmatrix}\Psi^{(R)}(0)\\\Psi^{(L)}(0)\end{bmatrix}, \begin{bmatrix}\Psi^{(R)}(1)\\\Psi^{(L)}(1)\end{bmatrix}, \begin{bmatrix}\Psi^{(R)}(2)\\\Psi^{(L)}(2)\end{bmatrix}, \cdots\right]$$
$$= {}^T\left[\begin{bmatrix}\alpha\\\beta\end{bmatrix}, \begin{bmatrix}0\\0\end{bmatrix}, \begin{bmatrix}0\\0\end{bmatrix}, \cdots\right]$$
ただし，$|\alpha|^2 + |\beta|^2 = 1$ である．

このとき，$R_0^2 = QP = PQ = 0$ に注意すると，時間発展は以下のようになることが確かめられる．
$$\Psi_1 = {}^T\left[\begin{bmatrix}\beta\\0\end{bmatrix}, \begin{bmatrix}\alpha\\0\end{bmatrix}, \begin{bmatrix}0\\0\end{bmatrix}, \begin{bmatrix}0\\0\end{bmatrix}, \begin{bmatrix}0\\0\end{bmatrix}, \cdots\right]$$
$$\Psi_2 = {}^T\left[\begin{bmatrix}0\\0\end{bmatrix}, \begin{bmatrix}\beta\\0\end{bmatrix}, \begin{bmatrix}\alpha\\0\end{bmatrix}, \begin{bmatrix}0\\0\end{bmatrix}, \begin{bmatrix}0\\0\end{bmatrix}, \cdots\right]$$
ゆえに，時刻 n での確率振幅は，
$$\Psi_n = \begin{bmatrix}\beta\\0\end{bmatrix}\delta_{n-1} + \begin{bmatrix}\alpha\\0\end{bmatrix}\delta_n$$
となり，したがって，時刻 n での測度は，
$$\mu_n^{(\Psi_0)} = |\beta|^2 \delta_{n-1} + |\alpha|^2 \delta_n \tag{9.6}$$
であることがわかる．ゆえに，時刻 n を無限大にすると，
$$\lim_{n\to\infty}\Psi_n^{(\Psi_0)} = \mathbf{0}, \quad \lim_{n\to\infty}\mu_n^{(\Psi_0)} = \mathbf{0}$$
となる．よって，
$$\Psi_\infty = \overline{\Psi}_\infty^{(\Psi_0)} = \mathbf{0}, \quad \mu_\infty^{(\Psi_0)} = \overline{\mu}_\infty^{(\Psi_0)} = \mathbf{0}$$
が成立する．

さらに，X_n/n に関する弱収束極限定理は，式 (9.6) から
$$\frac{X_n}{n} \Rightarrow \delta_1 \quad (n\to\infty)$$
が得られる．

以下，直接計算して，$\lambda \in \partial\mathbb{D}$ に対する
$$U^{(s,\mathrm{I})}\Psi = \lambda\Psi$$

の解を求めてみよう．上式は，
$$R_0\Psi(0) + Q\Psi(1) = \lambda\Psi(0)$$
$$P\Psi(x-1) + Q\Psi(x+1) = \lambda\Psi(x) \quad (x \geq 1)$$
と同値である．成分ごとに表すと，
$$\Psi^{(L)}(0) = \lambda\Psi^{(R)}(0), \quad \Psi^{(L)}(1) = \lambda\Psi^{(L)}(0)$$
$$\Psi^{(R)}(x-1) = \lambda\Psi^{(R)}(x), \quad \Psi^{(L)}(x+1) = \lambda\Psi^{(L)}(x) \quad (x \geq 1)$$
である．ゆえに，$x \geq 0$ に対して
$$\Psi(x) = \begin{bmatrix} \Psi^{(R)}(x) \\ \Psi^{(L)}(x) \end{bmatrix} = \Psi^{(R)}(0) \begin{bmatrix} \lambda^{-x} \\ \lambda^{x+1} \end{bmatrix}$$
が求められる．さらに，定常確率測度は，
$$\mu(x) = |\Psi^{(R)}(x)|^2 + |\Psi^{(L)}(x)|^2 = 2|\Psi^{(R)}(0)|^2 \quad (x \geq 0)$$
なので，一様測度がこの自由量子ウォークの定常確率測度になることが導かれた．

一方，$U^{(s,\mathrm{I})} = \widetilde{\mathcal{C}}$ に注意して，前節の直交多項式を援用すると，$z \in \partial\mathbb{D}$ に対して，
$$\widetilde{\mathcal{C}}({}^T\chi(z)) = z({}^T\chi(z))$$
が成立していた．ただし，$\chi(z) = [\chi_0(z), \chi_1(z), \ldots]$ である．ゆえに，$\Psi = {}^T\chi(z)$ とおくと，上式がまさに求めたい式 $U^{(s,\mathrm{I})}\Psi = \lambda\Psi$ と同じ形をしている．また，$j \geq 0$ に対して，
$$\chi_{2j}(z) = z^{-j}\varphi_{2j}^*(z), \quad \chi_{2j+1}(z) = z^{-j}\varphi_{2j+1}(z) \tag{9.7}$$
の関係式も成立していた．自由量子ウォークの測度 μ は，一様測度 $w(\theta) \equiv 1$ だけからなる．すなわち，
$$d\mu(\theta) = \frac{d\theta}{2\pi}$$
であり，
$$\varphi_j(z) = z^j, \quad \varphi_j^*(z) = 1$$
が導かれる．よって，式 (9.7) より，
$$\chi_{2j}(z) = z^{-j}, \quad \chi_{2j+1}(z) = z^{j+1} \tag{9.8}$$
となる．したがって，上の議論より，一般的に求めたい式 $U^{(s,\mathrm{I})}\Psi = \lambda\Psi$ の解は，$x \geq 0$ に対して，以下のように表せる．

補題 9.1
$$\Psi(x) = \begin{bmatrix} \Psi^{(R)}(x) \\ \Psi^{(L)}(x) \end{bmatrix} = \begin{bmatrix} \chi_{2x}(\lambda) \\ \chi_{2x+1}(\lambda) \end{bmatrix} = \lambda^{-x} \begin{bmatrix} \varphi_{2x}^*(\lambda) \\ \varphi_{2x+1}(\lambda) \end{bmatrix}$$

この補題を用いると，$U^{(s,\mathrm{I})}\Psi = \lambda\Psi$ の解は，式 (9.8) より，

$$\Psi(x) = \begin{bmatrix} \Psi^{(R)}(x) \\ \Psi^{(L)}(x) \end{bmatrix} = \begin{bmatrix} \chi_{2x}(\lambda) \\ \chi_{2x+1}(\lambda) \end{bmatrix} = \begin{bmatrix} \lambda^{-x} \\ \lambda^{x+1} \end{bmatrix}$$

で与えられることがわかる．先の直接解いたときの $\Psi^{(R)}(0) = 1$ の場合に対応している．また，カラテオドリ関数は $F(z) \equiv 1$，シューア関数は $f(z) \equiv 0$ である．

9.2.2　タイプⅡ：$\mathcal{C}_{(\alpha_0,\alpha_1,\ldots)}$ そのものとの対応

もう一つは，$\mathcal{C}_{(\alpha_0,\alpha_1,\ldots)}$ そのものを対応させるもので，本書ではタイプⅡとよぶ．このモデルの場合，具体的には，

$$U^{(s,\mathrm{II})} = \begin{bmatrix} O & Q & O & O & O & \cdots \\ P_0 & O & Q & O & O & \cdots \\ O & P & O & Q & O & \cdots \\ O & O & P & O & Q & \cdots \\ O & O & O & P & O & \cdots \\ \vdots & \vdots & \vdots & \vdots & \vdots & \ddots \end{bmatrix}$$

である．ここで，

$$P_0 = \begin{bmatrix} 0 & 1 \\ 0 & 0 \end{bmatrix}, \quad P = \begin{bmatrix} 1 & 0 \\ 0 & 0 \end{bmatrix}, \quad Q = \begin{bmatrix} 0 & 0 \\ 0 & 1 \end{bmatrix}, \quad O = \begin{bmatrix} 0 & 0 \\ 0 & 0 \end{bmatrix}$$

である．上記，タイプⅡの自由量子ウォークのダイナミクスは，図 9.4 のようになる．

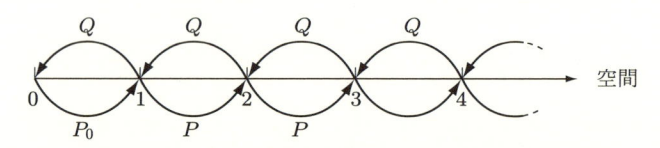

図 9.4　タイプⅡの自由量子ウォークのダイナミクス

ただし，1 行目と 1 列目（ともに，すべての成分は 0）を削除すると，$\mathcal{C}_{(0,\alpha,0,\alpha,\ldots)}$ の行列に一致する．したがって，$U^{(s,\mathrm{II})}$ はユニタリ行列にはならないが，以下の原点だけから出発する初期状態で，$\Psi^{(R)}(0) = 0$ の場合に考えれば，時刻 n で確率測度になり，本質的には変わらないことに注意する．

$$\Psi_0 = {}^T\!\left[\begin{bmatrix} \Psi^{(R)}(0) \\ \Psi^{(L)}(0) \end{bmatrix}, \begin{bmatrix} \Psi^{(R)}(1) \\ \Psi^{(L)}(1) \end{bmatrix}, \begin{bmatrix} \Psi^{(R)}(2) \\ \Psi^{(L)}(2) \end{bmatrix}, \cdots \right]$$

$$= {}^T\!\left[\begin{bmatrix} 0 \\ e^{i\delta} \end{bmatrix}, \begin{bmatrix} 0 \\ 0 \end{bmatrix}, \begin{bmatrix} 0 \\ 0 \end{bmatrix}, \cdots \right]$$

ここで, $\delta \in [0, 2\pi)$ である. このとき, $QP_0 = QP = PQ = 0$ に注意すると, 時間発展は以下のようになることが確かめられる.

$$\Psi_1 = {}^T\left[\begin{bmatrix}0\\0\end{bmatrix}, \begin{bmatrix}e^{i\delta}\\0\end{bmatrix}, \begin{bmatrix}0\\0\end{bmatrix}, \begin{bmatrix}0\\0\end{bmatrix}, \begin{bmatrix}0\\0\end{bmatrix}, \cdots\right]$$

$$\Psi_2 = {}^T\left[\begin{bmatrix}0\\0\end{bmatrix}, \begin{bmatrix}0\\0\end{bmatrix}, \begin{bmatrix}e^{i\delta}\\0\end{bmatrix}, \begin{bmatrix}0\\0\end{bmatrix}, \begin{bmatrix}0\\0\end{bmatrix}, \cdots\right]$$

ゆえに, 時刻 n での確率振幅は,

$$\Psi_n = \begin{bmatrix}e^{i\delta}\\0\end{bmatrix}\delta_n$$

となる. したがって, 時刻 n での測度は,

$$\mu_n^{(\Psi_0)} = \delta_n \tag{9.9}$$

であることがわかり, タイプ I とは若干異なる. 時刻 n を無限大にすると,

$$\lim_{n\to\infty}\Psi_n^{(\Psi_0)} = \mathbf{0}, \quad \lim_{n\to\infty}\mu_n^{(\Psi_0)} = \mathbf{0}$$

が得られる. よって,

$$\Psi_\infty = \overline{\Psi}_\infty^{(\Psi_0)} = \mathbf{0}, \quad \mu_\infty^{(\Psi_0)} = \overline{\mu}_\infty^{(\Psi_0)} = \mathbf{0}$$

が成立する.

さらに, X_n/n に関する弱収束極限定理は, 式 (9.9) から, 以下が得られる.

$$\frac{X_n}{n} \Rightarrow \delta_1 \quad (n \to \infty)$$

ゆえに, 弱収束極限定理では, タイプ I と同じ結果が得られる.

同様に, $U^{(s,\mathrm{II})}$ が $\mathcal{C}$ に対応していることに注意して, 前節で紹介した直交多項式の結果を援用すると, $z \in \partial\mathbb{D}$ に対して,

$$\mathcal{C}\,x(z) = zx(z)$$

が成立していた. ただし, $x(z) = {}^T[x_0(z), x_1(z), \ldots]$ である. ゆえに, $\Psi = {}^T[0, x_0(z), x_1(z), \ldots]$ とおくと, 上式より求めたい式 $U^{(s,\mathrm{II})}\Psi = \lambda\Psi$ が得られる. また, $j \geq 0$ に対して,

$$x_{2j-1}(z) = z^{-j}\varphi^*_{2j-1}(z) = z^{-j}, \quad z_{2j}(z) = z^{-j}\varphi_{2j}(z) = z^j$$

が導かれる. したがって, 求めたい式 $U^{(s,\mathrm{II})}\Psi = \lambda\Psi$ の解は, $x = 0$ のときは, $\Psi(0) = {}^T[0, 1]$ で, $x \geq 1$ のとき,

$$\Psi(x) = \begin{bmatrix}\Psi^{(R)}(x)\\\Psi^{(L)}(x)\end{bmatrix} = \begin{bmatrix}x_{2x-1}(\lambda)\\x_{2x}(\lambda)\end{bmatrix} = \begin{bmatrix}\lambda^{-x}\\\lambda^x\end{bmatrix}$$

で与えられる.

9.3 Bernstein-Szegő ウォークの場合

前節では，Verblunsky パラメータがすべて 0 の場合について考察したが，この節では，最初の項を $\alpha_0 = \zeta$ と一般の場合にしたモデルについて考える．ただし，$|\zeta| < 1$ である．すなわち，Verblunsky パラメータが $\alpha = (\alpha_0, \alpha_1, \alpha_2, \alpha_3, \ldots) = (\zeta, 0, 0, 0, \ldots)$ となる．これに対応するモデルを，ここでは，Bernstein-Szegő ウォークとよぼう．その理由は，このパラメータの場合に Bernstein と Szegő が直交多項式に関連する研究を行なっていたからである†．

以下，タイプ I の場合を考える．

$$U^{(s,\mathrm{I})} = \begin{bmatrix} R_0 & Q & O & O & O & \cdots \\ P_0 & O & Q & O & O & \cdots \\ O & P & O & Q & O & \cdots \\ O & O & P & O & Q & \cdots \\ O & O & O & P & O & \cdots \\ \vdots & \vdots & \vdots & \vdots & \vdots & \ddots \end{bmatrix}$$

ここで，

$$R_0 = \begin{bmatrix} \zeta & \sqrt{1-|\zeta|^2} \\ 0 & 0 \end{bmatrix}, \quad P_0 = \begin{bmatrix} \sqrt{1-|\zeta|^2} & -\zeta \\ 0 & 0 \end{bmatrix}$$

$$P = \begin{bmatrix} 1 & 0 \\ 0 & 0 \end{bmatrix}, \quad Q = \begin{bmatrix} 0 & 0 \\ 0 & 1 \end{bmatrix}, \quad O = \begin{bmatrix} 0 & 0 \\ 0 & 0 \end{bmatrix}$$

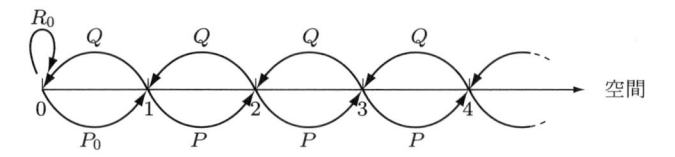

である．上記，タイプ I の Bernstein-Szegő ウォークのダイナミクスは図 9.5 のようになる．

図 9.5 タイプ I の Bernstein-Szegő ウォークのダイナミクス

前節と同様に，原点だけから出発する以下の初期状態を考える．

$$\Psi_0 = {}^T\!\left[\begin{bmatrix} \Psi^{(R)}(0) \\ \Psi^{(L)}(0) \end{bmatrix}, \begin{bmatrix} \Psi^{(R)}(1) \\ \Psi^{(L)}(1) \end{bmatrix}, \begin{bmatrix} \Psi^{(R)}(2) \\ \Psi^{(L)}(2) \end{bmatrix}, \cdots \right]$$

---

† 詳しくは，Simon (2005) の p.72, 88 を参照のこと．

9.3 Bernstein-Szegő ウォークの場合

$$= {}^T\left[\begin{bmatrix}\alpha\\\beta\end{bmatrix}, \begin{bmatrix}0\\0\end{bmatrix}, \begin{bmatrix}0\\0\end{bmatrix}, \cdots\right]$$

ただし，$|\alpha|^2+|\beta|^2=1$ である．このとき，時間発展は以下のようになることが確かめられる．

$$\Psi_1 = {}^T\left[\begin{bmatrix}\gamma_1\\0\end{bmatrix}, \begin{bmatrix}\gamma_2\\0\end{bmatrix}, \begin{bmatrix}0\\0\end{bmatrix}, \begin{bmatrix}0\\0\end{bmatrix}, \begin{bmatrix}0\\0\end{bmatrix}, \cdots\right]$$

$$\Psi_2 = {}^T\left[\begin{bmatrix}\overline{\zeta}\gamma_1\\0\end{bmatrix}, \begin{bmatrix}\sqrt{1-|\zeta|^2}\gamma_1\\0\end{bmatrix}, \begin{bmatrix}\gamma_2\\0\end{bmatrix}, \begin{bmatrix}0\\0\end{bmatrix}, \begin{bmatrix}0\\0\end{bmatrix}, \cdots\right]$$

$$\Psi_3 = {}^T\left[\begin{bmatrix}\overline{\zeta}^2\gamma_1\\0\end{bmatrix}, \begin{bmatrix}\overline{\zeta}\sqrt{1-|\zeta|^2}\gamma_1\\0\end{bmatrix}, \begin{bmatrix}\sqrt{1-|\zeta|^2}\gamma_1\\0\end{bmatrix}, \begin{bmatrix}\gamma_2\\0\end{bmatrix}, \begin{bmatrix}0\\0\end{bmatrix}, \cdots\right]$$

ただし，

$$\gamma_1 = \overline{\zeta}\alpha + \sqrt{1-|\zeta|^2}\beta, \quad \gamma_2 = \sqrt{1-|\zeta|^2}\alpha - \overline{\zeta}\beta$$

である．したがって，

$$R_0^n = \overline{\zeta}^{n-1}R_0, \quad P_0^n = \sqrt{1-|\zeta|^2}^{n-1}P_0, \quad R_0 P_0 = \overline{\zeta}P_0$$
$$P_0 R_0 = \sqrt{1-|\zeta|^2}R_0, \quad QR_0 = QP_0 = 0$$

に注意すると，時刻 n での確率振幅は，

$$\Psi_n = \sum_{k=0}^{n-1}\sqrt{1-|\zeta|^2}\overline{\zeta}^{n-1-k}\begin{bmatrix}\gamma_1\\0\end{bmatrix}\delta_k + \begin{bmatrix}\gamma_2\\0\end{bmatrix}\delta_n$$

となる．したがって，時刻 n での測度は，

$$\mu_n^{(\Psi_0)} = \sum_{k=0}^{n-1}(1-|\zeta|^2)|\zeta|^{2(n-1-k)}|\gamma_1|^2\delta_k + |\gamma_2|^2\delta_n \tag{9.10}$$

であることがわかる．ゆえに，時刻 n を無限大にすると，

$$\lim_{n\to\infty}\Psi_n^{(\Psi_0)} = \mathbf{0}, \quad \lim_{n\to\infty}\mu_n^{(\Psi_0)} = \mathbf{0}$$

が得られ，よって，

$$\Psi_\infty = \overline{\Psi}_\infty^{(\Psi_0)} = \mathbf{0}, \quad \mu_\infty^{(\Psi_0)} = \overline{\mu}_\infty^{(\Psi_0)} = \mathbf{0}$$

が成立する．

さらに，X_n/n に関する弱収束極限定理は，式 (9.10) から

$$\frac{X_n}{n} \Rightarrow \delta_1 \quad (n\to\infty)$$

となる．実際，$\xi\in\mathbb{R}$ に対して，X_n/n の特性関数は，

$$E\left(e^{i\xi X_n/n}\right) = \sum_{k=0}^{n} e^{i\xi k/n} \mu_n(k)$$

$$= (1-|\zeta|^2)|\zeta|^{2(n-1)}|\gamma_1|^2 \sum_{k=0}^{n-1} (e^{i\xi/n}|\zeta|^{-2})^k + e^{i\xi}|\gamma_2|^2$$

$$= (1-|\zeta|^2)|\gamma_1|^2 \frac{|\zeta|^{2n} - e^{i\xi}}{|\zeta|^2 - e^{i\xi/n}} + e^{i\xi}|\gamma_2|^2$$

である．ゆえに，

$$\lim_{n\to\infty} E\left(e^{i\xi X_n/n}\right) = e^{i\xi}(|\gamma_1|^2 + |\gamma_2|^2) = e^{i\xi}$$

となり，求めたい結論が得られる．

さて，$U^{(s,\mathrm{I})} = \widetilde{\mathcal{C}}$ に注意して，先に紹介した直交多項式を援用して，固有方程式を解いてみよう．$z \in \partial\mathbb{D}$ に対して，

$$\widetilde{\mathcal{C}}(^T\chi(z)) = z(^T\chi(z))$$

が成立していた．ただし，$\chi(z) = [\chi_0(z), \chi_1(z), \ldots]$．ゆえに，$\Psi = {}^T\chi(z)$ とおくと，上式がまさに求めたい式 $U^{(s,\mathrm{I})}\Psi = \lambda\Psi$ と同じ形をしている．また，$j \geq 0$ に対して，

$$\chi_{2j}(z) = z^{-j}\varphi_{2j}^*(z), \quad \chi_{2j+1}(z) = z^{-j}\varphi_{2j+1}(z)$$

の関係式も成立していた．一方，Bernstein-Szegő ウォークの μ は，絶対連続な部分だけで，

$$d\mu(\theta) = w(\theta)\frac{d\theta}{2\pi} = \frac{1-|\zeta|^2}{|1-\zeta e^{i\theta}|^2}\frac{d\theta}{2\pi}$$

の形をしている．この $w(\theta)$ は，$\zeta = re^{i\varphi}$ とおくと，**ポアソン核**（Poisson kernel）$P_r(\theta,\varphi)$ を用いて，以下のように表せる．

$$w(\theta) = P_r(\theta,\varphi) = \frac{1-r^2}{1+r^2-2r\cos(\theta+\varphi)}$$

このとき，$\varphi_0(z) = \varphi_0^*(z) \equiv 1$ で，$j \geq 1$ に対しては，

$$\varphi_j(z) = \frac{z^j - \overline{\zeta}z^{j-1}}{\sqrt{1-|\zeta|^2}}, \quad \varphi_j^*(z) = \frac{1-\zeta z}{\sqrt{1-|\zeta|^2}}$$

となる．したがって，補題 9.1 を用いると，求めたい式 $U^{(s,\mathrm{I})}\Psi = \lambda\Psi$ の解は，$x \geq 0$ に対して，

$$\Psi(x) = \begin{bmatrix} \Psi^{(R)}(x) \\ \Psi^{(L)}(x) \end{bmatrix} = \begin{bmatrix} \chi_{2x}(\lambda) \\ \chi_{2x+1}(\lambda) \end{bmatrix} = \lambda^{-x}\begin{bmatrix} \varphi_{2x}^*(\lambda) \\ \varphi_{2x+1}(\lambda) \end{bmatrix}$$

であった．よって，$\varphi_j(z), \varphi_j^*(z)$ の具体的な関数形を代入すると，

$$\Psi(0) = \frac{1}{\sqrt{1-|\zeta|^2}} \begin{bmatrix} \sqrt{1-|\zeta|^2} \\ \lambda - \overline{\zeta} \end{bmatrix}$$

$$\Psi(x) = \frac{1}{\sqrt{1-|\zeta|^2}} \begin{bmatrix} \lambda^{-x}(1-\zeta\lambda) \\ \lambda^x(\lambda - \overline{\zeta}) \end{bmatrix} \quad (x \geq 1)$$

が導かれる．さらに，それから得られる定常測度は，以下で与えられることがわかる．

$$\mu(0) = \|\Psi(0)\|^2 = \frac{2\{1 - \Re(\lambda\zeta)\}}{1-|\zeta|^2}$$

$$\mu(x) = \|\Psi(x)\|^2 = \frac{2\{1 + |\zeta|^2 - 2\Re(\lambda\zeta)\}}{1-|\zeta|^2} \quad (x \geq 1)$$

ここで，$\lambda = e^{i\xi}$，$\zeta = re^{i\varphi}$ とおくと，$\mu(x) \equiv \mu(0) = 2$ $(x \geq 1)$ と $\cos(\xi + \varphi) = r$ (<1) が同値で，そのときだけ，原点も含めた一様測度が定常測度になる．

また，カラテオドリ関数は $F(z) = (1+z\zeta)/(1-z\zeta)$，シューア関数は $f(z) \equiv \zeta$ である．

9.4　2周期量子ウォークの場合

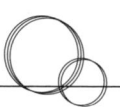

この節では，Verblunsky パラメータが $\alpha = (\alpha_0, \alpha_1, \alpha_2, \alpha_3, \ldots) = (\zeta, 0, \zeta, 0, \zeta, 0, \ldots)$ の2周期の量子ウォークを考える．前節に比べて，パスの考え方では計算がかなり煩雑になるので，CGMV 法を最初から用いる．

前節同様に，以下のタイプ I の場合を考える．

$$U^{(s,\mathrm{I})} = \begin{bmatrix} R_0 & Q & O & O & O & \cdots \\ P & O & Q & O & O & \cdots \\ O & P & O & Q & O & \cdots \\ O & O & P & O & Q & \cdots \\ O & O & O & P & O & \cdots \\ \vdots & \vdots & \vdots & \vdots & \vdots & \ddots \end{bmatrix}$$

ここで，

$$R_0 = \begin{bmatrix} \overline{\zeta} & \sqrt{1-|\zeta|^2} \\ 0 & 0 \end{bmatrix}, \quad P = \begin{bmatrix} \sqrt{1-|\zeta|^2} & -\zeta \\ 0 & 0 \end{bmatrix}$$

$$Q = \begin{bmatrix} 0 & 0 \\ \zeta & \sqrt{1-|\zeta|^2} \end{bmatrix}, \quad O = \begin{bmatrix} 0 & 0 \\ 0 & 0 \end{bmatrix}$$

である．上記，タイプ I の2周期量子ウォークのダイナミクスは図 9.6 のようになる．

前二つの節で見た，タイプ I のモデルと同様に，原点だけから出発する次の初期状

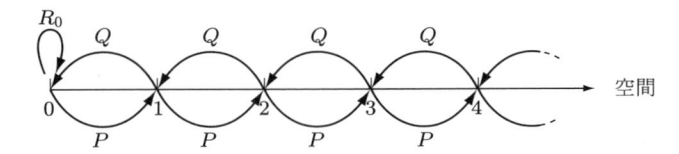

図9.6 タイプIの2周期量子ウォークのダイナミクス

態を考える．

$$\Psi_0 = {}^T\left[\begin{bmatrix}\Psi^{(R)}(0)\\ \Psi^{(L)}(0)\end{bmatrix}, \begin{bmatrix}\Psi^{(R)}(1)\\ \Psi^{(L)}(1)\end{bmatrix}, \begin{bmatrix}\Psi^{(R)}(2)\\ \Psi^{(L)}(2)\end{bmatrix}, \cdots\right]$$

$$= {}^T\left[\begin{bmatrix}\alpha\\ \beta\end{bmatrix}, \begin{bmatrix}0\\ 0\end{bmatrix}, \begin{bmatrix}0\\ 0\end{bmatrix}, \cdots\right]$$

ただし，$|\alpha|^2 + |\beta|^2 = 1$ である．

以下，$\mathcal{U} = U^{(s,\mathrm{I})}$ とおく．まず，

$$\mathcal{U}_{j,k}^n = \widetilde{\mathcal{C}}_{jk}^n = \langle x_j, z^n x_k\rangle = \int_{\partial \mathbb{D}} \overline{x_j(z)} z^n x_k(z)\,d\mu(z)$$

の関係に注意する．原点だけからの初期状態の場合に，各成分ごとに見ると，

$$\mathcal{U}^n \Psi_0 = \begin{bmatrix} \mathcal{U}_{00}^n & \mathcal{U}_{01}^n & \mathcal{U}_{02}^n & \mathcal{U}_{03}^n & \mathcal{U}_{04}^n & \cdots \\ \mathcal{U}_{10}^n & \mathcal{U}_{11}^n & \mathcal{U}_{12}^n & \mathcal{U}_{13}^n & \mathcal{U}_{14}^n & \cdots \\ \mathcal{U}_{20}^n & \mathcal{U}_{21}^n & \mathcal{U}_{22}^n & \mathcal{U}_{23}^n & \mathcal{U}_{24}^n & \cdots \\ \mathcal{U}_{30}^n & \mathcal{U}_{31}^n & \mathcal{U}_{32}^n & \mathcal{U}_{33}^n & \mathcal{U}_{34}^n & \cdots \\ \mathcal{U}_{40}^n & \mathcal{U}_{41}^n & \mathcal{U}_{42}^n & \mathcal{U}_{43}^n & \mathcal{U}_{44}^n & \cdots \\ \vdots & \vdots & \vdots & \vdots & \vdots & \ddots \end{bmatrix} \begin{bmatrix}\alpha\\ \beta\\ 0\\ 0\\ 0\\ \vdots\end{bmatrix} = \begin{bmatrix} \mathcal{U}_{00}^n \alpha + \mathcal{U}_{01}^n \beta \\ \mathcal{U}_{10}^n \alpha + \mathcal{U}_{11}^n \beta \\ \mathcal{U}_{20}^n \alpha + \mathcal{U}_{21}^n \beta \\ \mathcal{U}_{30}^n \alpha + \mathcal{U}_{31}^n \beta \\ \mathcal{U}_{40}^n \alpha + \mathcal{U}_{41}^n \beta \\ \vdots \end{bmatrix} \quad (9.11)$$

となる．ゆえに，$x \geq 0$ に対して，

$$\Psi_n(x) = \begin{bmatrix}\Psi_n^{(R)}(x)\\ \Psi_n^{(L)}(x)\end{bmatrix} = \begin{bmatrix} \mathcal{U}_{2x,0}^n \alpha + \mathcal{U}_{2x,1}^n \beta \\ \mathcal{U}_{2x+1,0}^n \alpha + \mathcal{U}_{2x+1,1}^n \beta \end{bmatrix}$$

が成り立つ．一方，$\{x_n(z)\}$ は，式 (9.1) より以下で与えられる[†]．

$$x_{2k-1}(z) = B_+(z)\lambda_+^k(z) + B_-(z)\lambda_-^k(z), \quad x_{2k}(z) = \overline{x_{2k-1}(1/\overline{z})}$$

である．ただし，$x_0(z) \equiv 1$ とし，さらに，

$$B_\pm(z) = \frac{\pm(z^{-1} - \zeta)/\rho \mp \lambda_\mp(z)}{\lambda_+(z) - \lambda_-(z)}$$

とおく．ただし，$\rho = \sqrt{1 - |\zeta|^2}$ である．また，$\lambda_\pm$ は $\lambda^2 - \rho^{-1}(z + z^{-1})\lambda + 1 = 0$ の

[†] $\{x_n(k)\}$ の表式から，マス $\mu(\{e^{i\theta_o}\})$ の導出までの詳細は，Cantero et al. (2010) の Appendix を参照のこと．

解で,
$$\lambda_\pm(z) = \frac{1}{2\rho}\Big\{z + z^{-1} \pm \sqrt{(z-z^{-1})^2 + 4|\zeta|^2}\Big\}$$
である．ここで，平方根は $0 < |z| < 1$ に対して，$|\lambda_-(z)| < 1 < |\lambda_+(z)|$ であるようにとる．

カラテオドリ関数は，以下のように計算できる．
$$F(z) = -\frac{z - z^{-1} - 2i\Im(\zeta)}{\sqrt{(z-z^{-1})^2 + 4|\zeta|^2} - 2\Re(\zeta)}$$
よって，式 (9.3) より,
$$w(\theta) = \frac{\sqrt{\sin^2\theta - |\zeta|^2}}{|\sin\theta + \Im(\zeta)|} I_{\{\theta \in [-\pi,\pi) : |\sin\theta| \geq |\zeta|\}}(\theta)$$
となる．また，$e^{i\theta_o}$ のとき，式 (9.4), (9.5) よりそのマス $\mu(\{e^{i\theta_o}\})$ は以下で与えられる．
$$\mu(\{e^{i\theta_o}\}) = \frac{|\Re(\zeta)|}{\sqrt{1 - \Im^2(\zeta)}}$$
ただし，$\theta_o \in [-\pi, \pi)$ は，$\sin(\theta_o) = -\Im(\zeta)$, $\mathrm{sgn}(\cos(\theta_o)) = \mathrm{sgn}(\Re(\zeta))$ を満たす．

以下，$\zeta = 1/\sqrt{2}$ の場合を扱う．このとき，
$$x_0(z) \equiv 1, \quad x_1(z) = \frac{\sqrt{2}}{z} - 1, \quad x_2(z) = \sqrt{2}\,z - 1, \quad \ldots \tag{9.12}$$
が得られる．また，マスポイントは $\theta_o = 0$ で存在し，$\mathbb{D}$ 上の確率測度は以下で与えられる（図 9.7 参照）．
$$d\mu(e^{i\theta}) = w(\theta)\frac{d\theta}{2\pi} + \frac{1}{\sqrt{2}}\delta_0(d\theta)$$
ただし,
$$w(\theta) = \frac{\sqrt{2\sin^2\theta - 1}}{\sqrt{2}\,|\sin\theta|} I_{\{\theta \in [-\pi,\pi) : |\sin\theta| \geq 1/\sqrt{2}\}}(\theta)$$

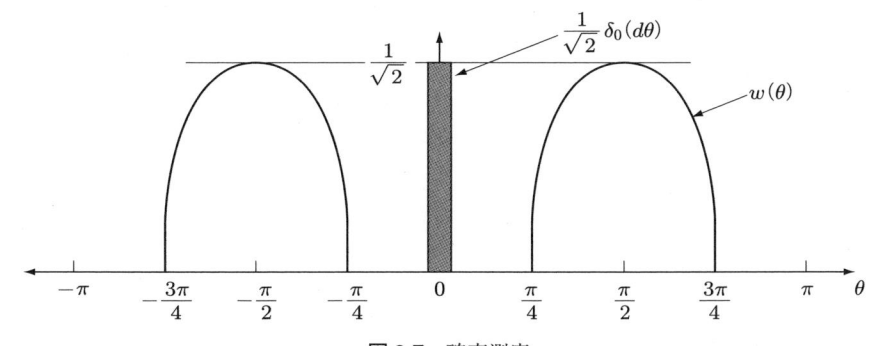

図 9.7　確率測度

である.

まず, $x=0$ で時刻 $n \geq 2$ の場合について考える. このとき, 式 (9.11), (9.12) より, 以下のように計算できる.

$$\begin{aligned}
\Psi_n^{(R)}(0) &= \mathcal{U}_{00}^n \alpha + \mathcal{U}_{01}^n \beta \\
&= \alpha \int_{-\pi}^{\pi} e^{in\theta} \overline{x_0(e^{i\theta})} x_0(e^{i\theta}) d\mu(e^{i\theta}) + \beta \int_{-\pi}^{\pi} e^{in\theta} \overline{x_0(e^{i\theta})} x_1(e^{i\theta}) d\mu(e^{i\theta}) \\
&= \alpha \int_{-\pi}^{\pi} e^{in\theta} d\mu(e^{i\theta}) + \beta \int_{-\pi}^{\pi} e^{in\theta} (\sqrt{2} e^{-i\theta} - 1) d\mu(e^{i\theta}) \\
&= (\alpha - \beta) \int_{-\pi}^{\pi} e^{in\theta} d\mu(e^{i\theta}) + \sqrt{2} \beta \int_{-\pi}^{\pi} e^{i(n-1)\theta} d\mu(e^{i\theta})
\end{aligned}$$

ゆえに, $n \to \infty$ のとき, リーマン–ルベーグの補題より, 残る項はデルタ測度の $\delta_0(d\theta)/\sqrt{2}$ の項だけであることに注意して,

$$\lim_{n\to\infty} \Psi_n^{(R)}(0) = \frac{1}{\sqrt{2}} \Big\{ (\alpha - \beta) + \sqrt{2} \beta \Big\} = \frac{1}{\sqrt{2}} \Big\{ \alpha + (\sqrt{2} - 1)\beta \Big\}$$

を得る. 同様に, $\Psi_n^{(L)}(x)$ も計算できる.

$$\begin{aligned}
\Psi_n^{(L)}(0) &= \mathcal{U}_{10}^n \alpha + \mathcal{U}_{11}^n \beta \\
&= \alpha \int_{-\pi}^{\pi} e^{in\theta} \overline{x_1(e^{i\theta})} x_0(e^{i\theta}) d\mu(e^{i\theta}) + \beta \int_{-\pi}^{\pi} e^{in\theta} \overline{x_1(e^{i\theta})} x_1(e^{i\theta}) d\mu(e^{i\theta}) \\
&= \alpha \int_{-\pi}^{\pi} e^{in\theta} (\sqrt{2} e^{i\theta} - 1) d\mu(e^{i\theta}) + \beta \int_{-\pi}^{\pi} e^{in\theta} |\sqrt{2} e^{-i\theta} - 1|^2 d\mu(e^{i\theta}) \\
&= \sqrt{2} \alpha \int_{-\pi}^{\pi} e^{i(n+1)\theta} d\mu(e^{i\theta}) - (\alpha - 3\beta) \int_{-\pi}^{\pi} e^{in\theta} d\mu(e^{i\theta}) \\
&\quad - 2\sqrt{2} \beta \int_{-\pi}^{\pi} e^{in\theta} \cos\theta \, d\mu(e^{i\theta})
\end{aligned}$$

よって,

$$\lim_{n\to\infty} \Psi_n^{(L)}(0) = \frac{1}{\sqrt{2}} (\sqrt{2} - 1) \Big\{ \alpha + (\sqrt{2} - 1)\beta \Big\}$$

を得る.

一般の x の場合も同様にして,

$$\Psi_n(x) = \begin{bmatrix} \Psi_n^{(R)}(x) \\ \Psi_n^{(L)}(x) \end{bmatrix} = \begin{bmatrix} \mathcal{U}_{2x,0}^n \alpha + \mathcal{U}_{2x,1}^n \beta \\ \mathcal{U}_{2x+1,0}^n \alpha + \mathcal{U}_{2x+1,1}^n \beta \end{bmatrix}$$

であったことに注意すると,

$$\lim_{n\to\infty} \mathcal{U}_{2x,0}^n = \lim_{n\to\infty} \int_{-\pi}^{\pi} e^{in\theta} \overline{x_{2x}(e^{i\theta})} x_0(e^{i\theta}) d\mu(e^{i\theta})$$

$$= \frac{1}{\sqrt{2}} \overline{x_{2x}(1)} x_0(1) = \frac{1}{\sqrt{2}} x_{2x-1}(1) = \frac{1}{\sqrt{2}} (\sqrt{2}-1)^x$$

となる．上記の計算では，
$$B_+(1) = 0, \quad B_-(1) = 1, \quad \lambda_+(1) = \sqrt{2}+1, \quad \lambda_-(1) = \sqrt{2}-1$$
を用いると，
$$\overline{x_{2x}(1)} = x_{2x-1}(1) = B_+(1)\lambda_+^x(1) + B_-(1)\lambda_-^x(1) = (\sqrt{2}-1)^x$$
が得られることを使った．同様にして，
$$\lim_{n\to\infty} \mathcal{U}_{2x+1,0}^n = \lim_{n\to\infty} \int_{-\pi}^{\pi} e^{in\theta} \overline{x_{2x+1}(e^{i\theta})} x_0(e^{i\theta}) d\mu(e^{i\theta})$$
$$= \frac{1}{\sqrt{2}} \overline{x_{2x+1}(1)} x_0(1) = \frac{1}{\sqrt{2}} x_{2(x+1)}(1) = \frac{1}{\sqrt{2}} (\sqrt{2}-1)^{x+1}$$
がわかる．さらに，$x_1(1) = \sqrt{2}-1$ に注意すると，
$$\lim_{n\to\infty} \mathcal{U}_{2x,1}^n = \frac{1}{\sqrt{2}} \overline{x_{2x}(1)} x_1(1) = \frac{1}{\sqrt{2}} x_{2x-1}(1) = \frac{1}{\sqrt{2}} (\sqrt{2}-1)^{x+1}$$
$$\lim_{n\to\infty} \mathcal{U}_{2x+1,1}^n = \frac{1}{\sqrt{2}} \overline{x_{2x+1}(1)} x_1(1) = \frac{1}{\sqrt{2}} x_{2(x+1)}(1) = \frac{1}{\sqrt{2}} (\sqrt{2}-1)^{x+2}$$
も得られる．以上の結果をまとめると，任意の場所 $x = 0, 1, 2, \ldots$ に対する極限測度 $\mu_\infty(x)$ が以下のように求められる．

$$\mu_\infty(x) = |\Psi_\infty(x)|^2 = |\Psi_\infty^{(R)}(x)|^2 + |\Psi_\infty^{(L)}(x)|^2$$
$$= \lim_{n\to\infty} \left(|\Psi_n^{(R)}(x)|^2 + |\Psi_n^{(L)}(x)|^2 \right)$$
$$= \frac{1}{2} \left\{ |(\sqrt{2}-1)^x \alpha + (\sqrt{2}-1)^{x+1}\beta|^2 + |(\sqrt{2}-1)^{x+1}\alpha + (\sqrt{2}-1)^{x+2}\beta|^2 \right\}$$
$$= \sqrt{2}(\sqrt{2}-1)^{2x+1} \left| \alpha + (\sqrt{2}-1)\beta \right|^2$$

つまり，このモデルの極限測度 μ_∞ は，指数的に減少し，
$$\mu_\infty(x) = \sqrt{2}(\sqrt{2}-1)^{2x+1} \left| \alpha + (\sqrt{2}-1)\beta \right|^2$$
で与えられる．したがって，この量子ウォークは，$\alpha + (\sqrt{2}-1)\beta \neq 0$ の場合には，局在化を示し，$\alpha + (\sqrt{2}-1)\beta = 0$ の場合には局在化を示さない．また，
$$\sum_{x=0}^{\infty} \mu_\infty(x) = \frac{\left| \alpha + (\sqrt{2}-1)\beta \right|^2}{\sqrt{2}}$$
となる．

いままでは，$\zeta = 1/\sqrt{2}$ の場合であったが，一般の $\zeta \in \mathbb{D}$ に対しては，

$$\mu(\{e^{i\theta_o}\}) = \frac{|\Re(\zeta)|}{\sqrt{1-\Im^2(\zeta)}}$$

なので, $\Re(\zeta) = 0$ を満たす $\zeta \in \mathbb{D}$ に対する量子ウォークの場合には, $\mu_\infty(x) = |\Psi_\infty(x)|^2 = 0 \ (x \geq 0)$ となる. よって, この量子ウォークの場合には, どのような量子ビットでも局在化は示さない.

この節では, Verblunsky パラメータが $(\alpha_0, \alpha_1, \alpha_2, \alpha_3, \ldots) = (\zeta, 0, \zeta, 0, \zeta, 0, \ldots)$ の量子ウォークを考えたが, 逆に, $(\alpha_0, \alpha_1, \alpha_2, \alpha_3, \ldots) = (0, \zeta, 0, \zeta, 0, \zeta, \ldots)$ の場合には, タイプ II として, 同様な計算を行うことができるが, 割愛する[†].

9.5 一般の量子ウォークの場合

いままでは, CMV 行列と直接対応がつく量子ウォークを考えてきたが, 以下のような 2×2 のユニタリ行列から定まる一般の量子ウォークを考える場合には, CMV 行列との対応がつかない場合がある.

$$U = \begin{bmatrix} c_{RR} & c_{LR} \\ c_{RL} & c_{LL} \end{bmatrix}$$

このとき, 図 9.1 と同じように系全体のユニタリ行列は次で与えられる.

$$U^{(s,\mathrm{I})} = \begin{bmatrix} R_0 & Q & O & O & O & \cdots \\ P & O & Q & O & O & \cdots \\ O & P & O & Q & O & \cdots \\ O & O & P & O & Q & \cdots \\ O & O & O & P & O & \cdots \\ \vdots & \vdots & \vdots & \vdots & \vdots & \ddots \end{bmatrix}$$

ここで,

$$R_0 = \begin{bmatrix} c_{LR} & c_{LL} \\ 0 & 0 \end{bmatrix}, \quad P = \begin{bmatrix} c_{RR} & c_{RL} \\ 0 & 0 \end{bmatrix}$$

$$Q = \begin{bmatrix} 0 & 0 \\ c_{LR} & c_{LL} \end{bmatrix}, \quad O = \begin{bmatrix} 0 & 0 \\ 0 & 0 \end{bmatrix}$$

である. このとき, $U^{(s,\mathrm{I})}$ は CMV 行列ではないが, ある対角行列 Λ によって, ${}^*\Lambda U^{(s,\mathrm{I})} \Lambda$ とすると, CMV 行列にすることができる. 後は, 多少の修正が必要であるが, 同様の議論によって, 挙動を調べることができる[††].

[†] 詳しくは, Konno and Segawa (2011) を参照のこと.
[††] 詳しくは, Cantero et al. (2010), さらには, 最近の関連する話題として Konno and Segawa (2014) を参照してほしい.

コラム 9. フーリエ解析

　量子ウォークの解析手法として，本書でも何度も登場するフーリエ解析は，色々な曲線をさまざまな位相のサインカーブ（とコサインカーブ）の重ね合わせで表すのが重要な点である．実は，私の両眼でもその意味で「フーリエ解析」を行っているようだ．2012 年 3 月に左目の網膜剥離と白内障の手術のため 3 週間ほど入院した．退院後しばらく，字のサイズが大きくなったり小さくなったりと，論文がうまく読めなくなった．しかし，徐々に落ち着いてくると，大分普通に読めるようになり，その過程で面白いことに気がついた．手術した左目で，たとえば，本の端のようなまっすぐな線を見ると，サインカーブのように若干波打つのだ．しかし，両目で見ると，ほぼ直線に見える．一方，手術しなかった右目だけで直線を見ると，当然直線に見える．しかし，両目で見た後に，右目だけで直線を見ると，その直線が，サインカーブのように波打っている．つまり，両目で見ることにより，左目のサインカーブを，右目の位相をずらしたサインカーブで打ち消し合い，直線に見えるよう頭の中で処理しているようなのだ．これはまさに「フーリエ解析」の本質ではないだろうか．

第10章
有限グラフ上の量子ウォーク

　本書最後のこの章は，9章までのように弱収束極限や局在化など量子ウォークの性質を見るというより，量子ウォークの性質を使ってグラフの性質を探る話がメインになる．まず，一般の有限グラフ上の量子ウォークを定義し，その基本的な性質を学ぶ．その後，伊原ゼータ関数などのグラフのゼータ関数や，グラフの同型問題などの関連する話題についてふれる[†]．なお，本章はほかの章とほぼ独立に読むことが可能である．

10.1 定義と簡単な性質の紹介

10.1.1 グラフの定義

　まず，グラフ $G = (V(G), E(G))$ とは，**頂点**（vertex）の集合 $V(G)$ と**辺**（edge）の集合 $E(G)$ からなるものをいう．頂点の総数と辺の総数がそれぞれ有限個のグラフは，**有限グラフ**（finite graph）とよばれ，本章ではおもに有限グラフを扱う．ここで，2頂点 $u, v \in V(G)$ に対して，$uv \in E(G)$ を（とくに向きのついていない）辺[††]とする．一方，u から v への向きが付いた**有向辺**（oriented edge）を (u, v) と書く．そして，有向辺全体の集合を $D(G) = \{(u,v), (v,u) \mid uv \in E(G)\}$ とする（図10.1参照）．
　また，有向辺 $e = (u, v) \in D(G)$ に対して，$u = o(e), v = t(e)$ とおく．さらに，$e^{-1} = (v, u)$ で有向辺 $e = (u, v)$ の逆向きの有向辺を表すことにする（図10.2参照）．

$$G = (V(G), E(G))$$

u —— uv —— v

$V(G) = \{u, v\}, \quad E(G) = \{uv\}$

(u, v)
u v
(v, u)

$$D(G) = \{(u, v), (v, u)\}$$

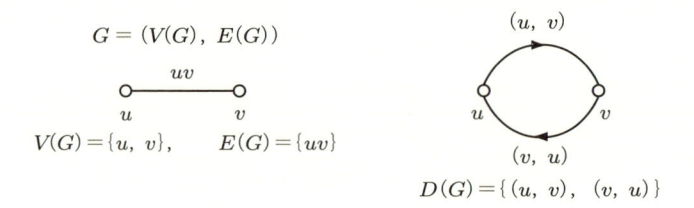

図10.1　2頂点からなるグラフの例

[†] 本章の内容はおもに，Konno and Sato (2012), Higuchi, Konno, Sato and Segawa (2013c) に基づいている．
[††] 枝ともいわれる．

$$e = (u, v)$$

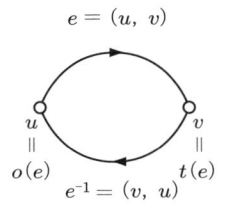

$$u \qquad v$$
$$\| \qquad \|$$
$$o(e) \qquad t(e)$$
$$e^{-1} = (v, u)$$

図 10.2 有向辺

頂点 $v \in V(G)$ の次数 (degree) とは，頂点 v から出ている辺の数とし，$\deg v = \deg_G v$ と書くことにする．どの頂点の次数も同じであるグラフを**正則グラフ**（regular graph）という．とくに，自然数 k に対して，グラフ G が k-**正則**（k-regular）とは，すべての頂点 $v \in V(G)$ に対して，$\deg_G v = k$ が成り立つときをいう．総頂点数が n の**完全グラフ**（complete graph）とは，$(n-1)$-正則グラフのことであり，K_n と記す．図 10.3 は，K_3 の場合である．

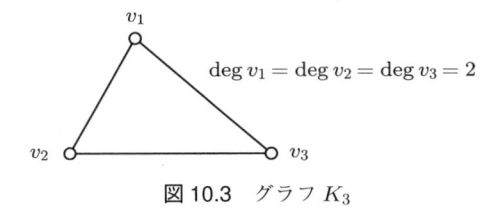

$$\deg v_1 = \deg v_2 = \deg v_3 = 2$$

図 10.3 グラフ K_3

グラフ G の頂点集合 $V(G)$ が互いに素な二つの集合に分かれている，すなわち，$V(G) = V_1(G) \cup V_2(G)$, $V_1(G) \cap V_2(G) = \emptyset$, となっていて，さらに辺が $V_1(G)$ と $V_2(G)$ との間のみ存在するとき，**二部グラフ**（bipartite graph）とよぶ．とくに，$V_1(G)$ に属する各頂点と $V_2(G)$ に属する各頂点がちょうど 1 本の辺で結ばれているものを**完全二部グラフ**（complete bipartite graph）という．$|V_1(G)| = r$, $|V_2(G)| = s$ のときの完全二部グラフを $K_{r,s}$ と表す．ただし，有限集合 A に対して，$|A|$ を集合 A の要素の個数とする．図 10.4 は，$K_{2,3}$ の場合である．

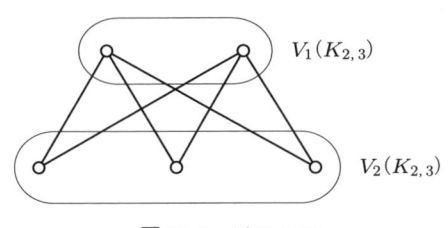

$V_1(K_{2,3})$

$V_2(K_{2,3})$

図 10.4 グラフ $K_{2,3}$

10.1.2 グラフ上の量子ウォーク

以下，グラフ G 上の量子ウォークを定義しよう．すべての頂点の数が $n = |V(G)|$，すべての辺の数が $m = |E(G)|$ のグラフ $G = (V(G), E(G))$ を考える．具体的に，
$$V(G) = \{v_1, \ldots, v_n\}, \quad D(G) = \{e_1, \ldots, e_m, e_1^{-1}, \ldots, e_m^{-1}\}$$
とおく．さらに，$j = 1, \ldots, n$ に対して，$d_j = d_{v_j} = \deg v_j$ とおく．ただし，ここでの次数は，$D(G)$ における次数であることに注意．量子ウォークを定めるユニタリ行列 $\mathbf{U} = \mathbf{U}(G) = (U_{ef})_{e,f \in D(G)}$ を以下で与える（図 10.5 参照）[†]．

$$U_{ef} = \begin{cases} 2/d_{t(f)} \; (= 2/d_{o(e)}) & (t(f) = o(e),\; f \neq e^{-1}) \\ 2/d_{t(f)} - 1 & (f = e^{-1}) \\ 0 & (その他) \end{cases}$$

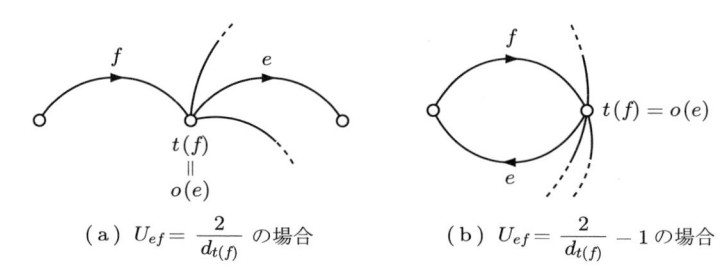

(a) $U_{ef} = \dfrac{2}{d_{t(f)}}$ の場合　　(b) $U_{ef} = \dfrac{2}{d_{t(f)}} - 1$ の場合

図 10.5 U_{ef} の定義

たとえば，完全グラフ K_3 の場合について考えよう．K_3 の頂点集合 $V(K_3)$ と有向辺集合 $D(K_3)$ をそれぞれ，
$$V(K_3) = \{v_1, v_2, v_3\}$$
$$D(K_3) = \{e_1 = (v_1, v_2),\; e_2 = (v_2, v_3),\; e_3 = (v_3, v_1),$$
$$e_4 = e_1^{-1},\; e_5 = e_2^{-1},\; e_6 = e_3^{-1}\}$$
とおく．このとき，$d_{v_j} = 2\;(j=1,\,2,\,3)$ なので，
$$\mathbf{U} = \mathbf{U}(K_3) = \begin{bmatrix} 0 & 0 & 1 & 0 & 0 & 0 \\ 1 & 0 & 0 & 0 & 0 & 0 \\ 0 & 1 & 0 & 0 & 0 & 0 \\ 0 & 0 & 0 & 0 & 1 & 0 \\ 0 & 0 & 0 & 0 & 0 & 1 \\ 0 & 0 & 0 & 1 & 0 & 0 \end{bmatrix}$$
となる．ただし，$i,\,j = 1, 2, \ldots, 6$ に対して，$\mathbf{U}$ の (i, j) 成分は，e_j から e_i へ移動す

[†] 本章では系全体を表すユニタリ行列 U を，ほかの記号と区別しやすいように太文字立体 $\mathbf{U}$ で表す．

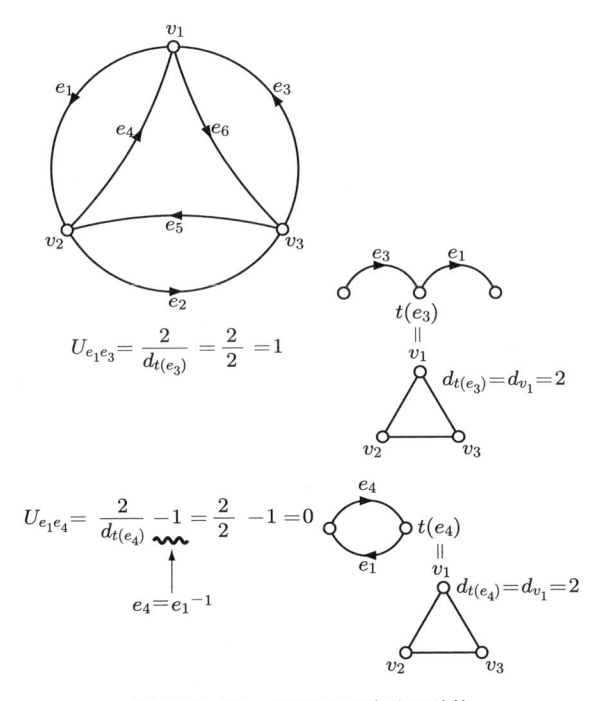

図 10.6　$\mathbf{U} = \mathbf{U}(K_3)$ の成分の計算

る確率振幅を表す（図 10.6 参照）.

実際，$\mathbf{U}$ の $(1,3)$ 成分は，$e_3 = (v_3, v_1)$ から $e_1 = (v_1, v_2)$ に移動する確率振幅で，$t(e_3) = o(e_1) = v_1$ かつ $e_3 \neq e_1^{-1}$ なので，$U_{ef} = U_{e_1 e_3} = 2/d_{t(e_3)} \; (= 2/d_{o(e_1)}) = 2/2 = 1$ となる．同様に，$\mathbf{U}$ の $(1,4)$ 成分は，$e_4 = e_1^{-1} = (v_2, v_1)$ から $e_1 = (v_1, v_2)$ に移動する確率振幅で，$t(e_4) = o(e_1) = v_1$ かつ $e_4 = e_1^{-1}$ なので，$U_{ef} = U_{e_1 e_4} = 2/d_{t(e_4)} - 1 \; (= 2/d_{o(e_1)} - 1) = 2/2 - 1 = 0$ となる．

また，$\mathbf{U}^3 = \mathbf{I}_6$ になるので，周期は 3 である．ただし，$\mathbf{I}_n$ は $n \times n$ の単位行列．また，$\mathbf{U}$ の固有方程式は $x^6 - 2x^3 + 1 = (x^3 - 1)^2 = 0$ となり，固有値は，$\{[1]^2, [\omega]^2, [\omega^2]^2\}$ である．ただし，$\omega = (-1 + \sqrt{3})/2$ で $\omega^3 = 1$ を満たす．ここで，異なる固有値 $\lambda_1, \lambda_2, \ldots, \lambda_n$ に対してそれぞれの重複度が $m_1, m_2, \ldots, m_n$ のとき，$\{[\lambda_1]^{m_1}, [\lambda_2]^{m_2}, \ldots, [\lambda_n]^{m_n}\}$ と表すことにする．この固有値からも，周期が 3 であることが確認できる．

同様に，完全二部グラフ $K_{1,3}$ の場合について考えよう．$K_{1,3}$ の頂点集合 $V(K_{1,3})$ と有向辺集合 $D(K_{1,3})$ をそれぞれ，

$$V(K_{1,3}) = \{w, v_1, v_2, v_3\}$$
$$D(K_{1,3}) = \{e_1 = (w, v_1), \; e_2 = (w, v_2), \; e_3 = (w, v_3),$$

$$e_4 = e_1^{-1},\ e_5 = e_2^{-1},\ e_6 = e_3^{-1}\}$$

とおく．このとき，

$$\mathbf{U} = \mathbf{U}(K_{1,3}) = \begin{bmatrix} 0 & 0 & 0 & -1/3 & 2/3 & 2/3 \\ 0 & 0 & 0 & 2/3 & -1/3 & 2/3 \\ 0 & 0 & 0 & 2/3 & 2/3 & -1/3 \\ 1 & 0 & 0 & 0 & 0 & 0 \\ 0 & 1 & 0 & 0 & 0 & 0 \\ 0 & 0 & 1 & 0 & 0 & 0 \end{bmatrix}$$

となる．ただし，$i, j = 1, 2, \ldots, 6$ に対して，$\mathbf{U}$ の (i, j) 成分は，e_j から e_i へ移動する確率振幅を表す（図 10.7 参照）．

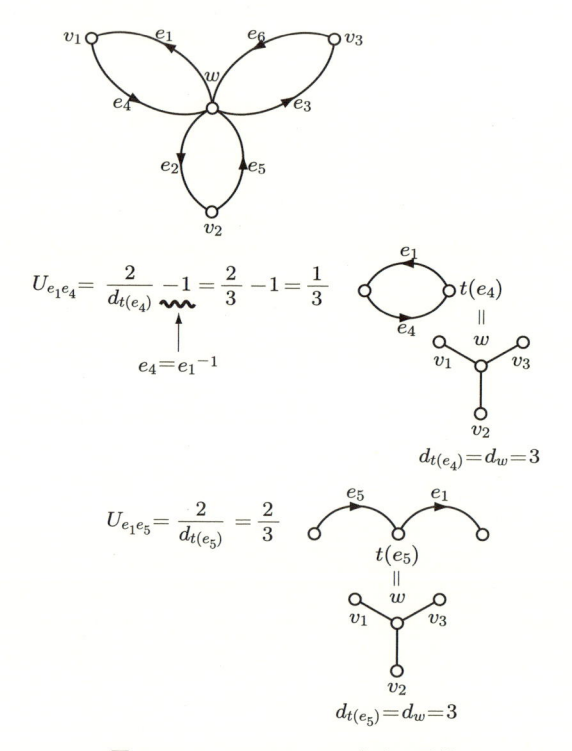

図 10.7 $\mathbf{U} = \mathbf{U}(K_{1,3})$ の成分の計算

実際，$\mathbf{U}$ の $(1, 4)$ 成分は，$e_4 = e_1^{-1} = (v_1, w)$ から $e_1 = (w, v_1)$ に移動する確率振幅で，$t(e_4) = o(e_1) = w$ かつ $e_4 = e_1^{-1}$ なので，$U_{ef} = U_{e_1 e_4} = 2/d_{t(e_4)} - 1\ (= 2/d_{o(e_1)} - 1) = 2/3 - 1 = -1/3$ となる．また，$\mathbf{U}$ の $(1, 5)$ 成分は，$e_5 = e_2^{-1} = (v_2, w)$ から $e_1 = (w, v_1)$ に移動する確率振幅で，$t(e_5) = o(e_1) = w$ かつ $e_5 \neq e_1^{-1}$ なので，$U_{ef} = U_{e_1 e_5} = 2/d_{t(e_5)}\ (= 2/d_{o(e_1)}) = 2/3$ となる．同様に，U の $(4, 1)$ 成分は，$e_1 = (w, v_1)$ から

$e_4 = e_1^{-1} = (v_1, w)$ に移動する確率振幅で, $t(e_1) = o(e_4) = v_1$ かつ $e_1 = e_4^{-1}$ なので, $U_{ef} = U_{e_4 e_1} = 2/d_{t(e_1)} - 1$ $(= 2/d_{o(e_4)} - 1) = 2/1 - 1 = 1$ となる.

また, $\mathbf{U}^4 = \mathbf{I}_6$ になるので, 周期は 4 である. $\mathbf{U}$ の固有方程式は $x^6 + x^4 - x^2 - 1 = 0$ となり, 固有値は, $\{[1]^1, [-1]^1, [i]^2, [-i]^2\}$ となる. 固有値からも, 周期が 4 であることが確認できる.

G を n 個の頂点, m 個の辺をもつ連結なグラフとする. 連結なグラフとは, どの 2 頂点も, 辺をつたって移動できるときをいう. 以下, 二つの $2m \times 2m$ 行列 $\mathbf{B} = \mathbf{B}(G) = (\mathbf{B}_{ef})_{e,f \in D(G)}$ と $\mathbf{J} = \mathbf{J}(G) = (\mathbf{J}_{ef})_{e,f \in D(G)}$ を導入する (図 10.8 参照).

$$\mathbf{B}_{ef} = \begin{cases} 1 & (t(e) = o(f)) \\ 0 & (その他) \end{cases} \qquad \mathbf{J}_{ef} = \begin{cases} 1 & (f = e^{-1}) \\ 0 & (その他) \end{cases}$$

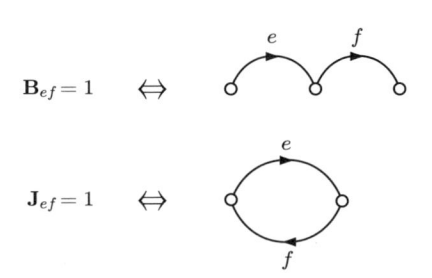

図 10.8 $\mathbf{B}_{ef}$ と $\mathbf{J}_{ef}$ の定義

このとき, $\mathbf{B} - \mathbf{J}$ は, **ペロン–フロベニウス作用素** (Perron-Frobenius operator), あるいは, **辺行列** (edge matrix) といわれる.

G の隣接行列 $\mathbf{A} = \mathbf{A}(G)$ は, 以下で定義される (図 10.9 参照).

$$\mathbf{A}_{uv} = \begin{cases} 1 & (uv \in E(G)) \\ 0 & (uv \notin E(G)) \end{cases}$$

図 10.9 $\mathbf{A}_{uv}$ の定義

これを用いると,
$$\mathbf{B}_{(u,v)(w,x)} = A_{uv} A_{wx} \delta_{vw}, \quad \mathbf{J}_{(u,v)(w,x)} = A_{uv} A_{wx} \delta_{vw} \delta_{ux}$$
と表される. ただし,

である。したがって，
$$(\mathbf{B} - \mathbf{J})_{(u,v)(w,x)} = A_{uv}A_{wx}\delta_{vw}(1 - \delta_{ux}) \qquad (10.1)$$
が導かれる．

ここで，実数を成分にもつ行列 $\mathbf{F} = (F_{ij})$ に対して，その正の台（positive support）の行列 $\mathbf{F}^{+} = (F_{ij}^{+})$ を以下で定める．
$$F_{ij}^{+} = \begin{cases} 1 & (F_{ij} > 0) \\ 0 & (F_{ij} \le 0) \end{cases}$$
このとき，以下が得られる．

定理 10.1 グラフ G は連結で，各頂点の次数は 2 以上とする．$\mathbf{U}$ を G 上の量子ウォークを定めるユニタリ行列とする．このとき，以下が成り立つ．
$$\mathbf{B} - \mathbf{J} = (^{T}\mathbf{U})^{+}$$
ただし，$^{T}\mathbf{U}$ は $\mathbf{U}$ の転置行列である．

証明 $\mathbf{U}$ の定義から，
$$(^{T}\mathbf{U})_{(u,v)(w,x)} = \mathbf{U}_{(w,x)(u,v)} = A_{uv}A_{wx}\delta_{vw}\left(\frac{2}{d_v} - \delta_{ux}\right)$$
が成り立つ．したがって，
$$(^{T}\mathbf{U})^{+}_{(u,v)(w,x)} = A_{uv}A_{wx}\delta_{vw}\left(\frac{2}{d_v} - \delta_{ux}\right)^{+}$$
となる．ここで，$d_v \ge 2$ より，
$$\left(\frac{2}{d_v} - \delta_{ux}\right)^{+} = 1 - \delta_{ux}$$
が導かれる．ゆえに，
$$(^{T}\mathbf{U})^{+}_{(u,v)(w,x)} = A_{uv}A_{wx}\delta_{vw}(1 - \delta_{ux}) = (\mathbf{B} - \mathbf{J})_{(u,v)(w,x)}$$
となり，証明が得られる．ただし，最後の等式は，式 (10.1) を用いた． □

具体例を見てみよう．$G = K_3$ のときは，
$$\mathbf{B}(K_3) = \begin{bmatrix} 0 & 1 & 0 & 1 & 0 & 0 \\ 0 & 0 & 1 & 0 & 1 & 0 \\ 1 & 0 & 0 & 0 & 0 & 1 \\ 1 & 0 & 0 & 0 & 0 & 1 \\ 0 & 1 & 0 & 1 & 0 & 0 \\ 0 & 0 & 1 & 0 & 1 & 0 \end{bmatrix}, \quad \mathbf{J}(K_3) = \begin{bmatrix} 0 & 0 & 0 & 1 & 0 & 0 \\ 0 & 0 & 0 & 0 & 1 & 0 \\ 0 & 0 & 0 & 0 & 0 & 1 \\ 1 & 0 & 0 & 0 & 0 & 0 \\ 0 & 1 & 0 & 0 & 0 & 0 \\ 0 & 0 & 1 & 0 & 0 & 0 \end{bmatrix}$$

なので，

$$\mathbf{B}(K_3) - \mathbf{J}(K_3) = \begin{bmatrix} 0 & 1 & 0 & 0 & 0 & 0 \\ 0 & 0 & 1 & 0 & 0 & 0 \\ 1 & 0 & 0 & 0 & 0 & 0 \\ 0 & 0 & 0 & 0 & 0 & 1 \\ 0 & 0 & 0 & 1 & 0 & 0 \\ 0 & 0 & 0 & 0 & 1 & 0 \end{bmatrix} = ({}^T\mathbf{U}(K_3))^+$$

となり，定理の主張が確かめられる．

一方，$G = K_{1,3}$ のときは，

$$\mathbf{B}(K_{1,3}) = \begin{bmatrix} 0 & 0 & 0 & 1 & 0 & 0 \\ 0 & 0 & 0 & 0 & 1 & 0 \\ 0 & 0 & 0 & 0 & 0 & 1 \\ 1 & 1 & 1 & 0 & 0 & 0 \\ 1 & 1 & 1 & 0 & 0 & 0 \\ 1 & 1 & 1 & 0 & 0 & 0 \end{bmatrix}, \quad \mathbf{J}(K_{1,3}) = \begin{bmatrix} 0 & 0 & 0 & 1 & 0 & 0 \\ 0 & 0 & 0 & 0 & 1 & 0 \\ 0 & 0 & 0 & 0 & 0 & 1 \\ 1 & 0 & 0 & 0 & 0 & 0 \\ 0 & 1 & 0 & 0 & 0 & 0 \\ 0 & 0 & 1 & 0 & 0 & 0 \end{bmatrix}$$

なので，

$$\mathbf{B}(K_{1,3}) - \mathbf{J}(K_{1,3}) = \begin{bmatrix} 0 & 0 & 0 & 0 & 0 & 0 \\ 0 & 0 & 0 & 0 & 0 & 0 \\ 0 & 0 & 0 & 0 & 0 & 0 \\ 0 & 1 & 1 & 0 & 0 & 0 \\ 1 & 0 & 1 & 0 & 0 & 0 \\ 1 & 1 & 0 & 0 & 0 & 0 \end{bmatrix} \neq \begin{bmatrix} 0 & 0 & 0 & 1 & 0 & 0 \\ 0 & 0 & 0 & 0 & 1 & 0 \\ 0 & 0 & 0 & 0 & 0 & 1 \\ 0 & 1 & 1 & 0 & 0 & 0 \\ 1 & 0 & 1 & 0 & 0 & 0 \\ 1 & 1 & 0 & 0 & 0 & 0 \end{bmatrix} = ({}^T\mathbf{U}(K_{1,3}))^+$$

となり，定理の主張は成立していない．これは，条件「各頂点の次数は2以上」を満たしていないからである．

10.2 伊原ゼータ関数とは

この節では，前節で紹介したペロン–フロベニウス作用素と密接に関係する，表題の伊原ゼータ関数やその拡張版などを紹介し，U，U^+ などの特性多項式を導くために，それらの行列式表示についても述べる．

G を連結なグラフとする．以下種々の用語を定義するので，図 10.10 を参照していただきたい．

まず，グラフ G の長さ n のパス (path) P とは，$e_i \in D(G)$, $t(e_i) = o(e_{i+1})$ ($1 \leq i \leq n-1$) を満たす n 個の有向辺からなる列 $P = (e_1, \ldots, e_n)$ のことである．ただし，添え字は $\bmod n$ で考える．そして，$|P| = n$, $o(P) = o(e_1)$, $t(P) = t(e_n)$ とおく．また，P は $(o(P), t(P))$-パスともよばれる．

パス $P = (e_1, \ldots, e_n)$ が**バックトラック** (backtracking) をもつとは，ある i ($1 \leq i \leq$

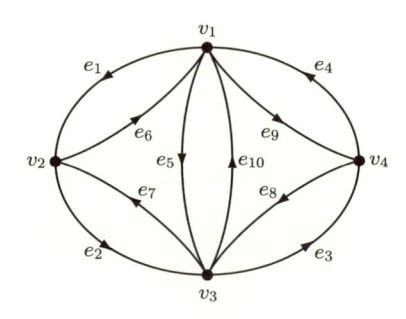

$P_1 = (e_1, e_2, e_3)$, $|P_1| = 3$, $o(P_1) = v_1$, $t(P_1) = v_4$

$P_2 = (e_1, e_2, e_{10}, e_5, e_3)$, $|P_2| = 5$, $o(P_2) = v_1$, $t(P_2) = v_4$

$P_3 = (e_1, e_2, e_{10})$, $|P_3| = 3$, $o(P_3) = v_1$, $t(P_3) = v_1$

P_1, P_3 はバックトラックをもたないが，P_2 はもつ．
P_3 はサイクルで，逆サイクルは (e_5, e_7, e_6) である．

$[P_3] = \{(e_1, e_2, e_{10}), (e_2, e_{10}, e_1), (e_{10}, e_1, e_2)\}$

$P_3{}^2 = (e_1, e_2, e_{10}, e_1, e_2, e_{10})$

P_3 は素であるが，サイクル $P_4 = (e_1, e_2, e_{10}, e_9, e_4)$ は
バックトラックをもち，簡約でなく，素である．
また，サイクル P_3^2 は P_3 のベキなので素にならない．

図 10.10 簡単なグラフでの例

$n-1$) が存在して，$e_{i+1}^{-1} = e_i$ が成り立つときをいう．(v, w)-パスが v-**サイクル**（あるいは，v-閉パス）とは，$v = w$ のときをいう．また，単にサイクル (cycle) ということも多い．サイクル $C = (e_1, \ldots, e_n)$ の**逆サイクル** (inverse cycle) とは，$C^{-1} = (e_n^{-1}, \ldots, e_1^{-1})$ のことである．

ここで，サイクル同士の**同値関係** (equivalence relation) を導入する．二つのサイクル $C_1 = (e_1, \ldots, e_m)$ と $C_2 = (f_1, \ldots, f_m)$ が**同値** (equivalent) であるとは，すべての j に対して，$f_j = e_{j+k}$ が成り立つような k が存在するときをいう．一般に，C の逆サイクルは C と同値ではない．$[C]$ をサイクル C を含む**同値類** (equivalence class) とする．サイクル B の周りを r 回まわることによって得られるサイクルを B^r とおく．そのようなサイクルは B のベキとよばれる．サイクル C がバックトラックをもっていないとき，**簡約** (reduced) とよぶ．さらに，サイクル C が**素** (prime) とは，ある $r \geq 2$ とサイクル D が存在して，$C = D^r$ とならないときをいう．

グラフ G の**伊原ゼータ関数** (Ihara zeta function) とは，$t \in \mathbb{C}$ の関数で，以下で定義されるものである．

$$\mathbf{Z}(G,t) = \mathbf{Z}_G(t) = \prod_{[C]}(1-t^{|C|})^{-1}$$

ただし，$|t|$ は十分小とし，$[C]$ は G の素な簡約サイクルのすべての同値類を動く．

このような $[C]$ が存在しないときは，$\mathbf{Z}(G,t) = 1$ とおく．たとえば，$\mathbf{Z}(K_{1,3},t) = 1$ である．

よく知られている**リーマンのゼータ関数**（Riemann's zeta function）$\zeta(s)$ は，

$$\zeta(s) = \sum_{n=1}^{\infty} \frac{1}{n^s}$$

で定義され，以下のオイラーの積公式の関係が成立している．

$$\sum_{n=1}^{\infty} \frac{1}{n^s} = \prod_{p:\ p\text{ は素数}} \frac{1}{1 - \dfrac{1}{p^s}}$$

なぜなら，

$$\prod_{p:\ p\text{ は素数}} \frac{1}{1 - \dfrac{1}{p^s}} = \prod_{p:\ p\text{ は素数}} \left(1 + \frac{1}{p^s} + \frac{1}{(p^2)^s} + \frac{1}{(p^3)^s} + \cdots\right)$$

$$= \sum \frac{1}{(p_1^{n_1} p_2^{n_2} \cdots p_r^{n_r})^s}$$

だからである．このことから，たとえば，$\zeta(1) = \infty$ より，素数が無限個あることが導かれる．

このとき，Hashimoto (1989) と Bass (1992) により，以下が成立する．証明はそれぞれの論文を参照してほしい．

定理 10.2 G を連結なグラフで，$|V(G)| = n$, $|E(G)| = m$ とする．このとき以下が成り立つ．

$$\mathbf{Z}(G,t)^{-1} = \det(\mathbf{I}_{2m} - t(\mathbf{B}-\mathbf{J})) = (1-t^2)^{m-n} \det(\mathbf{I}_n - t\mathbf{A} + t^2(\mathbf{D} - \mathbf{I}_n))$$

ただし，$\mathbf{I}_n$ は $n \times n$ の単位行列，$\mathbf{A} = \mathbf{A}(G)$ は G の隣接行列，さらに，$\mathbf{D} = (d_{ij})$ は対角行列で，$d_{ii} = \deg v_i$, $V(G) = \{v_1, \ldots, v_n\}$ である．

問題 10.1

$\mathbf{Z}(K_3, t)^{-1}$, $\mathbf{Z}(K_4, t)^{-1}$ をそれぞれ求めよ．

たとえば，$G = K_{1,3}$ のとき，定義より $\mathbf{Z}(K_{1,3}, t)^{-1} = 1$ であるが，実際に，$\det(\mathbf{I}_6 - t(\mathbf{B} - \mathbf{J})) = 1$, また，$(1-t^2)^{3-4} \det(\mathbf{I}_4 - t\mathbf{A}(K_{1,3}) + t^2(\mathbf{D} - \mathbf{I}_4)) = 1$ となる．

定理 10.2 で $t = 1/\lambda$ とおき，定理 10.1 を用いることにより，$\mathbf{U}^+$ の特性多項式を得る．

定理 10.3 G を連結なグラフで，$|V(G)| = n$, $|E(G)| = m$ とする．このとき以下が成り立つ．
$$\det(\lambda \mathbf{I}_{2m} - \mathbf{U}^+) = (\lambda^2 - 1)^{m-n} \det((\lambda^2 - 1)\mathbf{I}_n - \lambda \mathbf{A} + \mathbf{D}) \tag{10.2}$$

次に，次節で $\mathbf{U}$ の特性多項式 $\det(\lambda \mathbf{I}_{2m} - \mathbf{U})$ を求めるが，その準備をこの節の残りでは行う．そのためには，以下で定義される，隣接行列を拡張した重み付き行列 $\mathbf{W}$ に対するゼータ関数の表現（第 2 種重み付きゼータ関数）が必要となり，それは後で述べるように定理 10.4 として Sato (2007) により得られた．

G を連結グラフとし，$V(G) = \{v_1, \ldots, v_n\}$ とおく．このとき，$n \times n$ 行列 $\mathbf{W} = \mathbf{W}(G) = (W_{ij})_{1 \le i,j \le n}$ を次で与える．
$$W_{ij} = \begin{cases} w_{ij} & ((v_i, v_j) \in D(G)) \\ 0 & ((v_i, v_j) \notin D(G)) \end{cases}$$
この行列 $\mathbf{W} = \mathbf{W}(G)$ は G の**重み付き行列**（weighted matrix）とよばれる．さらに，$w(v_i, v_j) = w_{ij}$ $(v_i, v_j \in V(G))$, $w(e) = w_{ij}$ $(e = (v_i, v_j) \in D(G))$ とおく．G の各パス $P = (e_1, \ldots, e_r)$ に対して，P の**ノルム**（norm）$w(P)$ を $w(P) = w(e_1)w(e_2)\cdots w(e_r)$ で定める．

G を，n 個の頂点と m 個の辺をもつグラフとする．また，$\mathbf{W} = \mathbf{W}(G)$ を G の重み付き行列とする．$2m \times 2m$ 行列 $\mathbf{B}_w = \mathbf{B}_w(G) = (\mathbf{B}_{ef}^{(w)})_{e,f \in D(G)}$ を以下で定める．
$$\mathbf{B}_{ef}^{(w)} = \begin{cases} w(f) & (t(e) = o(f)) \\ 0 & (\text{その他}) \end{cases}$$
このとき，グラフ G の**第 2 種重み付きゼータ関数**（second weighted zeta function）は，次で定義される．
$$\mathbf{Z}_1(G, w, t) = \det(\mathbf{I}_{2m} - t(\mathbf{B}_w - \mathbf{J}))^{-1}$$
すべての有向辺 $e \in D(G)$ に対して，$w(e) = 1$ のとき，第 2 種重み付きゼータ関数は伊原ゼータ関数になることに注意．また，本書では扱わないが，グラフ G の**第 1 種重み付きゼータ関数**（first weighted zeta function）は，以下で定義される．
$$\mathbf{Z}(G, w, t) = \det(\mathbf{I}_{2m} - t\mathbf{W}_e(\mathbf{B} - \mathbf{J}))^{-1}$$
ただし，$\mathbf{W}_e = (w_{ij})$ は $w_{ii} = w(e_i)$ の対角行列で，$D(G) = \{e_1, \ldots, e_{2m}\}$．

このとき，Sato (2007) により，本章で重要な役割を果たす以下の結果が得られている．証明は論文を参照してほしい．

定理 10.4 G を連結なグラフとし，$\mathbf{W} = \mathbf{W}(G)$ を G の重み付き行列とする．このとき，以下が成り立つ．

$$\mathbf{Z}_1(G,w,t)^{-1} = (1-t^2)^{m-n} \det(\mathbf{I}_n - t\mathbf{W} + t^2(\mathbf{D}_w - \mathbf{I}_n))$$

ただし，$n=|V(G)|$，$m=|E(G)|$ かつ $\mathbf{D}_w=(d_{ij})$ は $d_{ii}=\sum_{o(e)=v_i}w(e)$ の対角行列で，$V(G)=\{v_1,\ldots,v_n\}$．

例として，完全グラフ K_3 の場合を考えよう．頂点集合を
$$V(K_3)=\{v_1,v_2,v_3\}$$
とおく．このとき，
$$\mathbf{W}=\mathbf{W}(K_3)=\begin{bmatrix} 0 & a & b \\ c & 0 & d \\ p & q & 0 \end{bmatrix}$$
とすると（図 10.11 参照），上記の定理 10.4 より，以下が得られる．

$\mathbf{Z}_1(K_3,w,t)^{-1} = (1-t^2)^{3-3}\det(\mathbf{I}_3 - t\mathbf{W} + t^2(\mathbf{D}_w - \mathbf{I}_3))$

$$=\det\begin{bmatrix} 1+(a+b-1)t^2 & -at & -bt \\ -ct & 1+(c+d-1)t^2 & -dt \\ -pt & -qt & 1+(p+q-1)t^2 \end{bmatrix}$$

$$= 1 + (\alpha+\beta+\gamma-bp-ac-dq)t^2 - (adp+bcq)t^3$$
$$+ (\alpha\beta+\beta\gamma+\gamma\alpha-bp\beta-ac\gamma-dq\alpha)t^4 + \alpha\beta\gamma t^6$$

ただし，$\alpha=a+b-1$，$\beta=c+d-1$，$\gamma=p+q-1$．

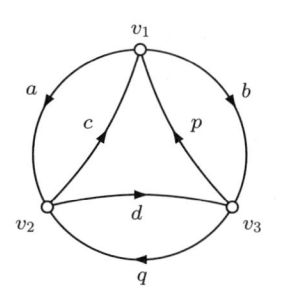

図 10.11 K_3 の例

10.3 特性多項式の表現

この節では，ユニタリ行列 $\mathbf{U}$ の特性多項式に対する表式を与える．G を n 個の頂点と m 個の辺をもつグラフとする．$n\times n$ 行列 $\mathbf{T}=\mathbf{T}(G)=(T_{uv})_{u,v\in V(G)}$ を以下で定める．

$$T_{uv} = \begin{cases} \dfrac{1}{d_u} & ((u,v) \in D(G)) \\ 0 & (\text{その他}) \end{cases}$$

ただし，$d_u = \deg_G u \ (u \in V(G))$ である．上記の $\mathbf{T}$ は最近接頂点に等確率で移動するランダムウォークの確率遷移行列である．このとき，Konno and Sato (2012) により，以下の結果が得られている．

定理 10.5 G は連結グラフで，n 個の頂点 $v_1, \ldots, v_n$ と m 個の辺をもつとする．このとき，G 上の量子ウォークを定めるユニタリ行列 $\mathbf{U}$ に対して，以下が成り立つ．
$$\det(\lambda \mathbf{I}_{2m} - \mathbf{U}) = (\lambda^2 - 1)^{m-n} \det((\lambda^2+1)\mathbf{I}_n - 2\lambda \mathbf{T})$$
$$= \frac{(\lambda^2 - 1)^{m-n} \det((\lambda^2+1)\mathbf{D} - 2\lambda \mathbf{A})}{d_{v_1} \cdots d_{v_n}}$$

例として，$G = K_3$ を考えると，$n = m = 3$，$d_v = 2$ なので，
$$\det(\lambda \mathbf{I}_6 - \mathbf{U}) = (\lambda^2 - 1)^{3-3} \cdot \det \begin{bmatrix} \lambda^2 + 1 & -\lambda & -\lambda \\ -\lambda & \lambda^2 + 1 & -\lambda \\ -\lambda & -\lambda & \lambda^2 + 1 \end{bmatrix} = (\lambda^3 - 1)^2$$

となる．よって，$\mathbf{U}$ の固有値は，$\{[1]^2, [\omega]^2, [\omega^2]^2\}$ であることがわかる．ただし，$\omega = (-1 + \sqrt{3})/2$ で $\omega^3 = 1$ を満たす．

証明 G は n 頂点と m 辺をもつ連結グラフで，$V(G) = \{v_1, \ldots, v_n\}$ かつ $D(G) = \{e_1, \ldots, e_m, e_1^{-1}, \ldots, e_m^{-1}\}$ とする．各 $j = 1, \ldots, n$ に対して，$d_j = d_{v_j} = \deg v_j$ とおく．このとき，以下で与えられる $2m \times 2m$ 行列 $\mathbf{B}_d = (B_{ef})_{e,f \in D(G)}$ について考える．
$$B_{ef} = \begin{cases} \dfrac{2}{d_{o(f)}} & (t(e) = o(f)) \\ 0 & (\text{その他}) \end{cases}$$
定理 10.4 によって，以下が導かれる．
$$\det(\mathbf{I}_{2m} - t(\mathbf{B}_d - \mathbf{J})) = (1 - t^2)^{m-n} \det(\mathbf{I}_n - t\mathbf{W}_d + t^2(\mathbf{D}_d - \mathbf{I}_n)) \tag{10.3}$$
ただし，$\mathbf{W}_d = (w_{uv})_{u,v \in V(G)}$ かつ $\mathbf{D}_d = (d_{uv})_{u,v \in V(G)}$ は次で与えられる．
$$w_{uv} = \begin{cases} \dfrac{2}{d_u} & ((u,v) \in D(G)) \\ 0 & (\text{その他}) \end{cases} \qquad d_{uv} = \begin{cases} 2 & (u = v) \\ 0 & (\text{その他}) \end{cases}$$
ここで，$d_{uv} = 2 \ (u = v)$ は
$$d_j \times \frac{2}{d_j} = 2 \ (1 \le j \le n)$$

より導かれる．したがって，$\mathbf{D}_d = 2\mathbf{I}_n$．よって，式 (10.3) を用いると，
$$\det[\mathbf{I}_{2m} - t\{{}^T(\mathbf{B}_d - \mathbf{J})\}] = (1-t^2)^{m-n}\det(\mathbf{I}_n - t\mathbf{W}_d + t^2\mathbf{I}_n)$$
が得られる．一方，${}^T(\mathbf{B}_d - \mathbf{J}) = U$ と $\mathbf{W}_d = 2\mathbf{T}$ が成り立っている．ゆえに，
$$\det(\mathbf{I}_{2m} - t\mathbf{U}) = (1-t^2)^{m-n}\det\{(1+t^2)\mathbf{I}_n - 2t\mathbf{T}\}$$
となる．ここで，$t = 1/\lambda$ とおくと，
$$\det\left(\mathbf{I}_{2m} - \frac{1}{\lambda}\mathbf{U}\right) = \left(1 - \frac{1}{\lambda^2}\right)^{m-n}\det\left\{\left(1 + \frac{1}{\lambda^2}\right)\mathbf{I}_n - \frac{2}{\lambda}\mathbf{T}\right\}$$
が導かれる．したがって，
$$\det(\lambda\mathbf{I}_{2m} - \mathbf{U}) = (\lambda^2 - 1)^{m-n}\det\{(\lambda^2 + 1)\mathbf{I}_n - 2\lambda\mathbf{T}\}$$
となり，最初の式が得られる．

次に，2 番目の式を導く．まず，
$$\mathbf{T} = \mathbf{D}^{-1}\mathbf{A} \tag{10.4}$$
に注意する．よって，
$$\det(\lambda\mathbf{I}_{2m} - \mathbf{U}) = (\lambda^2 - 1)^{m-n}\det\{(\lambda^2 + 1)\mathbf{I}_n - 2\lambda\mathbf{D}^{-1}\mathbf{A}\}$$
$$= (\lambda^2 - 1)^{m-n}\det\mathbf{D}^{-1}\det\{(\lambda^2 + 1)\mathbf{D} - 2\lambda\mathbf{A}\}$$
が得られる．

また，$\det\mathbf{D}^{-1} = 1/(d_{v_1}\cdots d_{v_n})$ なので，
$$\det(\lambda\mathbf{I}_{2m} - \mathbf{U}) = \frac{(\lambda^2 - 1)^{m-n}\det\{(\lambda^2 + 1)\mathbf{D} - 2\lambda\mathbf{A}\}}{d_{v_1}\cdots d_{v_n}}$$
となり，定理 10.5 が導かれる． □

■ 問題 10.2

式 (10.4) を以下のグラフ $K_{1,2}$ で確かめよ．

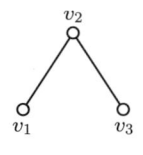

図 10.12　$K_{1,2}$

以下の結果は，$\mathbf{T}$ の固有値を用いて，$\mathbf{U}$ の固有値を表現できることを明らかにする．Spec($\mathbf{F}$) を正方行列 $\mathbf{F}$ の固有値の集合とする．このとき，Emms et al. (2006) は以下の結果を得たが，ここでの証明は，定理 10.5 の $\mathbf{U}$ の特性多項式の表現を用いる．

■ 系 10.1　G を n 頂点と m 辺をもつ連結グラフとする．このとき，$\mathbf{U}$ は以下の形の $2n$ 個の固有値をもつ．

$$\lambda = \lambda_{\mathbf{T}} \pm i\sqrt{1 - \lambda_{\mathbf{T}}^2}$$

ただし，$\lambda_{\mathbf{T}}$ は行列 $\mathbf{T}$ の固有値である．$\mathbf{U}$ の残り $2(m-n)$ 個の固有値は ± 1 で，重複度は互いに等しい．

証明 定理 10.5 より，

$$\det(\lambda \mathbf{I}_{2m} - \mathbf{U}) = (\lambda^2 - 1)^{m-n} \prod_{\lambda_{\mathbf{T}} \in \mathrm{Spec}(\mathbf{T})} (\lambda^2 + 1 - 2\lambda_{\mathbf{T}}\lambda)$$

が成り立つ．ここで，$\lambda^2 + 1 - 2\lambda_{\mathbf{T}}\lambda = 0$ を解くことによって，

$$\lambda = \lambda_{\mathbf{T}} \pm i\sqrt{1 - \lambda_{\mathbf{T}}^2}$$

が得られ，証明が得られる． □

10.4 正の台に関する諸結果

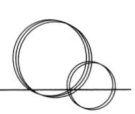

Emms et al. (2006) は，下記の G の隣接行列 $\mathbf{A} = \mathbf{A}(G)$ の固有値を用いた $\mathbf{U}^+$ の固有値の表式を求めたが，定理 10.3 からも同じ結果が得られるので，その証明を紹介する．

定理 10.6 G は n 頂点と m 辺をもつ連結な k-正則グラフで，$k \geq 2$ を満たす．このとき，$\mathbf{U}^+$ は次の形の $2n$ 個の固有値をもつ．

$$\lambda = \frac{\lambda_{\mathbf{A}}}{2} \pm i\frac{\sqrt{4k - 4 - \lambda_{\mathbf{A}}^2}}{2}$$

ただし，$\lambda_{\mathbf{A}}$ は $\mathbf{A}$ の固有値である．$\mathbf{U}^+$ の残り $2(m-n)$ 個の固有値は ± 1 で，重複度は互いに等しい．

証明 まず，G が k-正則グラフなので，$\mathbf{D} = k\mathbf{I}_n$ が成り立つことに注意する．ゆえに，定理 10.3 の表式に，$\mathbf{D} = k\mathbf{I}_n$ を代入すると，

$$\det(\lambda \mathbf{I}_{2m} - \mathbf{U}^+) = (\lambda^2 - 1)^{m-n} \det\{(\lambda^2 + k - 1)\mathbf{I}_n - \lambda \mathbf{A}\}$$

$$= (\lambda^2 - 1)^{m-n} \prod_{\lambda_{\mathbf{A}} \in \mathrm{Spec}(\mathbf{A})} (\lambda^2 + k - 1 - \lambda_{\mathbf{A}}\lambda)$$

が導かれる．したがって，$\lambda^2 + k - 1 - \lambda_{\mathbf{A}}\lambda = 0$ を解くことにより，

$$\lambda = \frac{\lambda_{\mathbf{A}}}{2} \pm i\frac{\sqrt{4k - 4 - \lambda_{\mathbf{A}}^2}}{2}$$

が得られるので，証明が得られる． □

なお，Godsil and Guo (2011) は，線形代数の手法により，定理 10.6 の別の証明を与えた．さらに，Godsil and Guo (2011) は，以下の関係を同様の手法により得た．

■**定理 10.7** G は連結な k- 正則グラフで，$k \geq 3$ を満たす．
$$(\mathbf{U}^2)^+ = (\mathbf{U}^+)^2 + I$$

Higuchi, Konno, Sato and Segawa (2013c) は，定理 10.7 を用いて，$(\mathbf{U}^2)^+$ の特性多項式の表現を得た．

■**定理 10.8** G は n 頂点と m 辺をもつ連結な k- 正則グラフで，$k \geq 3$ を満たす．このとき，次が成り立つ．
$$\det\{\lambda \mathbf{I}_{2m} - (\mathbf{U}^2)^+\} = (\lambda - 2)^{2(m-n)} \det\{(\lambda - 2 + k)^2 \mathbf{I}_n - (\lambda - 1)\mathbf{A}^2\}$$

■**問題 10.3**
定理 10.8 を証明せよ．

Emms et al. (2006) は $(\mathbf{U}^2)^+$ のスペクトルを決めたが，上の定理を用いると，以下の同じ結果がただちに得られる．

■**定理 10.9** G は n 頂点と m 辺をもつ連結な k- 正則グラフで，$k \geq 3$ を満たす．このとき，$(\mathbf{U}^2)^+$ は次の形の $2n$ 個の固有値をもつ．
$$\lambda = \frac{\lambda_\mathbf{A}^2 - 2k + 4}{2} \pm i \frac{\lambda_\mathbf{A} \sqrt{4k - 4 - \lambda_\mathbf{A}^2}}{2}$$
ただし，$\lambda_\mathbf{A}$ は隣接行列 $\mathbf{A} = \mathbf{A}(G)$ の固有値である．$(\mathbf{U}^2)^+$ の残り $2(m-n)$ 個の固有値は 2 である．

次の問題としては，$\det\{\lambda \mathbf{I}_{2m} - (\mathbf{U}^3)^+\}$ を決定し，$\mathrm{Spec}((\mathbf{U}^3)^+)$ を決めることがある．それに関連して，以下の強正則グラフについて考える．

G がパラメータ (n, d, r, s) の**強正則グラフ** (strongly regular graph) とは，(i) $|V(G)| = n$，(ii) $d_v = d$ $(v \in V(G))$，(iii) 隣接する任意の 2 点 u, v が r 個の点に隣接している，(iv) 隣接していない任意の 2 点 x, y が s 個の点に隣接している，の四つの条件を満たしている正則グラフである（図 10.13 参照）．とくに，(ii) を満たすものは，d- 正則グラフとよばれた．

たとえば，完全グラフ K_n $(n \geq 2)$ は，パラメータ $(n, n-1, n-2, 0)$ の強正則グラフである．

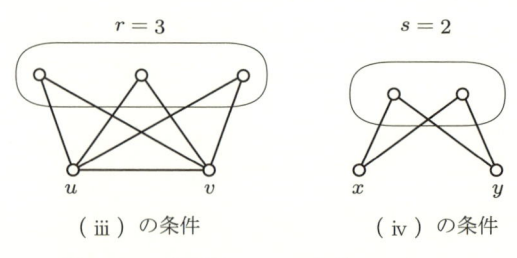

図 10.13　強正則グラフの条件 (iii) と (iv)

■問題 10.4

完全 2 部グラフ $K_{m,n}$ は強正則グラフであるか．ただし，$m, n \in \{1, 2, \ldots\}$．もしそのような場合があるなら，そのときの (m, n) を求めよ．

点や辺のラベルを適当に付け替えることにより同じグラフとなる二つのグラフは**同型**（isomorphic）であるという．グラフ G と H が同型であるとき，$G \cong H$ で表し，同型でないときは，$G \not\cong H$ で表す．同型なグラフの例を図 10.14 で示す．

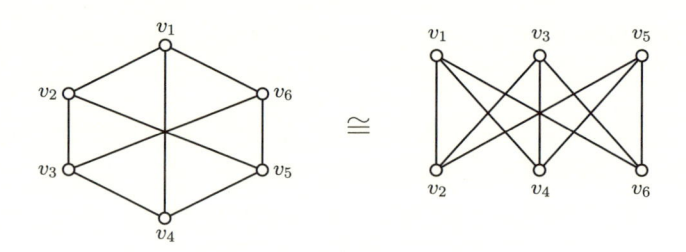

図 10.14　同型なグラフの例

たとえば，同型でない $(16, 6, 2, 2)$ のパラメータをもつ強正則グラフは 2 個あり，また，同型でない $(35, 15, 6, 6)$ のパラメータをもつ強正則グラフは 32548 個ある．

Emms et al. (2006) は 64 点以下の強正則グラフについて確かめ，以下の予想を立てた．

■予想問題 10.1
G と H は同じパラメータをもつ強正則グラフとする．このとき，$G \cong H$ と $\mathrm{Spec}((\mathbf{U}(G)^3)^+) = \mathrm{Spec}((\mathbf{U}(H)^3)^+)$ とが同値である．

もし $G \cong H$ なら，$\mathrm{Spec}((\mathbf{U}(G)^3)^+) = \mathrm{Spec}((\mathbf{U}(H)^3)^+)$ が成立するのは自明なので，逆が成り立つかどうかが問題となる．そして，上記の予想が正しいとすると，強正則グラフの同型性の判定条件となり，多項式時間でチェックできることになる．しかし，正則グラフまで条件を弱くすると，14 点の正則グラフで成り立たない例が存在する．

G, H がパラメータ (n, d, r, s) の強正則グラフのとき,以下が成り立つことが知られている.
$$\mathrm{Spec}(\mathbf{A}(G)) = \mathrm{Spec}(\mathbf{A}(H)) = \{[d]^1, [e_+]^{m_+}, [e_-]^{m_-}\}$$
ここで,
$$e_\pm = \frac{r - s \pm \sqrt{\Delta}}{2}, \quad m_\pm = \frac{1}{2}\left\{n - 1 \pm \frac{2d + (n-1)(s-r)}{\sqrt{\Delta}}\right\}$$
である.ただし,$\Delta = (s-r)^2 + 4(d-s)$ である.よって,$e_\pm$ もその多重度 $m_\pm$ も,ともにパラメータ (n, d, r, s) で決まる.したがって,強正則グラフ G, H に対しては,$G \not\cong H$ でも,$\mathrm{Spec}(\mathbf{A}(G)) = \mathrm{Spec}(\mathbf{A}(H))$ が成立することがあり得る.ゆえに,定理 10.2 より,伊原ゼータ関数は,隣接行列 $\mathbf{A}$ の固有値(と次数 d)によって決まるので,強正則グラフの同型性を判定できない.

■ **問題 10.5**

G がパラメータ (n, d, r, s) の強正則グラフのとき,以下が成り立つことを示せ.
$$\mathbf{Z}(G, t)^{-1} = (1 - t^2)^{(d-2)n/2} \det[\{1 + (d-1)t^2\}\mathbf{I}_n - t\mathbf{A}]$$

同様に,$\mathrm{Spec}(\mathbf{U})$,$\mathrm{Spec}((\mathbf{U})^+)$,$\mathrm{Spec}((\mathbf{U}^2)^+)$ もそれぞれ,系 10.1,定理 10.6,定理 10.9 より隣接行列 $\mathbf{A}$ の固有値で決まることがわかるので,$\mathrm{Spec}(\mathbf{U})$,$\mathrm{Spec}((\mathbf{U})^+)$,$\mathrm{Spec}((\mathbf{U}^2)^+)$ も同型性の判定条件にならない.したがって,$\mathrm{Spec}((\mathbf{U}^3)^+)$ を候補として考えるのは自然であろう.

さらには,一般の自然数 N に対して,$\det\{\lambda\mathbf{I}_{2m} - (\mathbf{U}^N)^+\}$ の表現を求め,$\mathrm{Spec}((\mathbf{U}^N)^+)$ を決める問題がある.

コラム 10. 意識の拡大

比較的時間にゆとりのあった春休みに,ぼんやりと「意識の拡大,意識の共有,意識の統一」が色々なところで大切であるという考えがじわじわ湧いてきた.実は,数学ではこのことが日常的に行われている.ある問題を解決する過程の中で,種々の新しい概念が発見される.たとえば,「接線を求める」ときに用いる微分と「面積を求める」ときに使われる積分は,互いに無関係のように見えるが,実は互いに逆の操作になっている.そのことを知ることにより,私は「景色が変わる」というのだが,そのようなことが起こり得る.言い換えれば,「意識が拡大」したともいえよう.そして,その拡大したものを少しずつ共有する人たちが増えてくる「意識の共有」.さらには,微分や積分の記法が統一されたように記法が一つにまとまり,「意識の統一」のようなことが生まれる.

別のコラムでも書いたが,元町のギャラリーで「境越する数理」という,何かの境界から飛び出したいという欲求が根底にある展示会も,変わった景色が観たいがため

の試みであった．

　自分しか見えない景色を少しでも見るためにはどうしたらよいのか？ それは，数学の研究に集中することもあるが，根本的には細やかなことに気付く「感性を磨く」しかないと思う．そしてそのための方法は，各自に合ったものを見つけるしかない．大自然にふれる，美術館に行く，本を精読する，映画を観る，お酒を飲む．しかし，飲み過ぎては，「意識の消滅」で，感性は磨けないかもしれない．が，それもまたときには善しであろう．

解　答

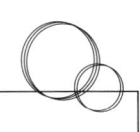

第1章

1.1
$$P(S_5 = -5) = \binom{5}{5}p^5 q^0 = p^5, \qquad P(S_5 = -3) = \binom{5}{4}p^4 q^1 = 5p^4 q$$

$$P(S_5 = -1) = \binom{5}{3}p^3 q^2 = 10p^3 q^2, \quad P(S_5 = 1) = \binom{5}{2}p^2 q^3 = 10p^2 q^3$$

$$P(S_4 = 3) = \binom{5}{1}p^1 q^4 = 5pq^4, \qquad P(S_5 = 5) = \binom{5}{0}p^0 q^5 = q^5$$

第2章

2.1 $UU^* = U^*U = I$ より導かれる．

2.3 (1) まず，$n = 1$ の場合は，
$$\Xi_1(1,0)\varphi = \frac{1}{\sqrt{2}}\begin{bmatrix}1\\0\end{bmatrix}, \quad \Xi_1(0,1)\varphi = \frac{1}{\sqrt{2}}\begin{bmatrix}0\\1\end{bmatrix}$$

よって，
$$P(X_1 = -1) = P(X_1 = 1) = \frac{1}{2}$$

次に，$n = 2$ の場合は，
$$\Xi_2(2,0)\varphi = \frac{1}{2}\begin{bmatrix}1\\0\end{bmatrix}, \quad \Xi_2(1,1)\varphi = \frac{1}{2}\begin{bmatrix}1\\1\end{bmatrix}, \quad \Xi_2(0,2)\varphi = \frac{1}{2}\begin{bmatrix}0\\-1\end{bmatrix}$$

ゆえに，$P(X_2 = -2) = P(X_2 = 2) = 1/4$，$P(X_2 = 0) = 1/2$．

$n = 3$ の場合も同様にして，
$$\Xi_3(3,0)\varphi = \frac{1}{2\sqrt{2}}\begin{bmatrix}1\\0\end{bmatrix}, \quad \Xi_3(2,1)\varphi = \frac{1}{2\sqrt{2}}\begin{bmatrix}2\\1\end{bmatrix}$$

$$\Xi_3(1,2)\varphi = \frac{1}{2\sqrt{2}}\begin{bmatrix}-1\\0\end{bmatrix}, \quad \Xi_3(0,3)\varphi = \frac{1}{2\sqrt{2}}\begin{bmatrix}0\\1\end{bmatrix}$$

したがって，$P(X_3 = -3) = P(X_3 = 1) = P(X_3 = 3) = 1/8$，$P(X_3 = -1) = 5/8$．

最後に，$n = 4$ の場合も同様にして，

$$\Xi_4(4,0)\varphi = \frac{1}{4}\begin{bmatrix} 1 \\ 0 \end{bmatrix}, \quad \Xi_4(3,1)\varphi = \frac{1}{4}\begin{bmatrix} 3 \\ 1 \end{bmatrix}, \quad \Xi_4(2,2)\varphi = \frac{1}{4}\begin{bmatrix} -1 \\ 1 \end{bmatrix}$$

$$\Xi_4(1,3)\varphi = \frac{1}{4}\begin{bmatrix} 1 \\ -1 \end{bmatrix}, \quad \Xi_4(0,4)\varphi = \frac{1}{4}\begin{bmatrix} 0 \\ -1 \end{bmatrix}$$

よって，$P(X_4 = -4) = P(X_4 = 4) = 1/16$, $P(X_4 = 0) = P(X_4 = 2) = 2/16$, $P(X_4 = -2) = 10/16$.

(2) $n = 1$ の場合は，

$$\Xi_1(1,0)\varphi = \frac{1}{\sqrt{2}}\begin{bmatrix} 1 \\ 0 \end{bmatrix}, \quad \Xi_1(0,1)\varphi = \frac{1}{\sqrt{2}}\begin{bmatrix} 0 \\ -1 \end{bmatrix}$$

よって，

$$P(X_1 = -1) = P(X_1 = 1) = \frac{1}{2}$$

$n = 2$ の場合は，

$$\Xi_2(2,0)\varphi = \frac{1}{2}\begin{bmatrix} 1 \\ 0 \end{bmatrix}, \quad \Xi_2(1,1)\varphi = \frac{1}{2}\begin{bmatrix} -1 \\ 1 \end{bmatrix}, \quad \Xi_2(0,2)\varphi = \frac{1}{2}\begin{bmatrix} 0 \\ 1 \end{bmatrix}$$

ゆえに，$P(X_2 = -2) = P(X_2 = 2) = 1/4$, $P(X_2 = 0) = 1/2$.

$n = 3$ の場合も同様にして，

$$\Xi_3(3,0)\varphi = \frac{1}{2\sqrt{2}}\begin{bmatrix} 1 \\ 0 \end{bmatrix}, \quad \Xi_3(2,1)\varphi = \frac{1}{2\sqrt{2}}\begin{bmatrix} 0 \\ 1 \end{bmatrix}$$

$$\Xi_3(1,2)\varphi = \frac{1}{2\sqrt{2}}\begin{bmatrix} 1 \\ -2 \end{bmatrix}, \quad \Xi_3(0,3)\varphi = \frac{1}{2\sqrt{2}}\begin{bmatrix} 0 \\ -1 \end{bmatrix}$$

したがって，$P(X_3 = -3) = P(X_3 = -1) = P(X_3 = 3) = 1/8$, $P(X_3 = 1) = 5/8$.

最後に，$n = 4$ の場合も同様にして，

$$\Xi_4(4,0)\varphi = \frac{1}{4}\begin{bmatrix} 1 \\ 0 \end{bmatrix}, \quad \Xi_4(3,1)\varphi = \frac{1}{4}\begin{bmatrix} 1 \\ 1 \end{bmatrix}, \quad \Xi_4(2,2)\varphi = \frac{1}{4}\begin{bmatrix} -1 \\ -1 \end{bmatrix}$$

$$\Xi_4(1,3)\varphi = \frac{1}{4}\begin{bmatrix} -1 \\ 3 \end{bmatrix}, \quad \Xi_4(0,4)\varphi = \frac{1}{4}\begin{bmatrix} 0 \\ 1 \end{bmatrix}$$

よって，$P(X_4 = -4) = P(X_4 = 4) = 1/16$, $P(X_4 = -2) = P(X_4 = 0) = 2/16$, $P(X_4 = 2) = 10/16$.

(3) $P(X_n = -n) = (1 + 2\Re(\alpha\overline{\beta}))/2^n$, $P(X_n = n) = (1 - 2\Re(\alpha\overline{\beta}))/2^n$. ただし，$\Re(z)$ は $z \in \mathbb{C}$ の実部．

2.7 $\langle P|P \rangle = \mathrm{tr}\left(\begin{bmatrix} \overline{a} & 0 \\ \overline{b} & 0 \end{bmatrix}\begin{bmatrix} a & b \\ 0 & 0 \end{bmatrix}\right) = \mathrm{tr}\left(\begin{bmatrix} |a|^2 & \overline{a}b \\ a\overline{b} & |b|^2 \end{bmatrix}\right) = |a|^2 + |b|^2 = 1$

最後の等号は，式 (2.3) の第 1 式より導かれる．次に，

$$\langle P|Q\rangle = \mathrm{tr}\left(\begin{bmatrix}\overline{a}&0\\\overline{b}&0\end{bmatrix}\begin{bmatrix}0&0\\c&d\end{bmatrix}\right) = \mathrm{tr}\left(\begin{bmatrix}0&0\\0&0\end{bmatrix}\right) = 0$$

また，
$$\langle P|Q\rangle = \mathrm{tr}\left(\begin{bmatrix}\overline{a}&0\\\overline{b}&0\end{bmatrix}\begin{bmatrix}c&d\\0&0\end{bmatrix}\right) = \mathrm{tr}\left(\begin{bmatrix}\overline{a}c&\overline{a}d\\\overline{b}c&\overline{b}d\end{bmatrix}\right) = \overline{a}c + \overline{b}d = 0$$

最後の等号は，式 (2.3) の第 2 式より導かれる．

2.8 $p_4(2,2) = bcd$, $q_4(2,2) = abc$,
$r_4(2,2) = b(ad+bc)$, $s_4(2,2) = c(ad+bc)$

2.10 $W(P,3) = \{(1,2,2),\ (2,2,1)\}$, $W(P,5) = \{(1,1,1,1,1)\}$

2.11 $P|P|\cdots|P|P$ のように仕切り $|$ が $l-1$ 個あって，その中から γ 個とる組合せと，$Q|Q|\cdots|Q|Q$ のように仕切り $|$ が $m-1$ 個あって，その中から $\gamma-1$ 個とる組合せを掛ければよい．

2.12 $\displaystyle\Xi_2(1,1) = ad\sum_{\gamma=1}^{1}\left(\frac{bc}{ad}\right)^{\gamma}\binom{0}{\gamma-1}\binom{0}{\gamma-1}\left[\frac{1-\gamma}{a\gamma}P + \frac{1-\gamma}{d\gamma}Q + \frac{1}{c}R + \frac{1}{b}S\right]$

$\displaystyle\qquad = ad\left(\frac{bc}{ad}\right)\left(\frac{R}{c} + \frac{S}{b}\right) = bR + cS$

実際，$\Xi_2(1,1) = PQ + QP = bR + cS$.

第 4 章

4.1 $\displaystyle\int_{-\pi}^{\pi} e^{ikx}\hat{\Psi}_n^j(k)\frac{dk}{2\pi} = \int_{-\pi}^{\pi} e^{ikx}\sum_{y\in\mathbb{Z}} e^{-iky}\Psi_n^j(y)\frac{dk}{2\pi} = \sum_{y\in\mathbb{Z}}\Psi_n^j(y)\int_{-\pi}^{\pi} e^{ik(x-y)}\frac{dk}{2\pi}$

$\displaystyle\qquad = \sum_{y\in\mathbb{Z}}\Psi_n^j(y)\delta_x(y) = \Psi_n^j(x)$

第 10 章

10.1 $\mathbf{Z}(K_3,t)^{-1} = (1-t^3)^2$

$\mathbf{Z}(K_4,t)^{-1} = (1+t)^2(1-t)^3(1-2t)(1+t+2t^2)^3$

10.2 $\mathbf{T} = \begin{bmatrix}0&1&0\\1/2&0&1/2\\0&1&0\end{bmatrix}$, $\mathbf{D} = \begin{bmatrix}1&0&0\\0&2&0\\0&0&1\end{bmatrix}$, $\mathbf{A} = \begin{bmatrix}0&1&0\\1&0&1\\0&1&0\end{bmatrix}$

より，$\mathbf{T} = \mathbf{D}^{-1}\mathbf{A}$ が確かめられる．

10.3 定理 10.7 より，
$$\det\{\lambda\mathbf{I}_{2m} - (\mathbf{U}^2)^+\} = \det\{\lambda\mathbf{I}_{2m} - (\mathbf{U}^+)^2 - \mathbf{I}_{2m}\}$$

$$= \det\{(\lambda-1)\mathbf{I}_{2m} - (\mathbf{U}^+)^2\}$$

一方，
$$\det\{\mu^2\mathbf{I}_{2m} - (\mathbf{U}^+)^2\} = \det(\mu\mathbf{I}_{2m} - \mathbf{U}^+) \times \det(\mu\mathbf{I}_{2m} + \mathbf{U}^+)$$
$$= \det(\mu\mathbf{I}_{2m} - \mathbf{U}^+) \times (-1)^{2m}\det(-\mu\mathbf{I}_{2m} - \mathbf{U}^+)$$
$$= \det(\mu\mathbf{I}_{2m} - \mathbf{U}^+) \times \det(-\mu\mathbf{I}_{2m} - \mathbf{U}^+)$$

が成り立つ．また，定理 10.3 から，k-正則グラフである条件を使うと，
$$\det(\mu\mathbf{I}_{2m} - \mathbf{U}^+) = (\mu^2-1)^{m-n}\det\{(\mu^2+k-1)\mathbf{I}_n - \mu\mathbf{A}\}$$
なので，
$$\det\{\mu^2\mathbf{I}_{2m} - (\mathbf{U}^+)^2\} = \det(\mu\mathbf{I}_{2m} - \mathbf{U}^+) \times \det(-\mu\mathbf{I}_{2m} - \mathbf{U}^+)$$
$$= (\mu^2-1)^{m-n}\det\{(\mu^2+k-1)\mathbf{I}_n - \mu\mathbf{A}\}$$
$$\times (\mu^2-1)^{m-n}\det\{(\mu^2+k-1)\mathbf{I}_n + \mu\mathbf{A}\}$$
$$= (\mu^2-1)^{2(m-n)}\det\{(\mu^2+k-1)^2\mathbf{I}_n - \mu^2\mathbf{A}^2\}$$

したがって，$\mu^2 = \lambda - 1$ とおくと，
$$\det(\lambda\mathbf{I}_{2m} - (\mathbf{U}^2)^+) = \det(\lambda\mathbf{I}_{2m} - (\mathbf{U}^+)^2 - \mathbf{I}_{2m})$$
$$= \det\{(\lambda-1)\mathbf{I}_{2m} - (\mathbf{U}^+)^2\}$$
$$= \det(\mu^2\mathbf{I}_{2m} - (\mathbf{U}^+)^2)$$
$$= (\mu^2-1)^{2(m-n)}\det\{(\mu^2+k-1)^2\mathbf{I}_n - \mu^2\mathbf{A}\}$$
$$= (\lambda-2)^{2(m-n)}\det\{(\lambda+k-2)^2\mathbf{I}_n - (\lambda-1)\mathbf{A}^2\}$$

となり，求めたい式が得られる．

10.4 $m \neq n$ の場合は，強正則グラフにならない．$m = n$ のとき，$m = 1$ のときは，パラメータ $(2, 1, 0, 0)$ の強正則グラフに，$m \geq 2$ のときは，パラメータ $(2n, n, 0, n)$ の強正則グラフになる．

参考文献

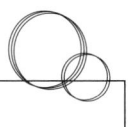

[1] 明出伊類似，尾畑伸明．(2003)．量子確率論の基礎，牧野書店．

[2] Aharonov, D., Ambainis, A., Kempe, J., and Vazirani, U. V.(2001). Quantum walks on graphs, *Proc. of the 33rd Annual ACM Symposium on Theory of Computing*, 50-59, quant-ph/0012090.

[3] Ahlbrecht A., Cedzich, C., Matjeschk, R., Scholz, V. B., Werner, A. H., and Werner, R. F.(2012). Asymptotic behavior of quantum walks with spatio-temporal coin fluctuations, *Quantum Inf. Process.*, **11**, 1219–1249.

[4] Ahlbrecht, A., Scholz, V. B., and Werner, A. H.(2011). Disordered quantum walks in one lattice dimension, *J. Math. Phys.*, **52**, 102201.

[5] Ahlbrecht, A., Vogts, H., Werner, A. H., and Werner, R. F.(2011). Asymptotic evolution of quantum walks with random coin, *J. Math. Phys.*, **52**, 042201.

[6] Ambainis, A., Bach, E., Nayak, A., Vishwanath, A., and Watrous, J.(2001). One-dimensional quantum walks, *Proc. of the 33rd Annual ACM Symposium on Theory of Computing*, 37–49.

[7] Andrews, G. E., Askey, R., and Roy, R.(1999). Special Functions, Cambridge University Press.

[8] 青本和彦．(2013)．直交多項式入門，数学書房．

[9] Attal, S., Guillotin-Plantard, N., and Sabot, C.(2012). Central limit theorems for open quantum random walks, arXiv:1206.1472

[10] Attal, S., Petruccione, F., Sabot, C., and Sinayskiy, I.(2012). Open quantum random walks, *J. Stat. Phys.*, **147**, 832–852.

[11] Bass, H.(1992). The Ihara-Selberg zeta function of a tree lattice, *Internat. J. Math.*, **3**, 717–797.

[12] Bourgain, J., Grünbaum, F. A., Velázquez, L., and Wilkening, J.(2013). Quantum recurrence of a subspace and operator-valued Schur functions, arXiv:1302.7286.

[13] Bourget, O., Howland, J. S., and Joye, A.(2003). Spectral analysis of unitary band matrices, *Commun. Math. Phys.*, **234**, 191–227.

[14] Brun, T. A., Carteret, H. A., and Ambainis, A.(2003a). Quantum to classical transition for random walks, *Phys. Rev. Lett.*, **91**, 130602.

[15] Brun, T. A., Carteret, H. A., and Ambainis, A.(2003b). Quantum walks driven

by many coins, *Phys. Rev. A*, **67**, 052317.

[16] Cantero, M. J., Grünbaum, F. A., Moral, L., and Velázquez, L.(2010). Matrix valued Szegő polynomials and quantum random walks. *Comm. Pure Appl. Math.*, **63**, 464–507.

[17] Cantero, M. J., Grünbaum, F. A., Moral, L., and Velázquez, L.(2012). One-dimensional quantum walks with one defect, *Reviews in Math. Phys.*, **24**, No.02.

[18] Cantero, M. J., Moral, L., and Velázquez, L.(2003). Five-diagonal matrices and zeros of orthogonal polynomials on the unit circle, *Linear Algebra and its Applications*, **362**, 29–56.

[19] Chandrashekar, C. M.(2011). Disordered-quantum-walk-induced localization of a Bose-Einstein condensate, *Phys. Rev. A*, **83**, 022320.

[20] Chandrashekar, C. M., and Banerjee, S.(2011). Parrondo's game using a discrete-time quantum walk, *Phys. Lett. A*, **375**, 1553–1558.

[21] Chen, L.-C., and Ismail, M. E. H.(1991). On asymptotics of Jacobi polynomials, *SIAM J. Math. Anal.*, **22**, 1442–1449.

[22] Chisaki, K., Hamada, M., Konno, N., and Segawa, E.(2009). Limit theorems for discrete-time quantum walks on trees, *Interdiscip. Inform. Sci.*, **15**, 423–429.

[23] Chisaki, K., Konno, N., and Segawa, E.(2012). Limit theorems for the discrete-time quantum walk on a graph with joined half lines, *Quantum Inf. Comput.*, **12**, 314–333.

[24] Chisaki, K., Konno, N., Segawa, E., and Shikano, Y.(2011). Crossovers induced by discrete-time quantum walks, *Quantum Inf. Comput.*, **11**, 741–760.

[25] Coffey, M. W., and Heller, M. S.(2011). On probability polynomials of 1D quantum walk, *Quantum Inf. Process.*, **10**, 271–277.

[26] Crespi, A., Osellame, R., Ramponi, R., Giovannetti, V., Fazio, R., Sansoni, L., De Nicola, F., and Mataloni, F. S. P.(2013). Anderson localization of entangled photons in an integrated quantum walk, *Nature Photonics*, **7**, 322–328.

[27] Durrett, R.(2010). Probability: Theory and Examples, 4th ed., Cambridge University Press.

[28] デュレット，R. 著，今野紀雄，中村和敬，曽雌隆洋，馬 霞 訳．(2012). 確率過程の基礎，丸善出版．

[29] Emms, D., Hancock, E. R., Severini, S., and Wilson, R. C.(2006). A matrix representation of graphs and its spectrum as a graph invariant, *Electr. J. Combin.*, **13**, R34.

[30] Endo, T., and Konno, N.(2013). The stationary measure of a space-inhomogeneous

quantum walk on the line, *Yokohama Math. J.* (in press), arXiv:1309.3054.

[31] Endo, T., and Konno, N. (2014). Time-averaged limit measure of the Wojcik model, *Quantum Inf. Comput.* (in press), arXiv:1401.3070.

[32] Flajolet, P., and Sedgewick, R. (2009). Analytic Conbinatorics, Cambridge University Press.

[33] Flitney, A. P. (2012). Quantum Parrondo's games using quantum walks, arXiv:1209.2252.

[34] Godsil, C., and Guo, K. (2011). Quantum walks on regular graphs and eigenvalues, *Electr. J. Comb.*, **18**, P165.

[35] Grimmett, G., Janson, S., and Scudo, P. F. (2004). Weak limits for quantum random walks, *Phys. Rev. E*, **69**, 026119.

[36] Grover, L. (1996). A fast quantum mechanical algorithm for database search, *Proc. of the 28th Annual ACM Symposium on Theory of Computing*, 212–219.

[37] Grünbaum, F. A., and Velázquez, L. (2012). The quantum walk of F. Riesz, In: Cucker, F., Krick, T., Pinkus, A., Szanto, A. (eds.) *Proc. of FoCAM2011*. London Mathematical Society Lecture Notes Series, 403, pp.93–112, Nov. 2012.

[38] Grünbaum, F. A., Velázquez, L., Werner, A. H., and Werner, R. F. (2013). Recurrence for discrete time unitary evolutions, *Commun. Math. Phys.*, **320**, 543–569.

[39] Gudder, S. P. (1988). Qunatum Probability. Academic Press Inc., CA.

[40] Hamada, M., Konno, N., and Mlotkowski, W. (2009). Orthogonal polynomials induced by discrete-time quantum walks in one dimension, *Interdiscip. Inf. Sci.*, **15**, 367–375.

[41] Hamza, E., and Joye, A. (2014). Spectral transition for random quantum walks on trees, *Commun. Math. Phys.*, **326**, 415–439.

[42] Hashimoto, K. (1989). Zeta functions of finite graphs and representations of p-adic groups, *Adv. Stud. Pure Math.*, **15**, 211–280.

[43] Higuchi, Y., Konno, N., Sato, I., and Segawa, E. (2013a). Quantum graph walks I: mapping to quantum walks, *Yokohama Math. J.*, **59**, 33–55.

[44] Higuchi, Y., Konno, N., Sato, I., and Segawa, E. (2013b). Quantum graph walks II: Quantum walks on graph coverings, *Yokohama Math. J.*, **59**, 57–89.

[45] Higuchi, Y., Konno, N., Sato, I., and Segawa, E. (2013c). A note on the discrete-time evolutions of quantum walk on a graph, *Journal of Math-for-Industry*, **5** (2013B-3), 103–109.

[46] Higuchi, Y., Konno, N., Sato, I., and Segawa, E. (2014). Spectral and asymptotic properties of Grover walks on crystal lattice, arXiv:1401.0154.

[47] Hora, A., and Obata, N. (2007). Quantum Probability and Spectral Analysis of Graphs, Springer.

[48] Ide, Y., Konno, N., and Machida, T. (2012). Entanglement for discrete-time quantum walks on the line, *Quantum Inf. Comput.*, **11**, 855–866.

[49] Ide, Y., Konno, N., and Segawa, E. (2012). Time averaged distribution of a discrete-time quantum walk on the path, *Quantum Inf. Process.*, **11**, 1207–1218.

[50] Ide, Y., Konno, N., Segawa, E., and Xu, X-P. (2014). Localization of discrete time quantum walks on the glued trees, *Entropy*, **16**, 1501–1514.

[51] Inui, N., Konishi, Y., and Konno, N. (2004). Localization of two-dimensional quantum walks, *Phys. Rev. A*, **69**, 052323.

[52] Inui, N., and Konno, N. (2005). Localization of multi-state quantum walk in one dimension, *Physica A*, **353**, 133–144.

[53] Inui, N., Konno, N., and Segawa, E. (2005). One-dimensional three-state quantum walk, *Phys. Rev. E*, **72**, 056112.

[54] Joye, A. (2011). Random time-dependent quantum walks, *Commun. Math. Phys.*, **307**, 65–100.

[55] Joye, A. (2012). Dynamical localization for d-dimensional random quantum walks, *Quantum Inf. Process.*, **11**, 1251–1269.

[56] Joye, A., and Merkli, M. (2010). Dynamical localization of quantum walks in random environments, *J. Stat. Phys.*, **140**, 1–29.

[57] Kempe, J. (2003). Quantum random walks - an introductory overview, *Contemp. Phys.*, **44**, 307–327.

[58] Kendon, V. (2007). Decoherence in quantum walks - a review, *Math. Struct. in Comp. Sci.*, **17**, 1169–1220.

[59] Kitagawa, T. (2012). Topological phenomena in quantum walks: elementary introduction to the physics of topological phases, *Quantum Inf. Process.*, **11**, 1107–1148.

[60] Ko, C. K., and Yoo, H. J. (2013). The generator and quantum Markov semigroup for quantum walks, *Kodai Math. J.*, **36**, 363–385.

[61] Konno, N. (2002a). Quantum random walks in one dimension, *Quantum Inf. Process.*, **1**, 345–354.

[62] Konno, N. (2002b). Limit theorems and absorption problems for quantum random walks in one dimension, *Quantum Inf. Comput.*, **2**, 578–595.

[63] Konno, N. (2005a). A new type of limit theorems for the one-dimensional quantum random walk, *J. Math. Soc. Jpn.*, **57**, 1179–1195.

[64] Konno, N. (2005b). A path integral approach for disordered quantum walks in one

dimension, *Fluct. Noise Lett.*, **5**, L529–L537.

[65] 今野紀雄. (2008a). 量子ウォークの数理, 産業図書.

[66] Konno, N. (2008b). Quantum Walks, Lecture Notes in Mathematics, **1954**, 309–452, Springer.

[67] Konno, N. (2009). One-dimensional discrete-time quantum walks on random environments, *Quantum Inf. Process.*, **8**, 387–399.

[68] Konno, N. (2010a). Localization of an inhomogeneous discrete-time quantum walk on the line, *Quantum Inf. Process.*, **9**, 405–418.

[69] Konno, N. (2010b). Quantum walks and elliptic integrals, *Math. Struct. in Comp. Sci.*, **20**, 1091–1098.

[70] Konno, N. (2012). Sojourn times of the Hadamard walk in one dimension, *Quantum Inf. Process.*, **11**, 465–480.

[71] Konno, N. (2013). A note on Itô's formula for discrete-time quantum walk, *Journal of Computational and Theoretical Nanoscience*, **10**, 1579–1582.

[72] Konno, N. (2014). The uniform measure for discrete-time quantum walks in one dimension, *Quantum Inf. Process.*, **13**, 1103–1125.

[73] Konno, N., Łuczak, T., and Segawa, E. (2013). Limit measures of inhomogeneous discrete-time quantum walks in one dimension, *Quantum Inf. Process.*, **12**, 33–53.

[74] Konno, N., and Machida, T. (2010). Limit theorems for quantum walks with memory, *Quantum Inf. Comput.*, **10**, 1004–1017.

[75] Konno, N., Machida, T., and Wakasa, T. (2012). The Heun differential equation and the Gauss differential equation related to quantum walks, *Yokohama Math. J.*, **58**, 53–63.

[76] Konno, N., Obata, N., and Segawa, E. (2013). Localization of the Grover walks on spidernets and free Meixner laws, *Commun. Math. Phys.*, **322**, 667–695.

[77] Konno, N., and Sato, I. (2012). On the relation between quantum walks and zeta functions *Quantum Inf. Process.*, **11**, 341–349.

[78] Konno, N., and Segawa, E. (2011). Localization of discrete-time quantum walks on a half line via the CGMV method, *Quantum Inf. Comput.*, **11**, 485–495.

[79] Konno, N., and Segawa, E. (2012). On the entropy of decoherence matrix for quantum walks, *Yokohama Math. J.*, **58**, 65–78.

[80] Konno, N., and Segawa, E. (2013). Weak convergence of complex-valued measure for bi-product path space induced by quantum walk, *Yokohama Math. J.*, **59**, 1–13.

[81] Konno, N., and Segawa, E. (2014). One-dimensional quantum walks via generating function and the CGMV method, *Quantum Inf. Comput.*, **14**, 1165–1186.

[82] Konno, N., and Yoo, H. J. (2013). Limit theorems for open quantum random walks, *J. Stat. Phys.*, **150**, 299–319.

[83] Leroux, P. (2005). Coassociative grammar, periodic orbits and quantum random walk over $\mathbf{Z}^1$, *International Journal of Mathematics and Mathematical Sciences*, **2005**, 3979–3996.

[84] Li, M., Zhang, Y-S., and Guo, G-C. (2013). Qunatum Parrondo's games constructed by quantum random walk, *Fluct. Noise Lett.*, **12**, 1350024.

[85] Linden, N., and Sharam, J. (2009). Inhomogeneous quantum walks, *Phys. Rev. A*, **80**, 052327.

[86] Liu, C. (2012). Asymptotic distributions of quantum walks on the line with two entangled coins, *Quantum Inf. Process.*, **11**, 1193–1205.

[87] Liu, C., and Petulante, N. (2009). One-dimensional quantum random walks with two entangled coins, *Phys. Rev. A*, **79**, 032312.

[88] Liu, C., and Petulante, N. (2013). Weak limits for quantum walks on the half-line, *Int. J. Quant. Inf.*, **11**, 1350054.

[89] Machida, T. (2011). Limit theorems for a localization model of 2-state quantum walks, *Int. J. Quant. Inf.*, **9**, 863–874.

[90] Machida, T. (2013a) A quantum walk with a non-localized initial state: contribution from a coin-flip operator, *Int. J. Quant. Inf.*, **11**, 1350053.

[91] Machida, T. (2013b) Realization of the probability laws in the quantum central limit theorems by a quantum walk, *Quantum Inf. Comput.*, **13**, 430–438.

[92] Machida, T., and Konno, N. (2010). Limit theorem for a time-dependent coined quantum walk on the line, *IWNC 2009, Proc. in Information and Communications Technology*, **2**, 226–235.

[93] Mackay, T. D., Bartlett, S. D., Stephenson, L. T., and Sanders, B. C. (2002). Quantum walks in higher dimensions, *J. Phys. A: Math. Gen.*, **35**, 2745–2753.

[94] Manouchehri, K., and Wang, J. (2013). Physical Implementation of Quantum Walks, Springer.

[95] Miyazaki, T., Katori, M., and Konno, N. (2007). Wigner formula of rotation matrices and quantum walks, *Phys. Rev. A*, **76**, 012332.

[96] 尾畑伸明. (2012). 量子モデル要論, 牧野書店.

[97] Obuse, H., and Kawakami, N. (2011). Topological phases and delocalization of quantum walks in random environments, *Phys. Rev. B*, **84**, 195139.

[98] Oka, T., Konno, N., Arita, R., and Aoki, H. (2005). Breakdown of an electric-field driven system: a mapping to a quantum walk, *Phys. Rev. Lett.*, **94**, 100602.

[99] Patel, A., and Raghunathan, K. S. (2012). Search on a fractal lattice using a quantum random walk, *Phys. Rev. A*, **86**, 012332.

[100] Pólya, G. (1921). Über eine aufgabe der wahrscheinlichkeitsrechnung betreffend die irrfahrt im straßennetz, *Math. Ann.*, **84**, 149–160.

[101] Portugal, R. (2013). Quantum Walks and Search Algorithms, Springer.

[102] Ribeiro, P., Milman, P., and Mosseri, R. (2004). Aperiodic quantum random walks, *Phys. Rev. Lett.*, **93**, 190503.

[103] Sato, I. (2007). A new Bartholdi zeta function of a graph, *Int. J. Algebra*, **1**, 269–281.

[104] シナジ, R. B. 著, 今野紀雄, 林俊一 訳. (2012). マルコフ連鎖から格子確率モデルへ, 丸善出版.

[105] Segawa, E., and Konno, N. (2008). Limit theorems for quantum walks driven by many coins, *Int. J. Quantum Inf.*, **6**, 1231–1243.

[106] 志賀徳造. (2000). ルベーグ積分から確率論, 共立出版.

[107] Shikano, Y., Chisaki, K., Segawa, E., and Konno, N. (2010). Emergence of randomness and arrow of time in quantum walks, *Phys. Rev. A*, **81**, 062129.

[108] Shikano, Y., and Katsura, H. (2010). Localization and fractality in inhomogeneous quantum walks with self-duality, *Phys. Rev. A*, **82**, 031122.

[109] Shikano, Y., Wada, T., and Horikawa, J. (2013). Nonlinear discrete-time quantum walk and anomalous diffusion, arXiv:1303.3432.

[110] Simon, B. (2005). Orthogonal Polynomials on the Unit Circle, Part 1: Classical Theory, AMS Colloq. Publ., **54**, AMS, Providence, RI.

[111] Spitzer, F. (1976). Principles of Random Walk, Springer.

[112] Stefanak, M., Jex, I., and Kiss, T. (2008). Recurrence and Polya number of quantum walks, *Phys. Rev. Lett.*, **100**, 020501.

[113] Stefanak, M., Kiss, T., and Jex, I. (2008). Recurrence properties of unbiased coined quantum walks on infinite d-dimensional lattices, *Phys. Rev. A*, **78**, 032306.

[114] Sunada, T., and Tate, T. (2012). Asymptotic behavior of quantum walks on the line, *J. Funct. Anal.*, **262**, 2608–2645.

[115] Szegedy, M. (2004). Quantum speed-up of Markov chain based algorithms. *Proc. of the 45th Annual IEEE Symposium on Foundations of Computer Science (FOCS'04)*, pp.32–41.

[116] Tate, T. (2013a). An algebraic structure for one-dimensional quantum walks and a new proof of the weak limit theorem, *Infin. Dimens. Anal. Quantum Probab. Relat. Top.*, **16**, 1350018.

[117] Tate, T. (2013b). The Hamiltonians generating one-dimensional discrete-time quantum walks, *Interdiscip. Inf. Sci.*, **19**, 149–156.

[118] 時弘哲治. (2006). 工学における特殊関数, 共立出版.

[119] Venegas-Andraca, S. E. (2008). Quantum Walks for Computer Scientists, Morgan and Claypool.

[120] Venegas-Andraca, S. E. (2012). Quantum walks: a comprehensive review, *Quantum Inf. Process.*, **11**, 1015–1106.

[121] Watabe, K., Kobayashi, N., Katori, M., and Konno, N. (2008). Limit distributions of two-dimensional quantum walks, *Phys. Rev. A*, **77**, 062331.

[122] Watson, G. N. (1939). Three triple integrals, *Oxford Qu. J. of Math.*, **10**, 266–276.

[123] Watson, G. N. (1944). A Treatise on the Theory of Bessel Functions, 2nd ed., Cambridge University Press, Cambridge.

[124] Xu, X-P. (2010). Discrete-time quantum walks on one-dimensional lattices, *Eur. Phys. J. B*, **77**, 479–488.

[125] Xu, X-P., Ide, Y., and Konno, N. (2012). Symmetry and localization of quantum walk induced by extra link in cycles, *Phys. Rev. A*, **85**, 042327

[126] Xu, X-P., Zhang, X-K., Ide, Y., and Konno, N. (2014). Analytical solutions for quantum walks on 1D chain with different shift operators, *Ann. Phys.*, **344**, 194–212.

[127] 四ツ谷晶二, 村井実. (2013). 楕円関数と仲良くなろう, 日本評論社.

あとがき

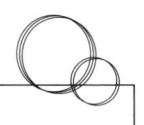

　本書でも解説したように，量子ウォークの解析には，組合せ論的手法，フーリエ解析，停留位相法，母関数，CGMV 法などがあり，それら相互の関係を明らかにすることにより，多状態や一般のグラフの上の挙動の研究が可能となるだろう．そのことにより，古典系のマルコフ過程理論に対応する量子系の理論を構築する足掛かりになるはずだ．最後に，以下具体的に，離散時間の場合をおもに，現時点で筆者が考える量子ウォークの研究の今後の流れを記す．研究テーマを探す手助けになれば幸いである．

1. 量子ウォークの定常測度の集合 $\mathcal{M}_s$ の決定（Konno (2014)）
2. 量子ウォークの定常測度, 時間平均極限測度との関係（Konno, Łuczak and Segawa (2013), Endo and Konno (2013, 2014)）
3. 量子ウォークの弱収束極限定理の代数的構造（Tate (2013a)）
4. 初期条件を一般化したときの弱収束極限定理（Machida (2013a, 2013b)）
5. 量子ウォークとハミルトニアンとの関係（Tate (2013b), Ko and Yoo (2013)）
6. 量子ウォークの大偏差原理とエントロピーとの関係（Ide, Konno and Machida (2011), Sunada and Tate (2012), Konno and Segawa (2012)）
7. 極限の密度関数 $f_K(x;r)$ とホインの微分方程式（確定特異点が 4 個）との関係[†]（Konno, Machida and Wakasa (2012)）
8. 極限密度関数 $f_K(x;r)$ の背後にある「独立性」の構造（関連する文献として，Hamada, Konno and Mlotkowski (2009)）[††]
9. パス空間を通しての量子ウォークの理解（Konno (2011, 2013), Konno and Segawa (2012, 2013)）
10. 再帰性の定義と計算手法（たとえば, Stefanak, Jex and Kiss (2008), Stefanak, Kiss and Jex (2008), Grünbaum, Velázquez, Werner and Werner (2013), Bourgain, Grünbaum, Velázquez and Wilkening (2013)）
11. 特異連続スペクトルを持つ量子ウォークの解析（Grünbaum and Velázquez (2012)）
12. ゼータ関数と量子ウォークとの関係（Konno and Sato (2012)）
13. $\mathbb{Z}^d$ 上のグローヴァーウォークの挙動（Inui, Konishi and Konno (2004), Watabe,

---

[†]　正規分布の場合には，超幾何微分方程式（確定特異点が 3 個）が対応していた．
[††]　量子確率論の側面より，単調独立性の極限分布である逆正弦則は，$\omega_1, \omega_2 = \omega_3 = \omega_4 = \cdots$ なる場合に対応するが，上記 $f_K(x;r)$ が $\omega_1, \omega_2, \omega_3 = \omega_4 = \cdots$ なるパラメータに対応する．

Kobayashi, Katori and Konno (2008), Higuchi, Konno, Sato and Segawa (2014))
14. グラフ上のグローヴァーウォークの挙動（Higuchi, Konno, Sato and Segawa (2013, 2014))
15. フラクタル上の量子ウォークの解析（Patel and Raghunathan (2012))
16. 複雑ネットワーク上の量子ウォークに向けての研究（Xu, Ide and Konno (2012), Konno, Obata and Segawa (2013), Ide, Konno, Segawa and Xu (2014))
17. 時空間に依存した量子ウォークの研究（Shikano, Wada and Horikawa (2013))
18. 観測頻度による古典から量子へのクロスオーヴァー（Shikano, Chisaki, Segawa and Konno (2010), Chisaki, Konno, Segawa and Shikano (2011))
19. 量子グラフと量子ウォークとの関係(Higuchi, Konno, Sato and Segawa (2013a, 2013b))
20. パロンドゲームの量子ウォーク版（たとえば，Chandrashekar and Banerjee (2011), Flitney (2012), Li, Zhang and Guo (2013))
21. Open quantum random walk との関係（Attal, Petruccione, Sabot and Sinayskiy (2012), Attal, Guillotin-Plantard and Sabot (2012), Konno and Yoo (2013))
22. 量子ウォークの種々の分野への応用（Oka, Konno, Arita and Aoki (2005), Obuse and Kawakami (2011), Kitagawa (2012), Crespi et al. (2013)など多数)

そのほか，本稿で扱えなかった話題も多い．このように，基本的な数学の問題だけでなく，広く量子ウォークの実装や物理系への応用の問題も含め，量子ウォークはさまざまな分野で魅力あるテーマになりつつある．

索 引

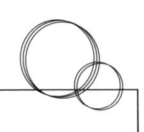

英・数

3項間漸化式　153
Ambainis型　18
Bernstein-Szegő ウォーク　198
CGMV法　188
CMV行列　189
GJS法　82
Gudder型　20
k-正則　209
one defectモデル　134
Szegedyウォーク　165
Verblunskyパラメータ　189

あ行

アダマールウォーク　24
アダマールゲート　24
移動作用素　50
伊原ゼータ関数　216
重み付き行列　218

か行

カイラリティ　11, 12, 14
ガウス分布　8
確率振幅　14, 16
下限指数減少測度　69
重ね合わせ　11, 13, 16
カラテオドリ関数　191
カレルマンの定理　152
完全グラフ　209
完全楕円積分　46
完全二部グラフ　209
ガンマ関数　44
簡　約　216
逆正弦法則　59
強正則グラフ　223
極限確率振幅　67
極限測度　68

局在化　38, 109, 118
偶奇性　3
グラム–シュミットの直交化法　153, 188
グローヴァーウォーク　113
決定的である　152
コイン空間　50
コイン付き量子ウォーク　12

さ行

再帰確率　4, 41
再帰的　5
サイクル　216
時間平均極限確率振幅　67
時間平均極限測度　68
次　数　209
指数減少測度　69
弱収束　8
弱収束極限定理　8
シューア関数　191
自由ヤコビ行列　156
自由量子ウォーク　40, 192
上限指数減少測度　69
スターリングの公式　6
スチルチェス変換　159
正規分布　8
正則グラフ　209
セゲー多項式　190
素　216
相関付きランダムウォーク　18
存在確率　11

た行

第1種重み付きゼータ関数　218
第1種チェビシェフ多項式　157
第2種重み付きゼータ関数　218
第2種チェビシェフ多項式　157
大数の法則　7

タイプ I　192
タイプ II　196
中心極限定理　7
超幾何関数　44
頂点　208
直交多項式　153
定常確率振幅　64
定常確率測度　67
定常測度　65
停留位相法　89
停留量子ウォーク　39
転置　16
同型　224
同値　216
同値関係　216
同値類　216
ド・モアブル–ラプラスの定理　8

な 行

二部グラフ　209
ノルム　218

は 行

バックトラック　215
非再帰的　5
左に有界な台の測度　68
ヒルベルト空間　50
フーリエ解析　79
フリップ–フロップ型　21
分布関数　8
ペロン–フロベニウス作用素　213

ペロン–フロベニウスの定理　176
辺　208
辺行列　213
ポアソン核　200
母関数法　93

ま 行

マス　191
マスポイント　191
右に有界な台の測度　68
密度関数　8
モーメント母関数　163
モーメント問題　152

や 行

ヤコビ行列　154, 170
ヤコビ多項式　44
有界指数減少測度　69
有界な台の測度　68
有限グラフ　208
有向辺　208

ら 行

ランダムウォーク　1
リーマンのゼータ関数　217
リーマン–ルベーグの補題　63
量子コイン　14
ルジャンドル多項式　42
連続性定理　63
ローラン多項式　188

著者略歴
今野 紀雄(こんの・のりお)
　1982 年　東京大学理学部数学科卒
　1987 年　東京工業大学大学院理工学研究科博士課程単位取得後退学
　2005 年　横浜国立大学大学院教授
　　　　　現在に至る
　　　　　博士(理学)

　編集担当　太田陽喬(森北出版)
　編集責任　富井　晃(森北出版)
　組　版　　プレイン
　印　刷　　ワコープラネット
　製　本　　協栄製本

量子ウォーク　　　　　　　　　　　　　　Ⓒ 今野紀雄　2014
2014 年 9 月 26 日　第 1 版第 1 刷発行　【本書の無断転載を禁ず】

　著　者　今野紀雄
　発行者　森北博巳
　発行所　森北出版株式会社
　　　　　東京都千代田区富士見 1-4-11（〒102-0071）
　　　　　電話 03-3265-8341／FAX 03-3264-8709
　　　　　http://www.morikita.co.jp/
　　　　　日本書籍出版協会・自然科学書協会　会員
　　　　　JCOPY ＜(社)出版者著作権管理機構　委託出版物＞

落丁・乱丁本はお取替えいたします.
Printed in Japan／ISBN 978-4-627-06161-3